高职高专机电类专业系列教材

液压传动与控制技术

主　编　朱树红

副主编　倪士勇　邢　龙　王　岩

主　审　夏罗生

西安电子科技大学出版社

内 容 简 介

本书按照基于工作过程的教育理论，以液压元件及液压回路的"结构—原理—选用—安装—故障排除"为主线，按任务组织教学内容，注重分析和解决问题的方法及思路的引导，注重理论与实践的紧密结合。

全书共分十个项目，分别介绍了液压传动的认知，液压传动的工作介质分析，液压传动流体力学基础认知，液压动力元件的分析、选用与故障排除，液压执行元件的分析、选用与故障排除，液压控制阀的分析、选用与故障排除，液压辅助元件的分析、选用与安装，基本液压回路的分析，典型液压传动系统的分析，液压控制系统的装调等内容。各项目前有学习目标及教学建议，后均附有思考题与技能训练题。

本书既可作为高等职业技术院校、大中专院校及职工大学机械类、机电类等相关专业的教材，也可作为相关技术人员的参考教材。

图书在版编目(CIP)数据

液压传动与控制技术/朱树红主编. —西安：西安电子科技大学出版社，2017.9(2023.8 重印)
ISBN 978 - 7 - 5606 - 4674 - 9

Ⅰ. ① 液… Ⅱ. ① 朱… Ⅲ. ① 液压传动 ② 液压控制 Ⅳ. ① TH137

中国版本图书馆 CIP 数据核字(2017)第 210095 号

策 划 杨丕勇
责任编辑 宁晓蓉
出版发行 西安电子科技大学出版社(西安市太白南路 2 号)
电 话 (029)88202421 88201467 邮 编 710071
网 址 www.xduph.com 电子邮箱 xdupfxb001@163.com
经 销 新华书店
印刷单位 广东虎彩云印刷有限公司
版 次 2017 年 9 月第 1 版 2023 年 8 月第 5 次印刷
开 本 787 毫米×1092 毫米 1/16 印张 15.5
字 数 365 千字
印 数 5011～5510 册
定 价 33.00 元
ISBN 978 - 7 - 5606 - 4674 - 9/TH
XDUP 4966001 - 5

＊ ＊ ＊ 如有印装问题可调换 ＊ ＊ ＊

前　言

　　高等职业教育作为高等教育的一个重要组成部分，是以培养具有一定理论知识和较强实践能力，面向生产、服务和管理第一线职业岗位的实用型、技能型专门人才为目的的职业教育。它的课程特色是在必需、够用的理论知识基础上进行系统的学习和专业技能的训练。

　　本书在调查研究的基础上，综合了近几年来高等职业技术教育课程改革的经验，按照基于工作过程的教育理论，以液压元件及液压回路的"结构—原理—选用—安装—故障排除"为主线，以提高液压从业人员的基本能力和素质为目标，按任务组织教学内容，注重分析和解决问题的方法及思路的引导，注重理论与实践的紧密结合，体现了液压技术发展对高素质技术技能型人才的要求。

　　本书以工作过程为导向，以液压元件及液压回路为载体，通过项目实施、任务驱动，完成单个项目的训练，用工作项目统领整个教学内容。教材中的项目十（液压系统的装调）是基于湖南省高职教育专业技能抽查项目而设置的，融合了职业教育抽查标准。

　　全书共分十个项目，分别介绍了液压传动的认知，液压传动的工作介质分析，液压传动流体力学基础认知，液压动力元件的分析、选用与故障排除，液压执行元件的分析、选用与故障排除，液压控制阀的分析、选用与故障排除，液压辅助元件的分析、选用与安装，基本液压回路的分析，典型液压传动系统的分析，液压控制系统的装调等内容。各项目前有学习目标及教学建议，后均附有思考题与技能训练题。

　　全书由张家界航空工业职业技术学院副教授朱树红主编，张家界航空工业职业技术学院倪士勇、邢龙、王岩担任副主编，查梦江、赵翔鹏、付有卓参编，张家界航空工业职业技术学院教授夏罗生主审。

　　由于编者水平有限，经验不足，书中的疏漏在所难免，恳请读者批评指正。

编　者

2017 年 4 月

目　　录

项目一　液压传动的认知

学习目标

知识目标：
1. 了解液压传动技术的发展历史及发展趋势。
2. 掌握液压传动的工作原理，能够看懂原理图。
3. 掌握液压传动系统的组成、特点及图形符号。

技能目标：
1. 能分析液压千斤顶的工作过程，指出其中的液压元件及其作用。
2. 能认识常用液压元件的图形符号。
3. 在完成上述任务过程中，能够自觉遵守安全操作规范。

教学建议

教师在讲授基本知识后，将学生分组安排，在实验室完成以下两个工作任务：液压千斤顶工作过程的分析、液压原理图的认知。工作任务完成后，由学生自评、学生互评、教师评价三部分汇总组成教学评价。

任务一　液压传动的发展概况分析

一、液压传动的发展历史

液压传动是根据 1650 年帕斯卡提出的流体静压力传递原理（即帕斯卡原理）而发展起来的一门技术。英国人约瑟夫·布拉曼（Joseph Bramah）于 1795 年首次在伦敦用水作为工作介质，以水压机的形式将其应用到工业中。在当时，柱塞与缸筒间的填料和密封问题的正确解决是一个重要的技术突破。这种水压机在榨油厂、毛纺厂得到了广泛应用，尤其在木材加工厂和造船厂曾经是很有效的工具。

但这一技术在此后的一百多年里没有得到很大的发展，其主要原因是采用水作为工作介质，密封、腐蚀、润滑等问题不能得到很好的解决，同时还有一个原因是电气技术的发展和竞争。直到 20 世纪初石油工业的兴起和耐油橡胶的出现，才使这种情形开始有所改观。液压传动技术得以迅猛发展，其中具有润滑性质的油液作为工作介质起到了重要的作用，同时耐油橡胶的出现很好地解决了密封问题。

战争和军事需要（航海和航空）刺激了液压新技术、新工艺的研究、开发和投入。20 世纪 30 年代中期，以先导型溢流阀为代表的压力控制阀等高压元件问世，20 世纪 40 年代出现了电磁阀和电液换向阀，20 世纪 50 年代初出现了电液伺服阀，20 世纪 60 年代后期出现了电液比例阀等自动控制元件。第二次世界大战后，在航空航天、国防工业以及汽车和机床工业领域的广泛应用中，液压技术经受住了考验，西方各国相继成立了行业协会和专业学会，液压传动和控制被作为新兴技术得到重视，这一时期也称得上是液压工业的黄金岁月。

20 世纪 70 年代，液压元件开始向标准化、集成化、小型化方向发展。由于爆发了二次能源危机，节能压力迫使液压技术寻求高水基或合成液介质，同时为满足工业生产高效率、大功率的要求，二通插装阀在联邦德国问世。电液比例控制在 20 世纪 80 年代成为液压技术研究发展的热点，液压与电子技术的竞争与合作引起广泛关注。20 世纪 90 年代以后，随着绿色和环保成为全球共识，水压技术特别是纯水介质及其元件工艺的研究又得到重视。

液压技术的应用程度已经成为衡量一国工业水平的重要标志之一。发达国家 95% 的工程机械、90% 的数控加工中心、95% 以上的自动线都采用了液压传动技术。全球液压产品 2010 年的总销售量为 259.08 亿美元，比 2009 年增长 24%，终止了金融危机造成的急速下滑，但还没有达到 2008 年 327.79 亿美元的历史最高值。2013 年全世界液压行业销售额接近 340 亿美元。

二、我国液压行业的历史与现状

我国液压行业起步较晚，20 世纪 50 年代初到 60 年代为起步阶段，当时大部分机床厂都有专门的液压车间生产液压件，自产自用。60～70 年代，液压技术的应用逐渐从机床行业推广到农业机械和工程机械等领域，原来附属于机床厂的液压车间逐步独立出来，成为液压件专业生产厂。80～90 年代为我国液压技术的快速发展阶段。近几年，在主机行业技术进步需求的带动下，液压行业的产品结构、组织结构不断调整，行业得到很大发展。总的来说，我国液压工业的发展与整个国家的发展是一致的，但增长率更高。

自 2006 年 2 月《国务院关于加快振兴装备制造业的若干意见》实施以来，我国液压行业连续多年保持较大幅度增长。据中国液压气动密封件工业协会统计，"十一五"期间我国液压行业工业总产值由 2006 年的 161 亿元增长至 2010 年的 351.13 亿元，年复合增长率达到 21.52%，其中 2010 年同比增长 30.53%。从市场规模来看，液压行业销售额从 2007 年的 288.46 亿元增长至 2010 年的 513.18 亿元，复合增长率为 21.17%，发展十分迅速。2006 年，我国液压产品国内市场销售额超过意大利，排在美国、德国、日本之后，列世界第四位；2007 年超过日本，排在美国、德国之后，列第三位；2008 年超过德国，列世界第二位；2009 年，我国液压产品国内市场销售额首超美国，列世界第一位。

2000—2010 年，液压工业年产值年年增长的只有中国一家，我国 2010 年液压工业的营业额是 2000 年的 9.6 倍，平均年增长率为 25.5%，而世界平均年增长率仅为 5.3%。《2013—2017 年中国液压油缸行业产销需求预测与转型升级分析报告》显示，我国的液压产品市场规模已居世界第一，2013 年，我国液压行业规模以上企业的产值达到 520 亿元，其中缸（液压缸）、泵（各类泵和液压马达）、阀（液压阀）三大类产品占据了行业产值 70% 以上的份额。

虽然市场规模大，但我国液压行业却是大而不强，明显存在的问题是高端液压元件严重短缺，大量依赖进口液压产品；而低端液压件却过剩，使得竞争激烈。数据显示，2011 年高端液压元件进口额曾经达到 34 亿美元的高点，占到当年国内产值的 50%；近两年由于挖掘机市场需求下滑，进口额有所下降，但也在 25 亿美元左右，占到 2013 年行业产值的 30%。

这些数据充分说明我国高端液压元件短缺,过分依赖于进口,所以说我们液压产品的力量大而不强。

三、液压技术发展趋势

高技术成果,如自动控制技术、计算机技术、微电子技术、摩擦磨损技术、可靠性技术以及新工艺与新材料的广泛应用,使传统的液压技术有了新的进展,也使液压系统和元件水平有了很大的提高。尽管如此,当前液压技术在总体上并没有出现重大的突破性创新。但是来自电气传动技术的新挑战、环保和绿色制造的新压力,以及相当一部分液压元件的产品生命周期的问题,仍在导致液压技术的革新和变化。其主要的发展趋势集中在以下几个方面。

1. 继续与信息、数字、智能及网络技术相结合

液压技术从全局上更进一步和广泛地采用同电子组件集成、融入高精度的传感器和检测器,并越来越多地实现规模性的总线连接技术,通过诸如电液坐标轴、复合变量控制的伺服电动机、变量泵组合等和现场总线系统与中央计算机连接,在智能化的软硬件配合下,明显提高液压元件和系统的效率以及工作可靠性。通过现代的闭环控制技术集成来提高控制系统的动态特性和灵敏度,因此,当前的液压传动与控制技术中电液技术的发展趋势进一步被加强和居于突出的地位,甚至在欧洲已经倾向于直接把液压传动与控制技术称为电液传动控制技术。

2. 模块化电液传动与控制技术

电液传动与控制技术产品的方案和配置中,产品和技术的模块化趋势以及基于计算机的变型和配置技术,已成为新型电液传动与控制技术和产品的最基本、最重要的技术特征之一,发展模块化电液传动与控制技术和产品已成为21世纪传动与控制技术中的企业竞争前沿。

3. 小型化和集成化

随着纳米技术和微电子机械系统的发展及其在信息通信、生物制药和生物仪器等领域应用的不断扩大,流体传动和控制技术的小型化向接近厘米、毫米、微米甚至纳米方向发展,其应用领域包括 MEMS、SOC、生化仪器等微机械、微流体系统。

4. 极端环境中的应用领域

在实际应用中遇到的深海、太空失重、深层地下、核反应堆以及其他环境,如超高压、超强磁场、超高/低温,对流体传动与控制技术都是很大的挑战。

5. 更为严格的环保标准

随着环保标准的提升,为了更好地为环保工业服务,要求流体动力传动和控制技术提高原材料、元件、系统及其功能所采用的标准。

6. 仿生学流体技术的开发

通过对生物多样性和生物进化过程的学习,人类能够对仿生的或生物模拟的流体技术和系统进行研究和开发来模拟大自然。

7. 纯水液压技术

直接应用水作为液压系统的传动介质,具有价格低廉、来源广泛、无需运输仓储、无环境污染、阻燃性好、安全性好、易维护保养、系统响应快、稳定性好、结构简化等优点。但水所具有的黏度低、润滑性差、导电性强、汽化压力高等特点,也给该项技术的研究带来了困难。

8. 向着高压化、高速化、集成化、大流量、大功率、高效率、长寿命、低噪声方向发展

提高液压系统的工作压力,既能减小整个装置的尺寸和质量,又能提高系统的快速性。统计资料表明,系统压力若由 28 MPa 提高到 35 MPa,整个系统将减重 10%左右。

任务二　液压传动的工作原理与组成

液压传动是以液体为工作介质,并以压力能进行动力(或能量)传递、转换与控制的液体传动。

一、液压传动的工作原理

下面以图 1-1 液压千斤顶为例,说明液压传动系统的工作原理。图中杠杆 1、小活塞 2、小缸体 3 及单向阀 4 和 5 组成手动液压泵;大活塞 6 和大缸体 7 组成举升液压缸。当杠杆 1 提起使小活塞 2 上移时,其下端油腔密闭容积增大,内部压力减小,形成局部"真空",油箱中的油液在大气压作用下,通过吸油管,顶开单向阀 4,进入小活塞 2 的下端,这时单向阀 5 是关闭的,完成一次吸油过程。当杠杆 1 向下压时,单向阀 4 关闭,小活塞 2 下移,其下部密闭容积缩小,油液压力升高,单向阀 5 开启,小活塞 2 下腔的油液输入大缸体 7 的下腔,并将大活塞 6 向上推起,升起重物 G,完成一次排油过程。如此反复地提压杠杆手柄就可以使重物不断升起,达到起重的目的。当要将重物下降时,只要拧开放油阀 8,工作缸内的液体在重物和活塞的推动下流回油箱,大活塞下降到原位。这就是液压千斤顶的工作过程。

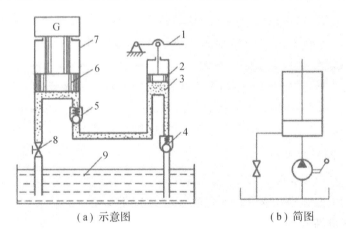

(a) 示意图　　　　　　　　　　　　(b) 简图

1—杠杆;2—小活塞;3—小缸体;4、5—单向阀;6—大活塞;7—大缸体;8—放油阀;9—油箱

图 1-1　液压千斤顶的工作原理

液压千斤顶是一个简单而又比较完整的液压传动装置。分析液压千斤顶的工作过程,可以看出液压传动是利用封闭系统中液体的压力来实现运动和动力传递的。液压传动装置本质上是一种能量转换装置,它先将机械能转换为油液的压力能,然后又将油液的压力能转换为机械能拖动负载做功。液压传动的过程是将机械能进行转换和传递的过程。

从以上分析可知,液压传动的基本工作原理如下:

(1) 液压传动的液体为传递能量的工作介质;

(2) 液压传动必须在密闭的系统中进行,且密封的容积必须发生变化;

（3）液压传动系统是一种能量转换装置，而且有两次能量转换过程；

（4）工作液体只能承受压力，不能承受其他应力，所以这种传动是通过静压力进行能量传递的。

二、液压传动装置的组成

1. 机床工作台液压系统的工作过程

图1-2为机床工作台液压系统工作原理图。当液压泵3由电动机驱动旋转时，从油箱1经过过滤器2吸油。经换向阀7和管路11进入液压缸9的左腔，推动活塞杆及工作台10向右运动。液压缸9右腔的油液经管路8、换向阀7和管路6、4排回油箱，通过扳动换向手柄切换阀7的阀芯，使之处于左端工作位置，则液压缸活塞反向运动；若切换阀7的阀芯工作位置，使其处于中间位置，则液压缸9在任意位置停止运动。

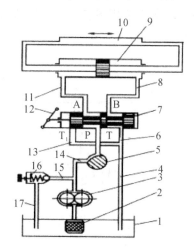

1—油箱；2—过滤器；3—液压泵；4、6、8、11、13、14、15、17—管路；5—流量控制阀；
7—换向阀；9—液压缸；10—工作台；12—换向手柄；16—溢流阀
图1-2　机床工作台液压系统的工作原理图

调节和改变流量控制阀5的开度大小，可以调节进入液压缸9的流量，从而调节液压缸活塞及工作台的运动速度。液压泵3排出的多余油液经管路15、溢流阀16和管路17流回油箱。液压缸9的工作压力取决于负载。液压泵3的最大工作压力由溢流阀16调定，其调定值应为液压缸的最大工作压力及系统中油液经各类阀和管路的压力损失之和。因此，系统的工作压力不会超过溢流阀的调定值，溢流阀对系统还有超载保护作用。

2. 液压传动装置的组成

从机床工作台液压系统的工作过程可以看出，一个完整的、能够正常工作的液压系统，应该由以下五个主要部件组成。

（1）动力元件：供给液压系统压力油，把原动机的机械能转化成液压能。常见的是液压泵。

（2）执行元件：把液压能转换为机械能。其形式有作直线运动的液压缸，有作旋转运动的液压马达。

（3）控制调节元件：完成对液压系统中工作液体的压力、流量和流动方向的控制和调节。

这类元件主要包括各种液压阀,如溢流阀、节流阀以及换向阀等。

(4) 辅助元件:包括油箱、蓄能器、油管、管接头、滤油器、压力表以及流量计等。这些元件分别起散热储油、蓄能、输油、连接、过滤、测量压力和测量流量等作用,以保证系统正常工作,是液压传动系统不可缺少的组成部分。

(5) 工作介质:在液压传动及控制中起传递运动、动力及信号的作用,包括液压油或其他合成液体。

3. 液压传动系统的图形符号

图 1-1、图 1-2 所示的液压传动系统图是一种半结构式的工作原理图,其直观性强,容易理解,但难于绘制。为了便于阅读、分析、设计和绘制液压系统,工程实际中,国内外都采用液压元件的图形符号来表示。按照规定,这些图形符号只表示元件的功能,不表示元件的结构和参数,并以元件的静止状态或零位状态来表示。若液压元件无法用图形符号表述,仍允许采用半结构原理图表示。图 1-3 即为用图形符号表达的图 1-2 所示的机床往复运动工作台液压传动系统的工作原理图。

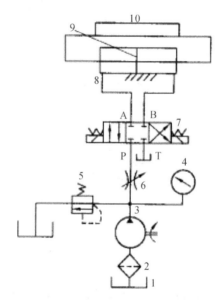

1—油箱;2—过滤器;3—液压泵;4—压力表;5—溢流阀;
6—节流阀;7—换向阀;8—管路;9—液压缸;10—工作台

图 1-3　机床工作台液压系统图形符号图

我国制定有液压与气动元件图形符号标准 GB/T786.1—1993《液压气动图形符号》,在液压系统设计中,要严格执行这一标准。

任务三　液压传动的特点及应用

一、液压传动的特点

液压传动与机械传动、电气传动等其他传动方式相比,具有下述优缺点。

1. 液压传动的优点

（1）液压传动的各种元件，可根据需要方便、灵活地布置。

（2）重量轻，体积小，传动惯性小，反应速度快。

（3）操纵控制方便，可实现大范围的无级调速（调速比可达 2000）。

（4）能比较方便地实现系统的自动过载保护。

（5）一般采用矿物油为工作介质，完成相对运动部件润滑，能延长零部件使用寿命。

（6）很容易实现工作机构的直线运动或旋转运动。

（7）当采用电液联合控制后，容易实现机器的自动化控制，可实现更高程度的自动控制和遥控。

2. 液压传动的主要缺点

（1）由于液体流动的阻力损失和泄漏较大，所以效率较低。如果处理不当，泄漏不仅污染场地，而且还可能引起火灾和爆炸事故。

（2）工作性能易受温度变化的影响，因此不宜在很高的温度或者很低的温度条件下工作。

（3）液压元件的制造精度要求很高，因而价格较贵。

（4）由于液体介质的泄露及可压缩性，因此不能得到严格的定比传动。

（5）液压传动出故障时不易找出原因，要求具有较高的使用和维护技术水平。

二、液压传动的应用领域

由于液压传动与其他传动相比有其独特的优点，因而在各个领域得到了越来越普遍的应用，特别是近一二十年来发展很快，扩大了应用领域，充分显示了液压传动的优越性，而且将会得到进一步发展。

在工程机械中，如挖掘机、装载机、推土机、压路机、起重机等，广泛采用了液压传动。

在冶金工业中，如高炉的炉顶上料、平炉的加料、转炉的炉体倾动、电炉的炉体旋转、电梯升降的控制等都越来越广泛地采用了液压传动和控制。在轧钢设备中，凡是对轧件进行拉、推、升、降、摆动、旋转等动作的部位，都采用了液压传动以代替复杂的机械传动。

在农业机械中，液压传动广泛地用于拖拉机的农具悬挂系统和联合收割机的控制系统。

在轮船上，液压舵机、液压传动消摆装置也已较普遍被采用。现代货轮上采用液压传动的甲板机械也越来越多。

在动力机械中，如水轮机和汽轮机，其调节也普遍采用液压传动和控制。

在机床行业中，液压传动应用得更为普遍，如数控机床、仿形机床、车床、拉床、磨床、刨床、铣床、冲床、锻压机床、组合机床、单机自动化和自动线等都有采用。此外，由液压缸和液压马达驱动的各种机械手还能灵活地完成较复杂的动作，它能够代替人进行一部分频繁而笨重的劳动，并能在条件恶劣的、人们无法工作的环境中工作（如高温、放射性、污染、有害气体等环境）。

在汽车、拖拉机工业中，有液压无级变速的液压传动汽车、液压自卸式汽车、液压高空作业车、液压驱动的拖拉机等。

在轻工业中，有采用液压传动的塑料注射机、橡胶硫化机和造纸机等。

在国防工业中，飞机、坦克、火炮等普遍采用了液压传动和液压控制。

正如路甬祥院士所说：由于流体特性及其应用领域的多样化及复杂性，流体传动与控制技术在未来有着无穷无尽的研究领域和无止境的应用范围。

思 考 题

一、简答题

1. 什么是液压传动？它是怎样实现能量转换的？

2. 液压传动的基本工作原理是怎样的？

3. 液压传动的基本组成部分有哪些？各部分的作用是什么？

4. 液压传动有哪些优缺点？

5. 液压元件在系统图中是怎样表示的？

6. 目前液压传动技术的发展趋势是什么？

二、填空题

1. 液压传动是以_____为工作介质，利用液体的_____来实现运动和动力传递的一种传动方式。

2. 液压与气压传动系统由_____、_____、_____、_____和_____五部分组成，其中_____和_____为能量转换装置。

三、判断题

1. 液压传动在工作中能实现无级调速。　　　　　　　　　　　　　　（　　）

2. 液压传动不能获得很大的力和转矩。　　　　　　　　　　　　　　（　　）

3. 液压传动装置工作平稳，不能快速启动、制动和频繁换向。　　　　（　　）

4. 液压传动适宜在传动比要求严格的场合使用。　　　　　　　　　　（　　）

技 能 训 练

对液压千斤顶的工作过程进行分析，认识其中的液压元件。

项目二　液压传动的工作介质分析

知识目标：

1. 掌握液压油的性质，特别是黏度及其表示方法。
2. 掌握液压油的类型、对液压油的要求、选用液压油的原则及方法。
3. 掌握液压油污染的原因和控制污染的方法。

技能目标：

1. 能认识常用的液压油。
2. 根据工作条件，能正确选用液压油。
3. 能分析 YT4543 型动力滑台液压系统的液压油类型及防污染措施。
4. 通过完成上述任务，能够自觉遵守安全操作规范。

教师在讲授基本知识后，将学生分组，安排在实验室完成以下两个工作任务：常用液压油的认识、YT4543 型动力滑台液压系统的液压油类型及防污染措施分析。工作任务完成后，由学生自评、学生互评、教师评价三部分汇总组成教学评价。

任务一　液压工作介质的性质

在液压传动系统中，通常采用矿物油作为工作介质，一般将液压传动介质称为液压油。除矿物油以外，近年来又出现了以水为主要成分的高水基液压油。

由于液压油的性质及其质量将直接影响液压系统的工作状况，因此有必要对液压油的性质进行研究，并对各种液压油的选用和污染的控制进行探讨。

液压工作介质要完成的功能如下：① 传递能量和信号；② 润滑液压元件，减少摩擦和磨损；③ 散热；④ 防止锈蚀；⑤ 密封液压元件对偶摩擦副中的间隙；⑥ 传输、分离和沉淀非可溶性污染物；⑦ 为元件和系统失效提供诊断信息。

1. 密度

单位体积液体的质量称为液体的密度。体积为 V，质量为 m 的液体的密度 $\rho = m/V$。

矿物油型液压油的密度随温度的上升而有所减小，随压力的提高而稍有增加，但变动值很小，可以认为是常值。我国采用摄氏 20℃时的密度作为油液的标准密度。以 ρ_{20} 表示。一般矿物液压油在 20℃时的密度为 $850 \sim 900 \ \mathrm{kg/m^3}$。

2. 液体的可压缩性

液体的可压缩性是表示液体在温度不变的情况下，压力增加后其体积会缩小、密度会增大的特性。液体可压缩性的大小可用体积压缩系数 k 来表示。体积为 V 的液体，当压力变化量为 Δp 时，体积的绝对变化量为 ΔV，液体在单位压力变化下的体积相对变化量为

$$k = -\frac{1}{\Delta p}\frac{\Delta V}{V} \tag{2-1}$$

因为压力增大时液体的体积减小，所以上式的右边加一负号，以便使液体的体积压缩系数 k 为正值。

液体体积压缩系数的倒数称为液体的体积弹性模量，简称体积模量，用 K 表示，即

$$K = -\frac{V}{\Delta V}\Delta p \tag{2-2}$$

体积弹性模量表示液体产生单位体积相对变化量时所需要的压力增量。在使用中，可用 K 值来说明液体抵抗压缩能力的大小。一般矿物油型液压油的体积弹性模量为 $(1.4\sim2)\times10^3$ MPa，它的可压缩性是钢的 $50\sim100$ 倍。但在实际使用中，由于在液体内不可避免地会混入空气等原因，其抗压缩能力显著降低，这会影响液压系统的工作性能。因此，在有较高要求或压力变化较大的液压系统中，应尽量减少油液中混入的气体及其他易挥发性物质（如煤油、汽油等）的含量。由于油液中的气体难以完全排除，在工程计算中常取液压油的体积弹性模量为 700 MPa 左右。

液压油液的体积弹性模量与温度、压力有关。温度增高时，K 值减小，在液压油液正常工作温度范围内，K 值会有 $5\%\sim25\%$ 的变化。压力增大时，K 值增大，反之则减小，但这种变化由于液压油的可压缩性很小，所以一般可以忽略不计。但在有些情况下，例如在研究液压传动中的动态特性，包括计算液流的冲击力、抗震稳定性、工作的过渡过程以及计算远距离操纵的液压机构时，往往必须考虑液压油的可压缩性。

3. 液体的膨胀性

液体的膨胀性是表示液体在压力不变的情况下，温度升高后其体积会增大、密度会减小的特性。膨胀性的大小可用热膨胀系数 $\alpha(\text{℃}^{-1})$ 表示，其定义为：当液体的温度改变 1℃ 时，其体积 V 的相对变化值，即

$$\alpha = -\frac{1}{\Delta t}\frac{\Delta V}{V} \tag{2-3}$$

式中：Δt 为温度变化值（℃）；V 为液体膨胀前的体积（m³）；ΔV 为液体膨胀后体积的增加值（m³）。

常用液压油的热膨胀系数为 $(8.5\sim9.0)\times10^{-4}\text{℃}^{-1}$。

4. 液体的黏性

1）黏性

当液体在外力作用下流动时，由于液体与固体壁面间的附着力及液体分子之间内聚力的存在，流动的液体内各处的流动速度不一定相同，如图 2-1 所示。实验表明，液体在管路中流动时，各处的速度并不相等，紧贴管壁的液体速度为零，管路中心处速度最大。

假设将管中液体的流动看作是许多无限薄的同心圆筒

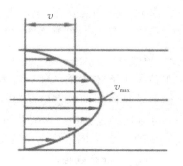

图 2-1　液体在管路中的速度分布

形液体层的运动，则运动较慢的液体层阻滞运动较快的液体层，而运动较快的液体层又带动运动较慢的液体层。这种液体层之间的作用类似于固体之间的摩擦，因而在液体之间产生摩擦力。由于这种摩擦力发生在液体内部，所以称为内摩擦力。我们把液体在外力作用下流动时其内部产生内摩擦力的性质称为液体的黏性。根据此定义可知：只有液体流动时，才会显示出黏性，而静止的液体是不显示黏性的。还应特别注意：黏性只能阻碍、延缓液体内部的相对运动，但不能消除这种运动。

2）黏度

黏性是液体的一个重要的特性，其大小用黏度来表示。黏度的大小表示了液体流动时其内摩擦力的大小，使各液层间速度不相等，如图2-2所示。黏度愈大，内摩擦力就愈大，液体的流动性就愈差。黏度是选择液压油的主要指标。

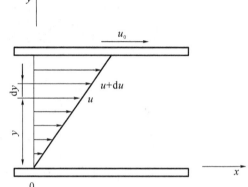

图 2-2　液体黏性示意图

黏度可用动力黏度、运动黏度、条件黏度（恩氏黏度）等表示。我国的石油产品常用运动黏度来标定。

（1）动力黏度 μ。对于 $1\ \mathrm{m}^3$ 的液体，如果其上下表面发生相对速度为 $1\ \mathrm{m/s}$ 的相对运动时所需切向力为 $1\ \mathrm{N}$，则称该液体的黏度为 $1\ \mathrm{Pa \cdot s}$（即 $1\ \mathrm{N \cdot s/m^2}$）。

（2）运动黏度 ν。液体的动力黏度与液体在相同温度下密度 ρ 的比值称为该液体的运动黏度。

$$\nu = \frac{\mu}{\rho} \qquad\qquad (2-4)$$

式中：μ 为动力黏度，单位为 $\mathrm{Pa \cdot s}$；ρ 为密度，单位为 $\mathrm{kg/m^3}$；ν 为运动黏度，单位为 $\mathrm{m^2/s}$。

一般液压油的牌号就是该润滑油在 $40\,℃$（或 $100\,℃$）时运动黏度（以 $\mathrm{mm^2/s}$ 为单位）的平均值，如 32 号液压油在 $40\,℃$ 时的运动黏度为 $32\ \mathrm{mm^2/s}$。

（3）相对黏度。

动力黏度和运动黏度是理论分析和计算时经常使用的黏度，但它们都难以直接测量，因此在工程上常使用相对黏度。相对黏度又称为条件黏度，它是采用特定的黏度计在规定的条件下测量出来的黏度，用相对黏度计测量出相对黏度后，再根据相应的关系式换算成运动黏度或动力黏度，以便使用。中国、德国、俄罗斯等（国家）采用恩氏黏度，美国、英国等（国家）采用通用赛氏秒（SSU），美国、英国还采用商用雷氏秒（R_1S），法国等采用巴氏度（°B）。

恩氏黏度由恩氏黏度计测定。在规定的温度下从恩氏黏度计流出 200 ml 样品所需的时间与同体积蒸馏水在 $20\,℃$ 时流出所需的时间之比值称为该液体的恩氏黏度，用符号°E 表示。一般以 $20\,℃$、$40\,℃$ 及 $100\,℃$ 作为测定液体恩氏黏度的标准温度。由此而得到的恩氏黏度分别用°E_{20}、°E_{40} 和°E_{100} 来标记。恩氏黏度和运动黏度可用相关经验公式换算。

3）黏度与压力的关系

当压力增加时，液体分子间距离减小，内聚力增加，其黏度也有所增加。在液压系统中，若系统的压力不高，则压力对黏度的影响较小，一般可忽略不计。当压力高于 50 MPa 时，压力对黏度的影响较明显，则必须考虑压力对黏度的影响。

4）黏度与温度的关系

　　液压油的黏度对温度的变化极为敏感，温度升高，黏度将显著降低。液压油的黏度随温度变化的性质称为黏温特性。不同种类的油液有不同的黏温特性。油液温度的变化将直接影响液压系统的性能和泄漏量，因此希望油液的黏度随温度的变化越小越好。图 2-3 所示为几种常用液压油的黏温特性曲线。

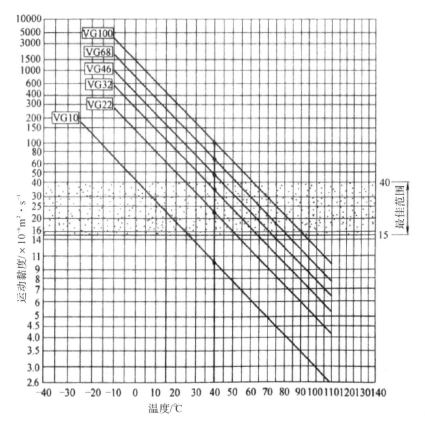

图 2-3　几种常用液压油的黏温特性曲线

5. 其他特性

　　用作液压传动工作介质的液压油除以上特性外，还需要有其他一些性质，如热安定性、氧化安定性、抗泡沫性、抗乳化性、防锈性、润滑性以及相容性（其密封材料、涂料等起作用的程度）等。这些性质都对液压油的选择和使用有重要的影响，需在精炼的矿物油中加入各种添加剂来获得。

任务二　液压油的类型、要求与选用

一、液压油的类型

　　液压传动系统中采用的液压油主要有矿物油、乳化型液压油、合成型液压油和高水基型液压油四大类。常用工业液压油的种类如图 2-4 所示。

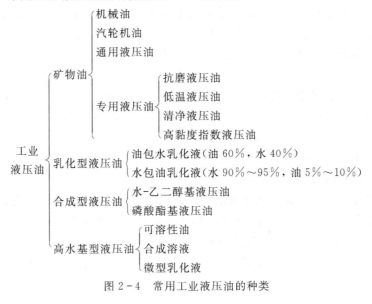

图 2-4　常用工业液压油的种类

1. 矿物油

矿物油是由提炼后的石油制品加入各种添加剂精制而成的。这种油液的润滑性好，腐蚀性小，化学稳定性较好，但抗燃性差，广泛应用于液压传动系统中。

2. 乳化型液压油

乳化型液压油有两类：一类是少量油分散在大量的水中，称为水包油乳化液；另一类是水分散在大量的油中，称为油包水乳化液。乳化型液压油具有价格便宜、抗燃等优点，但它的润滑性差、腐蚀性大、适用温度范围窄，一般用于水压机、矿山机械和液压支架等场合。

3. 合成型液压油

合成型液压油是由多种磷酸酯和添加剂用化学方法合成的，具有抗燃性好、润滑性好和凝固点低等优点，但价格较贵，有毒性，一般用于防火要求较高的场合，如钢铁厂、火力发电厂和飞机等的液压设备中。

4. 高水基型液压油

高水基型液压油是一种以水为主要成分的液压油，它是国外 20 世纪 70 年代初发展起来的，现已演变到第三代。第一代是可溶性油，由 5% 的可溶性油和 95% 的水制成，即原始的水包油乳化液。第二代是合成溶液，不含油，由无色透明的合成溶液和水按 5∶95 的比例配制而成。第三代是微型乳化液，它既不是乳化液，也不是溶液，而是一种在 95% 的水中均匀地扩散着水溶性抗磨添加剂的胶状悬浮液。高水基型液压油的优点是价格便宜、抗燃性好、工作温度低、黏度变化小，运输保存方便（因 95% 的水是在使用时加进的）；缺点是润滑性差、黏度低、腐蚀性大，适合应用于大型液压机以及环境温度较高的液压系统中，特别适用于防火要求较高的场合。

二、对液压油的要求

在液压传动中，液压油是液压系统的重要组成部分，是用来传递能量的工作介质。除了传递能量外，它还起着润滑运动部件和保护金属不被锈蚀的作用。液压油的质量及其各种性能将直接影响液压系统的工作。从液压系统使用油液的要求来看，对液压油的要求如下：

（1）要有适宜的黏度和良好的黏温特性。

一般液压系统所用的液压油的运动黏度范围为$(11.5\sim41.3)$ mm^2/s。

（2）具有良好的润滑性。

在液压传动机械设备中，除液压元件外，其他一些有相对滑动的零件也要用液压油来润滑，因此液压油应具有良好的润滑性能。为了改善液压油的润滑性能，可加入添加剂增加其润滑性能。

（3）质地纯净，不含或含有极少量的杂质、水分和水溶性酸碱等。

（4）具有良好的热安定性和氧化安定性。

油液抵抗其受热时发生化学变化的能力叫做热安定性。热安定性差的油液在温度升高时容易发生分子裂化或聚合，产生脂状沥青、焦油等物质。由于这些化学反应是随温度升高而加快的，所以一般液压油的工作温度限制在 65℃ 以下。

油液与空气中的氧气或其他含氧物质发生反应后生成酸性化合物，能腐蚀金属。这种化学反应的速度越慢，其氧化安定性就越好。

（5）具有较好的相容性，即对密封件、软管、涂料等无溶解反应。

（6）具有良好的抗泡沫性，抗乳化性要好，腐蚀性要小，防锈性要好。

液压油乳化会降低其润滑性能，从而使酸性增加，使用寿命缩短。液压油中产生泡沫会引起气穴现象。

（7）流动点和凝固点低，闪点和燃点高。

液压油用于高温场合时，为了防火安全，闪点要求要高；在温度低的环境下工作时，凝固点要求要低。

（8）对人体无害，成本低。

三、液压油的选用

正确合理地选用液压油，是保证液压设备高效率正常运转的前提。液压油的合理选用具体表现为对液压油品种和牌号的选择。

液压系统的很多运行故障是由液压油引起的，因此，正确、合理地选用液压油对于提高液压设备的工作可靠性，延长系统及元件的寿命，保证机械设备的安全、正常运行，具有十分重要的意义。

液压油的选用应当是在全面了解液压油性质并结合考虑经济性的基础上，根据液压系统的工作环境及其使用条件选择合适的品种，确定适宜的黏度，因为黏度既影响系统的泄漏，又影响功率损失。当黏度大时，油液流动产生的阻力较大，克服阻力所消耗的功率就大，而此功率损耗又将转换成热量使油温上升；当黏度太小时，会使油液的泄漏量加大，系统的容积效率下降。因此，在选择液压油时应根据系统的要求和具体情况来选用合适的黏度，通常按以下几方面进行选用。

1. 按液压泵的类型选用

液压泵是液压系统的重要元件，它对油液的性能最为敏感，因为泵内零件的运动速度高，承受压力大，温升较高，润滑要求严格，因此，常根据液压泵的类型和要求来选择液压油的黏度。各类液压泵适用液压油的黏度范围如表 2-1 所示。

表 2-1　各类液压泵适用液压油的黏度范围

液压泵类型		环境温度 5℃～40℃	环境温度 40℃～80℃
		$\nu/mm^2 \cdot s^{-1}(40℃)$	$\nu/mm^2 \cdot s^{-1}(40℃)$
叶片泵	$p<7$ MPa	30～50	40～75
	$p\geqslant7$ MPa	50～70	55～90
齿轮泵		30～70	95～165
轴向柱塞泵		40～75	70～150
径向柱塞泵		30～80	62～240

2. 按液压系统的工作压力选用

通常，当工作压力较高时，宜选用黏度较大的液压油，以减少系统泄漏；当工作压力较低时，宜选用黏度较小的液压油，以减少压力损失。

3. 依据液压系统的环境温度选用

环境温度较高时宜选用黏度较大的液压油；反之，可选用黏度较小的液压油。

4. 依据液压系统的运动速度选用

液压系统中执行元件运动速度较高时，为减少液流的压力损失，宜选用黏度较小的液压油；反之，当执行元件的运动速度较低时，每分钟所需的油量很小，系统泄漏相对较大，对执行元件的运动速度影响也较大，因此宜选用黏度较大的液压油。

任务三　液压油的污染与控制

液压油是否清洁，不仅影响液压系统的工作性能和液压元件的使用寿命，而且直接关系到液压系统能否正常工作。液压系统的多数故障与液压油受到污染有关，因此控制液压油的污染是十分重要的。

一、液压油污染的原因

液压油被污染的原因主要有以下几方面。

1. 残留物的污染

液压系统的管道及液压元件内的型砂、磨料、焊渣、锈片、灰尘等污垢在系统使用前冲洗时未被洗干净，在液压系统工作时，这些污垢会进入液压油里面。

2. 侵入物的污染

外界的灰尘、砂粒等，在液压系统工作过程中通过往复伸缩的活塞杆、流回油箱的泄漏油等进入液压油里。另外，在检修时，稍不注意也会使灰尘、棉绒等进入液压油。

3．生成物的污染

液压系统本身产生污垢，而直接进入液压油里，如金属和密封材料的磨损颗粒、过滤材料脱落的颗粒或纤维，以及油液因油温升高氧化变质而生成的胶状物等。

液压油污染严重时，直接影响液压系统的工作性能，使液压系统经常发生故障、液压元件寿命缩短。造成这些危害的原因主要是污垢中的固体颗粒进入液压元件内，会使元件的滑动部分磨损加剧，并可能堵塞液压元件里的阻尼孔，或使阀芯卡死，从而造成液压系统的故障。进入液压油中的水分会腐蚀金属，使液压油变质、乳化等。

二、液压油污染的控制

由于液压油被污染的原因比较复杂，在液压传动系统工作过程中液压油又在不断地产生污染物，因此，要彻底地防止污染是很困难的。为了延长液压元件的使用寿命，保证液压传动系统的正常工作，应将液压油的污染程度控制在一定的范围内。一般常采取如下措施来控制污染。

1．减少外来的污染

液压传动系统在装配前后必须严格清洗，用机械的方法除去残渣和表面氧化物，然后进行酸洗。液压传动系统在组装后要进行全面清洗，最好用系统工作时使用的油液清洗，特别是液压伺服系统最好要经过几次清洗来保证清洁。油箱通气孔要加空气过滤器，给油箱加油要用过滤车，对外露件应装防尘密封，并经常检查，定期更换。液压传动系统的维修与液压元件的更换、拆卸应在无尘区进行。

2．滤除系统产生的杂质

应在系统的相应部位安装适当精度的过滤器，并且要定期检查、清洗或更换滤芯。

3．控制液压油的工作温度

液压油的工作温度过高会加速其氧化变质，产生各种生成物，缩短它的使用期限，所以要限制液压油的最高使用温度。

4．定期检查与更换液压油

应按液压油的换油指标换油，为此，应对在用液压油定期进行取样化验，正常使用条件下，每两个月取样一次；工作频繁、环境恶劣时，每月取样一次。不具备分析条件时，应根据液压设备使用说明书的要求和维护保养规程的有关规定，定期检查与更换液压油。更换液压油时要清洗油箱，冲洗系统管道及液压元件。

三、油液污染度

油液污染度是指单位体积油液中固体颗粒污染物的含量，即油液中固体颗粒污染物的浓度。对于其他污染物，如水和空气，则用水含量和空气含量表述。油液污染度是评定油液污染程度的重要指标。

目前油液污染度普遍采用颗粒污染度的表示方法，即单位体积油液中所含各种尺寸的颗粒数目。颗粒尺寸范围可用区间表示，如 $5\sim15~\mu m$ ，$15\sim25~\mu m$ 等；也可用大于某一尺寸表示，如 $>5~\mu m$、$>15~\mu m$ 等。

为了定量评定油液污染程度，世界各主要工业国都制定有各自的油液污染度等级，近年来已趋向于采用统一的国际标准。如美国 NAS 1638 油液污染物等级和 ISO 4406 油液污染度等级国际标准。

ISO 4406 油液污染度国际标准采用两个数码表示油液的污染度等级，前面的数码代表1 mL 油液中尺寸大于 5 μm 的颗粒数的等级，后面的数码代表 1 mL 油液中尺寸大于 15 μm 的颗粒数的等级，两个数码之间用一斜线分隔。例如污染度等级 18/13 表示油液中大于 5 μm 的颗粒数的等级为 18，每毫升颗粒数在 1300～2500 之间，尺寸大于 15 μm 的颗粒数的等级为 13，每毫升颗粒数在 40～80 之间。表 2-2 所列为 ISO 4406 污染度等级和相应的颗粒浓度。

表 2-2   ISO 4406 污染度等级和相应的颗粒浓度

每毫升颗粒数		等级数码	每毫升颗粒数		等级数码
大于	上限值		大于	上限值	
2 500 000		>28	80	160	14
1 300 000	2 500 000	28	40	80	13
640 000	1 300 000	27	20	40	12
320 000	640 000	26	10	20	11
160 000	320 000	25	5	10	10
80 000	160 000	24	2.5	5	9
40 000	80 000	23	1.3	2.5	8
20 000	40 000	22	0.64	1.3	7
10 000	20 000	21	0.32	0.64	6
5 000	10 000	20	0.16	0.32	5
2500	5000	19	0.08	0.16	4
1300	2500	18	0.04	0.08	3
640	1300	17	0.02	0.04	2
320	640	16	0.01	0.02	1
160	320	15	0	0.01	0

目前 ISO 4406 污染度等级标准已被世界各国普遍采用。我国制定的国家标准 GB/T14039—2002《液压传动油液固体颗粒污染度等级代号》等同采用 ISO 4406。

思 考 题

一、简答题

1. 什么是流体的黏性与黏度？流体产生黏性的原因是什么？
2. 黏度有几种表示方法？常用的液压油的黏度单位是什么？
3. 我国液压油的牌号和黏度有何关系？

4. 对液压油的要求有哪些？

5. 液压油有哪些类型？

6. 如何正确选用液压油？

二、填空题

1. 液体流动时＿＿＿＿＿＿＿＿的性质，称为液体的黏性，其大小用＿＿＿＿＿表示。常用的黏度有＿＿＿＿＿、＿＿＿＿＿和＿＿＿＿＿。

2. 液体的动力黏度与其密度的比值称为＿＿＿＿＿，用符号＿＿＿＿＿表示。

3. 各种矿物油的牌号就是该种油液在 40 ℃时＿＿＿＿＿的平均值。

4. 在液压系统中，当工作压力高、环境温度高或运动速度较慢时，为了减少泄漏，宜选用黏度较＿＿＿＿＿的液压油；而当工作压力低、环境温度低或运动速度较快时，为了减少功率损失，宜选用黏度较＿＿＿＿＿的液压油。

技 能 训 练

1. 熟悉常用的液压油。

2. 分析 YT4543 型动力滑台液压系统的液压油类型及防污染措施。

项目三　液压传动流体力学基础认知

学习目标

知识目标：

1. 掌握液体静压力公式及静压力特征。
2. 掌握流体静力学基本方程、帕斯卡原理、压力的表示方法。
3. 掌握流动液体的基本概念、流量连续性方程、伯努利方程的物理意义及公式。
4. 掌握流体经过薄壁小孔、短孔、细长孔等小孔的流动情况，掌握相应的流量公式。
5. 掌握流体经过各种缝隙的流动特性及其流量公式。
6. 掌握液压冲击和气穴现象的概念、危害、产生原因以及减小措施。

技能目标：

1. 能对液压传动基础知识有全面的理解。
2. 能够运用流体力学的知识对液压传动的现象进行分析。
3. 通过完成上述任务，能够重点掌握液压传动的特性。

教学建议

本项目内容包含了许多的理论公式及其推导过程，在教学过程中，根据学生的情况，可适当地减少理论知识的课堂教学，减少理论公式的推导过程，重点分析其物理意义及注意事项。

任务一　流体静力学基础认知

液体静力学主要讨论液体静止时的平衡规律以及这些规律的应用。

一、液体静压力及特征

作用在液体上的力有两种，即质量力和表面力。

单位质量液体受到的质量力称为单位质量力，在数值上就等于加速度。

表面力是由与流体相接触的其他物体（如容器或其他液体）作用在液体上的力，这是外力；"液体静止"指的是液体内部质点间没有相对运动，不呈现黏性而言，至于盛装液体的容器，不论它是静止的或是匀速、匀加速运动都没有关系。表面力也可以是一部分液体作用在另一部分液体上的力，这是内力。单位面积上作用的表面力称为应力，它有法向应力和切向应力之分。当液体静止时，液体质点间没有相对运动，不存在摩擦力，所以静止液体的表面力只有法向力。液体内某点处单位面积 ΔA 上所受到的法向力 ΔF 叫做压力 p（静压力），即

$$p = \lim_{\Delta A \to 0} \frac{\Delta F}{\Delta A} \qquad\qquad (3-1)$$

如果法向力 F 均匀地作用于面积 A 上，则压力可表示为

$$p = \frac{F}{A} \qquad\qquad (3-2)$$

由于液体质点间的凝聚力很小，不能受拉，只能受压，所以液体的静压力具有两个重要特性：

（1）液体静压力的方向总是作用面的内法线方向。

（2）静止液体内任一点的液体静压力在各个方向上都相等。

二、液体静力学基本方程

在重力作用下的静止液体，其受力情况如图 3-1(a)所示。除了液体的重力、液面上的压力 p_0 以外，还有容器壁面对液体的压力。现要求得液体内深度为 h 的 A 点处的压力，可以在液体内取出一个底面通过该点的、底面积为 ΔA 的垂直小液柱，如图 3-1(b)所示。小液柱上顶与液面重合，这个小液柱在重力及周围液体的压力作用下，处于平衡状态，于是有

$$p\Delta A = p_0 \Delta A + \rho g h \Delta A$$

所以有

$$p = p_0 + \rho g h \qquad\qquad (3-3)$$

式中，g 为重力加速度。

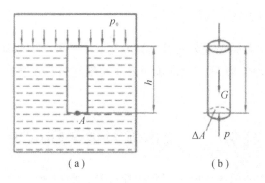

图 3-1　重力作用下的静止液体受力图

式(3-3)即为液体静压力的基本方程，由此式可知：

（1）静止液体内任一点处的压力由两部分组成，一部分是液面上的压力 p_0，另一部分是 ρg 与该点深度 h 的乘积 $\rho g h$。

（2）同一容器中同一液体内的静压力随液体深度 h 的增加而线性地增加。

（3）连通器内同一液体中深度 h 相同的各点压力都相等。由压力相等的点组成的面称为等压面。重力作用下静止液体中的等压面是一个水平面。

［例 3-1］　如图 3-2 所示，容器内充满油液，活塞上作用力 $F = 1000$ N，活塞的面积 $A = 1 \times 10^{-3}$ m²。活塞下方深度 $h = 0.5$ m 处的压力等于多少？油液的密度 $\rho = 900$ kg/m³。

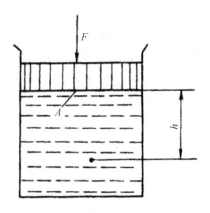

图 3-2 液体内压力计算图

解 根据式(3-2)，活塞和液面接触处的压力预算为

$$p_0 = \frac{F}{A} = \frac{1000}{1 \times 10^{-3}} \text{ N/m}^2 = 10^6 \text{ N/m}^2$$

因此深度 h 处的液体压力为

$$p = p_0 + \rho g h = (10^6 + 900 \times 9.8 \times 0.5) \text{ N/m}^2 = 1.0044 \times 10^6 \text{ N/m}^2$$
$$\approx 10^6 \text{ N/m}^2 = 1.0 \text{ MPa}$$

由此可见，液体在受压的情况下，其液柱高度所引起的那部分压力 $\rho g h$ 与所受压力相比，可以忽略不计，并认为整个液体内部的压力是近似相等的。因而对液压传动来说，一般不考虑液体位置高度对压力的影响，可以认为静止液体内各处的压力都相等。

三、压力的表示方法及单位

1. 压力的表示方法

压力的表示方法有两种：一种是以绝对真空作为基准所表示的压力，称为绝对压力；另一种是以大气压力作为基准所表示的压力，称为相对压力。由于大多数测压仪表所测得的压力都是相对压力，故相对压力也称表压力。绝对压力、相对压力和真空度的相互关系如图3-3所示。

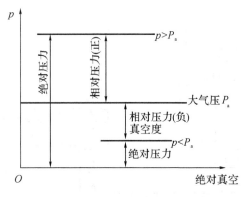

图 3-3 绝对压力、相对压力和真空度

绝对压力与相对压力的关系为：

$$绝对压力＝相对压力＋大气压力$$

绝对压力小于大气压时，负相对压力数值部分叫做真空度，即

$$真空度＝大气压－绝对压力＝－（绝对压力－大气压）$$

由此可知，当以大气压为基准计算压力时，基准以上的正值是表压力，基准以下的负值就是真空度。

2. 压力的单位

ISO 规定的压力单位称为帕斯卡(帕)，符号为 Pa。Pa 的单位量值太小，在工程上常用兆帕这个单位来表示压力：

$$1 \text{ MPa}＝10^6 \text{ Pa}$$

在工程上还采用工程大气压、水柱高或汞柱高度等。在液压技术中，目前还采用以前使用的压力单位巴，符号为 bar。

$$1 \text{ bar}＝10^5 \text{ Pa}≈1.02 \text{ kgf/cm}^2$$

压力的单位及其他非法定计量单位的换算关系为

$$1 \text{ at(工程大气压)}＝1 \text{ kgf/cm}^2＝9.8×10^4 \text{ N/m}^2$$
$$1 \text{ mH}_2\text{O(米水柱)}＝9.8×10^3 \text{ N/m}^2$$
$$1 \text{ mmhg(毫米汞柱)}＝1.33×10^2 \text{ N/m}^2$$

四、帕斯卡原理

盛放在密闭容器中的液体，其外加压力 p_0 发生变化时，只要液体仍保持其原来的静止状态不变，液体中任一点的压力均将发生同样大小的变化。这就是说，在密闭容器内，施加于静止液体上的压力将以等值同时传输到各点。这就是帕斯卡原理或称静压传递原理。

我们以图 3-4 为例来说明液体的静压传递原理。图中垂直液压缸、水平液压缸的截面积分别为 A_1、A_2，活塞上作用的负载为 F_1、F_2。由于两缸互相连通，构成一个密闭容器，因此按帕斯卡原理，缸内压力到处相等，$p_1≈p_2$，于是

$$F_2＝\frac{A_2}{A_1}F_1$$

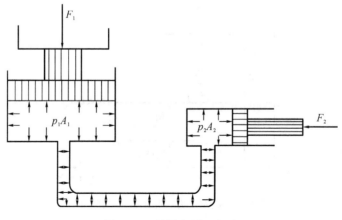

图 3-4　帕斯卡原理应用

如果垂直液压缸的活塞上没有负载，则当略去活塞重量及其他阻力时，不论怎样推动水平液压缸的活塞，也不能在液体中形成压力，这说明液压系统中的压力是由外界负载决定的。

五、液体静压力对固体壁面的作用力

静止液体和固体壁面相接触时，固体壁面上各点在某一方向上所受静压作用力的总和，便是液体在该方向上作用于固体壁面上的力。在液压传动计算中质量力（ρgh）可以忽略，静压力处处相等，所以可认为作用于固体壁面上的压力是均匀分布的。

当固体表面是一个平面时，如图 3-5(a) 所示，则压力 p 作用在活塞（活塞盘径为 D、面积为 A）上的力即为

$$F = pA = p\,\frac{\pi}{4}D^2 \tag{3-4}$$

当固体面壁是一个曲面时，由于压力总是垂直于承受压力的表面，所以作用在曲面上各点的力方向不同但大小相等。作用在曲面上的液压作用力在某一方向上的分力等于静压力与曲面在该方向投影面积的乘积，因而作用在曲面上的总作用力在不同的方向也不一样，因此必须首先明确要计算的是曲面上哪个方向的力。

如图 3-5(b)、(c) 所示的球面和圆锥面，液体静压力 p 沿垂直方向作用在球面和圆锥面上的力 F，就等于压力作用于该部分曲面在垂直方向的投影面积 A 与压力 p 的乘积，其作用点通过投影圆的圆心，其方向向上，即

$$F = pA = p\,\frac{\pi}{4}d^2$$

式中 d 即为承压部分曲面投影圆的直径。

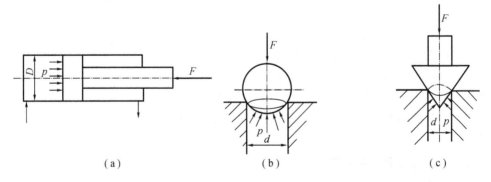

（a）　　　　　　　　　（b）　　　　　　　　　（c）

图 3-5　液压力作用在固体壁面上的力

由此可见，曲面上液压作用力在某方向上的分力等于液体静压力和曲面在该方向的垂直面内投影的乘积。

任务二　流体动力学基础认知

在液压传动系统中，液压油总是在不断地流动，因此要研究液体在外力作用下的运动规律、作用在流体上的力及这些力和流体运动特性之间的关系。对液压流体力学我们只关心和

研究平均作用力和运动之间的关系。本任务主要讨论三个基本方程式，即液流的连续性方程、伯努利方程和动量方程。它们是刚体力学中的质量守恒、能量守恒及动量守恒原理在流体力学中的具体应用。前两个方程描述了压力、流速与流量之间的关系，以及液体能量相互间的变换关系，后者描述了流动液体与固体壁面之间作用力的情况。液体是有黏性的，并在流动中表现出来，因此，在研究液体运动规律时，不但要考虑质量力和压力，还要考虑黏性摩擦力的影响。此外，液体的流动状态还与温度、密度、压力等参数有关。为了分析，可以简化条件，从理想液体着手。所谓理想液体，是指没有黏性的液体。同时，一般在等温的条件下都把黏度、密度视作常量来讨论液体的运动规律，然后再通过实验对产生的偏差加以补充和修正，使之符合实际情况。

一、流动液体的一些基本概念

1. 理想液体与恒定流动

液体有黏性，而且只有在流动时才呈现出来，研究流动液体必须考虑其黏性。在开始分析时，假设液体没有黏性，然后再考虑黏性的作用，并通过实验对假设的理想结论进行补充修正。对于液体的压缩性亦可采用同样的办法处理。这种处理问题的方法不仅使问题简单化，而且所得结论在实际应用中亦有足够的精确度。

理想液体：既无黏性、又无压缩性的液体。

实际液体：既有黏性、又有压缩性的液体。

恒定流动（稳定流动）：液体流动时，如果液体中任何一点的压力、速度和密度等运动参数都不随时间变化，则称流体的流动为恒定流动。

非恒定流动：压力、速度和密度中有参数随时间变化时，就称为非恒定流动。

研究液压系统静态性能时，可认为液体是恒定流动的；而研究动态性能时，必须按非恒定流动考虑。

如图 3-6 所示，从水箱中放水，如果水箱上方有一补充水源，使水位 H 保持不变，则水箱下部出水口流出的液体中各点的压力和速度均不随时间变化，故为恒定流动；反之则为非恒定流动。

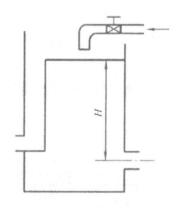

图 3-6 恒定流动

2. 通流截面、流量和平均流速

液体在管道中流动时，垂直于流动方向的截面称为通流截面。

单位时间内流过通流截面的液体体积称为流量，用 q 表示，单位为 m^3/s（米³/秒），工程上也常用 L/min（升/分）或 mL/s（毫升/秒）作为单位。

设在液体中取一微小通流截面 dA，如图 3-7 所示，液体在该截面上各点流速 u 可以认为是相等的，即流过该微小通流截面 dA 的流量为

$$dq = u dA \tag{3-5}$$

对此式进行积分，可得到整个通流截面面积 A 上的流量为

$$q = \int_A u dA \tag{3-6}$$

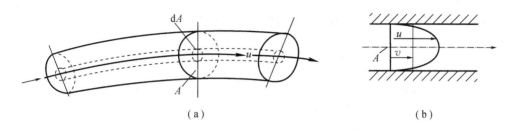

图3-7　流量和平均流速

在工程实际中，通流截面上的流速分布规律很难真正知道，故直接从上式来求流量是困难的，为了便于计算，引入平均流速的概念，假想在通流截面上流速是均匀分布的，则流量等于平均流速 v 乘以通流截面面积 A。令此流量与实际的不均匀流速通过的流量相等，即

$$q = \int_A u\,\mathrm{d}A = vA \tag{3-7}$$

故平均流速为

$$v = \frac{q}{A} \tag{3-8}$$

流量也可以用流过其截面的液体质量来表示，即质量流量 q_{m}：

$$q_{\mathrm{m}} = \int_A \rho u\,\mathrm{d}A = \rho \int_A u\,\mathrm{d}A = \rho q \tag{3-9}$$

在工程实际中，只有平均流速 v 才具有应用价值（有时工程中要考虑实际流场的分布情况）。液压缸工作时，活塞的运动速度就等于缸内液体的平均流速，因此可以根据式(3-8)建立起活塞运动速度 v 与液压缸有效面积 A 和流量 q 之间的关系，当液压缸有效面积一定时，活塞运动速度取决于出入液压缸的流量。

3. 层流、紊流和雷诺数

液体在管道中流动时存在两种不同状态：层流和紊流，它们的阻力性质也不相同，可以通过雷诺试验来观察。

试验装置如图3-8所示，水箱6由进水管2不断充水，并由溢流管1保持水箱的水面为恒定，容器3盛有红颜色的水，打开阀门8后，水就从管7中流出，这时再打开阀门4，红色水即从容器3流入管7中。根据红色水在管7中的流动状态，即可观察出管中水的流动状态。当管中水的流速较低时，红色水在管中呈明显的直线，如图3-8(b)所示。这时可以看到红线与管轴线平行，红色线条与周围液体没有任何混杂现象，表明管中的水流是分层的，层与层之间互不干扰，液体的这种流动状态称为层流。

将阀门8逐渐开大。当管中水的流速逐渐增大到某一值时，可看到红线开始曲折，如图3-8(c)所示，表明液体质点在流动时不仅沿轴向运动还有径向运动。若管中流速继续增大，则可看到红线呈紊乱状态，完全与水混合，如图3-8(d)所示，这种无规律的流动状态称为紊流。如果将阀门逐渐关小，会看到相反的过程。

层流：在液体运动时，如果质点没有横向脉动，不引起液体质点混杂，而是层次分明，能够维持安定的流束状态，这种流动称为层流。

紊流：如果液体流动时质点具有脉动速度，引起流层间质点相互错杂交换，这种流动称为紊流或湍流。

　　液体流动时究竟是层流还是紊流，须用雷诺数来判别。

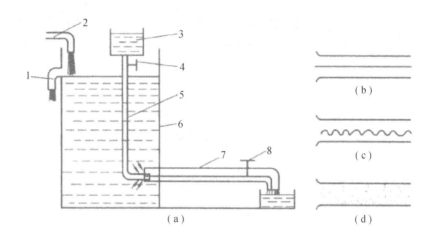

1—溢流管；2—进水管；3—容器；4、8—阀门；5—有色水水管；6—水箱；7—透明管

图 3-8　雷诺试验装置

　　实验证明，液体在圆管中的流动状态不仅与管内的平均流速 v 和管径 d 成正比，而且与液体的运动黏度 ν 成反比。但是，真正决定液流状态的，却是这三个参数所组成的一个称为雷诺数 Re 的无量纲纯数：

$$Re = \frac{vd}{\nu} \tag{3-10}$$

　　由式（3-10）可知，液流的雷诺数如相同，它的流动状态也相同。当液流的雷诺数 Re 小于临界雷诺数时，液流为层流；反之，液流大多为紊流。常见的液流管道的临界雷诺数由实验求得，示于表3-1中。

表 3-1　常见液流管道的临界雷诺数

管道的材料与形状	临界雷诺数 Re_{cr}	管道的材料与形状	临界雷诺数 Re_{cr}
光滑的金属圆管	2000~2320	带槽装的同心环状缝隙	700
橡胶软管	1600~2000	带槽装的偏心环状缝隙	400
光滑的同心环状缝隙	1100	圆柱形滑阀阀口	260
光滑的偏心环状缝隙	1000	锥状阀口	20~100

　　对于非圆截面的管道，液流的雷诺数可按下式计算：

$$Re = \frac{4vR}{\nu} \tag{3-11}$$

式中 R 为通流截面的水力半径。

　　所谓水力半径 R，是指有效通流截面积 A 和其湿周长度（通流截面上与液体相接触的管

壁周长)X 之比，即

$$R = \frac{A}{X} \tag{3-12}$$

水力半径的大小对管道的通流能力影响很大。水力半径大意味着液流和管壁的接触周长短，管壁对液流的阻力小，因而通流能力大；水力半径小，通流能力就小，管路容易堵塞。

二、流量连续性方程

流量连续性方程是质量守恒定律在流体力学中的应用。液体在管道中作恒定流动时，由于假定液体是不可压缩的，即密度 ρ 是常数，液体是连续的，其内部不可能有间隙存在，因此根据质量守恒定律，液体在管内既不能增多，也不能减少，所以，单位时间内流过管子第一个截面的液体质量一定是相等的。这就是液体流动的连续性原理(质量守恒定律)。

如图 3-9 所示，当流体在管内作恒定流动时，在同一时间内，流过管道的每一过流断面的质量流量相等，即

$$q_{\mathrm{m}} = \rho_1 v_1 A_1 = \rho_2 v_2 A_2 = 常数 \tag{3-13}$$

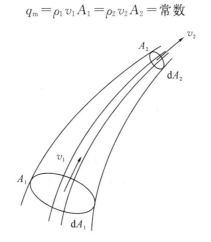

图 3-9　连续性方程示意图

当忽略流体的可压缩性时，密度相等，则有

$$v_1 A_1 = v_2 A_2 \tag{3-14}$$

由于通流截面是任意取的，则有

$$q = v_1 A_1 = v_2 A_2 = v_3 A_3 = \cdots \cdots = v_n A_n = 常数 \tag{3-15}$$

式中：v_1、v_2 分别是流管通流截面 A_1 及 A_2 上的平均流速。

由于通流截面是任意选取的，故

$$q = vA = 常数 \tag{3-16}$$

这就是液体的流量连续性方程。该方程表明：在管道中作恒定流动的不可压缩液体流过各截面的流量是相等的，因而流速与通流面积成反比。

三、伯努利方程

伯努利方程是能量守恒定律在液体力学中的一种表达方式。它主要反映动能、势能、压力能三种能量的转换。为了便于研究，我们从理想液体、恒定流动入手，逐步深入到实际液体。

1. 理想液体的伯努利方程

设密度为 ρ 的理想液体在如图 3-10 所示的管道内作恒定流动，任取截面 1、2 所围的理想液体作为研究对象，设 1、2 截面处的通流截面分别为 A_1 和 A_2，流速分别为 v_1 和 v_2，压力分别为 p_1 和 p_2，截面中心高度分别为 h_1 和 h_2。假设在很短时间 dt 内，该段理想液体从截面 1、2 流到 $1'$、$2'$。因为移动距离很小，在 1 到 $1'$ 和 2 到 $2'$ 这两小段范围内，通流截面、压力、流速和高度均可认为不变，现分析该段液体的动能变化。

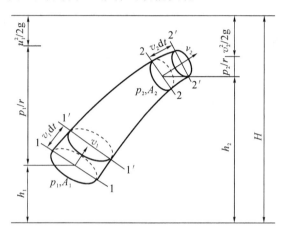

图 3-10　伯努利方程推导示意图

1）**外力对液体所做的功**

由于理想液体没有黏性，不存在内摩擦力，因此外力对液体所做的功仅为两断面压力所做功的代数和，1—2 段液体前后分别受到作用力 p_1A_1 和 p_2A_2，当 1—2 段液体运动到 $1'$—$2'$ 时，外力所做的总功 W 仅是两断面压力所做的功的代数和，即

$$W = p_1 A_1 v_1 \mathrm{d}t - p_2 A_2 v_2 \mathrm{d}t \tag{3-17}$$

由连续性方程知

$$v_1 A_1 = v_2 A_2 = q$$

或

$$A_1 v_1 \mathrm{d}t = A_2 v_2 \mathrm{d}t = q\Delta t = V$$

式中，V 为 1—$1'$ 或 2—$2'$ 间微小液体的体积。

故有

$$W = (p_1 - p_2)V \tag{3-18}$$

2）**液体机械能的变化**

因是理想液体作恒定流动，经过时间 dt 后，中间 $1'$—2 段液体的所有力学参数均未发生变化，故这段液体的能量没有增减。有变化的仅是微段液流从 1—$1'$ 移动到 2—$2'$ 位置时的高度和流速，从而引起势能和动能的变化，其总变化量 ΔE 为

$$\Delta E = \frac{1}{2}mv_2^2 + mgh_2 - \frac{1}{2}mv_1^2 - mgh_1 \tag{3-19}$$

式中，m 为 1—$1'$ 或 2—$2'$ 间微小液体的质量，g 为重力加速度。

因假设为理想液体，没有黏滞能量损耗，故根据能量守恒定律，1—2 段液体从 1—$1'$ 流

到 2-2′后所增加的能量应等于外力对其所做的功，即

$$W=\Delta E \tag{3-20}$$

将式(3-18)和式(3-19)代入式(3-20)后得

$$p_1 v - p_2 v = \frac{1}{2}mv_2^2 + mgh_2 - \frac{1}{2}mv_1^2 - mgh_1 \tag{3-21}$$

或

$$p_1 v + \frac{1}{2}mv_1^2 + mgh_1 = p_2 v + \frac{1}{2}mv_2^2 + mgh_2 \tag{3-22}$$

因为 1、2 两通流截面位置是任意取的，故式(3-22)所表示的关系适用于流束内任意两个通流截面，所以该式可改写为

$$pv + \frac{1}{2}mv^2 + mgh = 常数 \tag{3-23}$$

将式(3-23)各项除以 mg 得

$$\frac{p}{\rho g} + \frac{v^2}{2g} + h = 常数 \tag{3-24}$$

式中：$\frac{p}{\rho g}$ 为单位质量液体具有的压力能，称为比压能或压力高度(压力头)；$\frac{v^2}{2g}$ 为单位质量液体具有的动能，称为比动能或速度高度(速度头)；h 为单位质量液体具有的势能，称为比势能(位置头)。

式(3-24)就是理想液体作恒定流动时的能量方程，也称为伯努利方程。

伯努利方程的物理意义是：理想液体在密闭管道内作恒定流动时具有三种能量形式，分别是压力能、动能和势能，这三种能量之和是常数，即能量守恒，但三者之间可以互相转换。

当管道水平放置时，各通流截面处的比势能均相等(或位置高低的影响甚小，可以忽略不计时)，则通流截面小的地方，液体流速就高，而该处的压力就低，即截面小的管道处，流速较高，压力较低；截面大的管道处，流速较小，压力较高。在液压传动中，主要的能量形式为压力能。

2. 实际液体的伯努利方程

实际液体在管道内流动时，由于液体存在黏性，会产生内摩擦力；由于管道形状和尺寸的变化，流体会产生扰动。这些都会消耗能量。因此，实际流体流动时存在能量损失。设单位体积的液体在两断面之间流动的能量损失为 h_w。

另外，由于实际液体在管道过流断面上的流速分布是不均匀的，因此在用平均流速代替实际流速计算动能时，必然会有误差，为了修正这一误差，需引入动能修正系数 α，它等于单位时间内某截面处的实际动能与按平均流速计算的动能之比。

因此，实际流体的伯努利方程为

$$\frac{p_1}{\rho g} + \frac{\alpha_1 v_1^2}{2g} + h_1 = \frac{p_2}{\rho g} + \frac{\alpha_2 v_2^2}{2g} + h_2 + h_w \tag{3-25}$$

式中，紊流时取 $\alpha=1$，层流时取 $\alpha=2$。

应用伯努利方程时必须注意：

(1) 截面 1、2 需顺流方向选取，上游为截面 1，下游为截面 2，否则 h_w 为负值。

（2）截面中心在基准面以上时，h 取正值，反之取负值，通常选取特殊位置的水平面作为基准面。

（3）两通流截面压力的表示形式应相同，如 p_1 是相对压力，p_2 也应是相对压力。

[**例 3 - 2**]　液压泵装置如图 3 - 11 所示，油箱与大气相通，泵吸油口至油箱液面高度为 h，试分析液压泵正常吸油的条件。

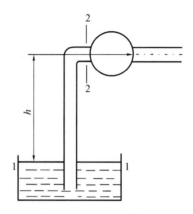

图 3 - 11　液压泵装置

解：设以油箱液面为基准面，取油箱液面 1—1 和泵进口处截面 2—2 列伯努利方程：

$$\frac{p_1}{\rho g}+\frac{v_1^2}{2g}+h_1=\frac{p_2}{\rho g}+\frac{v_2^2}{2g}+h_2+h_w$$

式中：$p_1 = $ 大气压 $= p_a$；$h_1 = 0$；$h_2 = h$；$v_1 \ll v_2$。将它们代入伯努利方程后，可得

$$\frac{p_a}{\rho g}=\frac{p_2}{\rho g}+\frac{v_2^2}{2g}+h_2+h_w$$

即液压泵吸油口的真空度为

$$p_a-p_2=\rho g h+\frac{1}{2}\rho v_2^2+\rho g h_w$$

将泵安装在油箱液面之上，那么 $h>0$，因 $\frac{1}{2}\rho v^2$ 和 $\rho g h_w$ 永远是正值，这样泵的进口处必定形成真空度。实际上，液体是靠液面的大气压力压进泵的。

如果泵安装在油箱液面以下，那么 $h<0$。当 $\rho g h+\frac{1}{2}\rho v^2+\rho g h_w<0$ 时，泵进口处不形成真空度，油液将自行灌入泵内。

为便于安装维修，液压泵常安装在油箱液面以上，依靠进口处形成的真空度来吸油。为保证液压泵正常工作，进口处的真空度不能太大，否则当绝对压力 p_2 小于油液的空气分离压时，溶于油液中的空气会分离析出气泡，产生气穴现象，从而引起振动和噪声。为此，需限制液压泵的安装高度 h。一般泵的吸油高度 h 不大于 0.5 m，并且希望吸油管内保持较低的流速。

四、动量方程

动量方程是动量定律在流体力学中的具体应用。在液压传动中，经常需要计算液流作用在固体壁面上的力，这类问题用动量定律解决比较方便。

动量定律指出：作用在物体上的合力等于物体在力作用方向上单位时间内动量的变化量，即

$$\sum F = \frac{mv_2}{\Delta t} - \frac{mv_1}{\Delta t} \qquad (3-26)$$

如图 3-12 所示，有一段液体 1—2 在管道内作恒定流动，在通流截面 1—1 和 2—2 处的平均流速分别为 v_1 和 v_2，面积分别为 A_1 和 A_2，经过很短时间 Δt 后，液体从 1—2 流到 1′—2′位置。因为是恒定流动，故液体段 1′—2 内各点流速是不变的，它的体积和质量也是不变的，所以动量也没有发生变化。这样在 Δt 时间内，液体段 1—2 的动量变化量等于液体段 2—2′动量与液体段 1—1′动量之差，也等于在同一时间内经过液流段 1—2 流出与流入的液体动量的差值，其表达式为

$$\Delta(mv) = (mv_2)_{2-2'} - (mv_1)_{1-1'} = \rho q v_2 \Delta t - \rho q v_1 \Delta t \qquad (3-27)$$

式中，ρ 为流动液体的密度，qv 为液体的体积流量。

由式（3-26）和式（3-27）得

$$\sum F = \rho q v_2 - \rho q v_1 \qquad (3-28)$$

式（3-28）为理想液体作恒定流动时的动量方程式。$\sum F$ 是液流所受到的作用力，而液体对固体壁面的作用力大小与 F 相同，但方向相反。动量方程是一个矢量式，若要计算外力在某一个方向上的分量，需要将该力向给定方向进行投影计算，对应的平均流速 v 也是给定方向投影值。

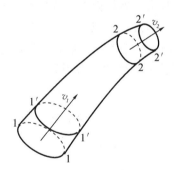

图 3-12　动量方程示意图

应用式（3-28）动量方程时，应注意实际液体有黏性，用平均流速计算动量时，会产生误差，为了修正误差，需引入动量修正系数 β。则动量方程可改写成

$$\sum F = \rho q \beta_2 v_2 - \rho q \beta_1 v_1 \qquad (3-29)$$

式（3-29）为流动液体的动量方程。当液流为紊流时取 $\beta=1$，为层流时取 $\beta=1.33$。

下面分析液体对滑阀阀芯的作用力（即稳态液动力）。

如图 3-13 所示。油液进入阀口的速度为 v_1，油液以射流角 θ 流出阀口，速度为 v_2。取进、出口之间的液体为控制液体，根据动量方程，可求出作用在控制液体上的轴向力 F_x，即

$$F_x = F = \rho q \beta_2 v_2 \cos\theta - \rho q \beta_2 v_1 \cos 90° = \rho q \beta_2 v_2 \cos\theta$$

滑阀阀芯上所受的液动力 F' 为

$$F' = -F = -\rho q \beta_2 v_2 \cos\theta$$

F' 的方向与 $v_2\cos\theta$ 的方向相反，即阀芯上所受的液动力使滑阀阀口趋于关闭。

当液流反方向通过阀口时,同理可得相反的结果。由此可见,作用在滑阀阀芯上的液动力总是使阀口趋于关闭。

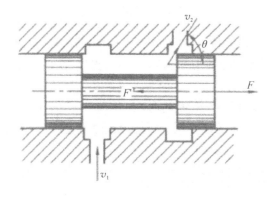

图 3-13　滑阀上的液动力

五、液体流动时的压力损失

实际液体具有黏性,在流动时就有阻力,为了克服阻力,就必须要消耗能量,这样就有能量损失,其能量损失主要表现为压力损失。

液压系统中的压力损失分两类。一类是液压油沿等径直管流动时所产生的压力损失,称为沿程压力损失。这类压力损失是由于液体内部、液体和管壁间的摩擦力以及紊流流动时质点间的互相碰撞所引起的。另一类是液压油流经局部障碍(如弯头、接头、管道截面突然扩大或收缩)时,由于液流的方向和速度突然变化,在局部形成旋涡引起液压油质点间以及质点与固体壁面间互相碰撞和剧烈摩擦所产生的压力损失,称为局部压力损失。

1. 沿程压力损失

液体在直管中流动时的沿程压力损失经理论分析及实验验证,可用以下公式确定

$$\Delta p_\lambda = \lambda \frac{l}{d} \frac{\rho v^2}{2} \qquad (3-30)$$

式中:Δp_λ 为沿程压力损失,单位 Pa;l 为管路长度,单位 m;v 为液流速度,单位 m/s;d 为管路内径,单位 m;ρ 为液体密度,单位 kg/m³;λ 为沿程阻力系数。

液体在不同的流动状态下,沿程阻力系数不同。在层流时,λ 只与雷诺数 Re 有关,理论上 $\lambda = \frac{64}{Re}$,而在实际计算中,液压油在金属圆管中流动时,常取 $\lambda = \frac{75}{Re}$,在橡胶软管中流动时,取 $\lambda = \frac{80}{Re}$。在紊流时,λ 不仅与 Re 有关,而且与管壁的相对粗糙度有关。在计算时,用试验的方法确定沿程阻力系数 λ。

由式(3-30)可知,液体在直圆通道内层流时,其沿程压力损失与沿程阻力系数、通道长度和液流速度的平方成正比,与通道内径成反比。可见,通道内径是沿程压力损失最重要的影响因素,d 增大可使 Δp_λ 减小;同时 d 增大还会使 v 减小,从而进一步使 Δp_λ 减小。

2. 局部压力损失

液体经过局部障碍处的流动现象是十分复杂的,其压力损失一般由实验求得,可用下式

计算

$$\Delta p_{\xi} = \xi \frac{\rho v^2}{2} \tag{3-31}$$

式中：Δp_{ξ} 为局部压力损失；ξ 为局部阻力系数，由实验求得，具体数据可查阅有关液压传动设计计算手册；v 为液流的流速，一般情况下均指局部阻力后部的流速；ρ 为液体密度。

对于液流通过各种阀时的局部压力损失，可在阀的产品样本中直接查得，但查得的压力损失为阀在公称流量 q_n 时的压力损失 Δp_n。若实际通过阀的流量 q 不是公称流量 q_n，且计算对象又是与流量有关的阀类元件如换向阀、过滤器等时，则压力损失可按下式计算

$$\Delta p = \Delta p_n \left(\frac{q}{q_n}\right)^2 \tag{3-32}$$

3. 管路中的总压力损失

液压系统的管路通常由若干段管道组成，每段又串联弯头、控制阀、管接头等而形成局部阻力，因此管路系统总的压力损失等于直管中的沿程压力损失 Δp_{λ} 和所有局部压力损失 Δp_{ξ} 的总和，即

$$\Delta p = \sum \Delta p_{\lambda} + \sum \Delta p_{\xi} = \sum \lambda \frac{l}{d} \frac{\rho v^2}{2} + \sum \xi \frac{\rho v^2}{2} \tag{3-33}$$

在液压传动中，管路一般都不长，而控制阀、弯头、管接头等的局部阻力则较大，沿程压力损失比局部压力损失小得多。因此在大多数情况下，总的压力损失只包括局部压力损失和长管的沿程压力损失。

利用式(3-33)计算总压力损失时，两相邻局部损失之间要有足够的距离。因为当液流经过一个局部阻力处后，要在直管中流经一段距离，液流才能稳定；否则，如液流尚未稳定就又经过第二个局部阻力处，将使情况复杂化，有时阻力系数可能比正常情况下大 2～3 倍。一般希望两个局部阻力之间的直管长度 l 大于$(10\sim20)d$，d 为管道内径。

液压系统的总压力损失也可用实验测量的方法得到，这种方法简便、准确。

由式(3-33)可看出，流速高使压力损失增大。为使液压系统正常工作又不至于使压力损失过大，设计液压系统时，一般推荐管路中的液流速度如下：

压油管路：$v=3\sim4$ m/s；

吸油管路：$v=0.5\sim1.5$ m/s；

回油管路：$v\leqslant3$ m/s。

压力损失过大，将使功率损耗增加、油液发热、泄漏增加、效率降低、液压系统性能变差，应尽量避免。在液压技术中，研究压力损失的目的是为了正确估算压力损失的大小和找出减少压力损失的途径，但压力损失又可理解为作用于某控制体两端的压差。在液压技术中可实现流量与压力的控制。

六、液体流经小孔的流量

在液压传动中，液体经孔口流动的现象经常遇到，常利用液体流经阀的小孔来控制压力和流量，以此来达到调压或调速的目的。以下介绍液流流经小孔的流量公式，它是节流调速和液压伺服系统工作原理的基础。

孔口根据它们的长径比可分为三种：当小孔的长度 l、直径 d 的比值 $\frac{l}{d}\leqslant0.5$ 时，称为薄

壁小孔；当 $\frac{l}{d}>4$ 时，称为细长孔；当 $0.5<\frac{l}{d}\leqslant4$ 时，称为短孔。

1. 薄壁小孔的流量

图 3-14 所示为进口边做成刃口形的典型薄壁孔口。液体流经截面 1—1 时流速较低，流经小孔时产生很大加速度，在惯性力作用下向中心汇集，使流束收缩，收缩至孔口下游约 $\frac{d}{2}$ 处为最小，$C—C$ 截面称为收缩截面，这种现象称为收缩现象。对于薄壁小孔，当孔前通道直径 D 与小孔直径 d 之比 $\frac{D}{d}\geqslant7$ 时，流束的收缩作用不受孔前通道内壁的影响，这时的收缩称为完全收缩；反之，$\frac{D}{d}<7$ 时，孔前通道对液流进入小孔起导向作用，这时的收缩称为不完全收缩。

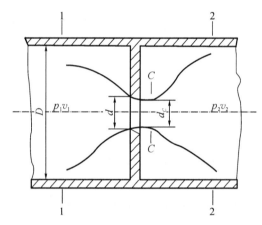

图 3-14　通过薄壁小孔的液流

根据伯努利方程和连续性方程可以推得通过薄壁小孔的流量为

$$q=C_{q}A\sqrt{\frac{2\Delta p}{\rho}} \tag{3-34}$$

式中：C_{q} 为流量系数，其值由实验确定，当完全收缩时，$C_{q}=0.61\sim0.62$，当不完全收缩时，$C_{q}=0.7\sim0.8$；A 为小孔截面面积，$A=\frac{\pi}{4}d^{2}$；Δp 为小孔前后压差；ρ 为液压油密度。

薄壁小孔的沿程阻力损失非常小，通过小孔的流量与黏度无关，即流量对油温的变化不敏感。因此，液压系统中常采用薄壁小孔作为节流元件。

2. 短孔的流量

短孔的流量公式仍为式（3-34），但流量系数不同，一般取 $C_{q}=0.82$。短孔易加工，常用作固定节流器。

3. 细长孔的流量

液体流过细长孔时，由于液体内摩擦力的作用较突出，一般为层流状态，其流量是液体单位时间内流过截面的体积流量，公式如下：

$$q=\frac{\pi d^{4}}{128\mu l}\Delta p=\frac{d^{2}}{32\mu l}A\Delta p \tag{3-35}$$

从式(3-35)可发现，流经细长孔的流量会随液体的动力黏度 μ 的变化(油温变化和油液氧化等都会引起其黏度变化)而变化，因此流量受油温影响较大。细长孔可用作控制阀中的阻尼孔。

七、液体流经缝隙的流量

液压装置的各零件之间，特别是有相对运动的各零件之间，一般都存在缝隙(或称间隙)。合理的缝隙是零件间正常相对运动所必需的。零件之间的间隙很小，一般在几微米到几十微米之间，水力直径很小，液压油又具有一定黏度，因此油液在间隙中的流动状态通常为层流。

油液流过缝隙就会产生泄漏，这就是缝隙流量。间隙太小，会使零件卡死；间隙过大，会使泄漏增大，系统效率降低等。

产生的缝隙流动有三种：一种是由缝隙两端压差造成的流动，称为压差流动；另一种是形成缝隙的两壁面作相对运动所造成的流动，称为剪切流动；还有这两种流动的组合，称为压差和剪切联合作用下的流动。

1. 流经平面间隙的流量计算

图 3-15 所示为平行板缝隙间的流动情况。设缝隙高度为 h，宽度为 b，长度为 l。设缝隙两端的压力分别为 p_1 和 p_2，其压差 $\Delta p = p_1 - p_2$。假定上平板向右运动的速度为 u_0，液体自左向右运动。通过计算，求出液体在平行板缝隙中的流量为

$$q = \frac{bh^3}{12\mu l}\Delta p \pm \frac{bh}{2}u_0 \tag{3-36}$$

式(3-36)中，当动平板移动的方向和压差方向相同时，取"＋"号；方向相反时，取"－"号。

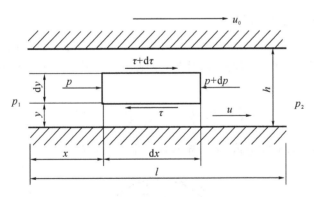

图 3-15　平行板缝隙流量计算简图

当液体流经平行板间没有相对运动，即 $u_0 = 0$ 时，这种间隙中液体的流动属于压差流动，其间隙的流量值为

$$q = \frac{bh^3}{12\mu l}\Delta p \tag{3-37}$$

当平行板两端没有压差($\Delta p = 0$)，一平板以速度 u_0 作相对运动时，由于油液存在黏度，紧贴于相对运动平板上的油液以速度 u_0 运动，紧贴于不动平板上的油液则保持静止，中间液

体的速度呈线性分布，液体作剪切流动，其平均流速为 $u_0/2$。则平板运动使液体通过平板间的间隙的流量为

$$q=\frac{bh}{2}u_0 \tag{3-38}$$

2. 同心环形缝隙的流量计算

在液压缸的活塞和缸筒之间、液压阀的阀芯和阀套之间，都存在着环形缝隙。

如图 3-16 所示的同心环形间隙，其圆柱直径为 d，缝隙值为 h，缝隙长度为 l。可将环形缝隙沿圆周方向展开，相当于一个平行板缝隙。因此只要将 $b=\pi d$ 代入式(3-36)，就可得出内外表面之间有相对运动的同心环形缝隙的流量公式，即

$$q=\frac{\pi dh^3}{12\mu l}\Delta p \pm \frac{\pi dh}{2}u_0 \tag{3-39}$$

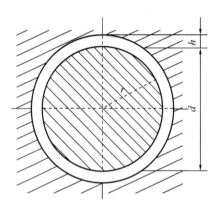

图 3-16　同心环形缝隙

3. 偏心环形缝隙的流量计算

液压元件在实际工作过程中，圆柱体与孔的配合很难保持同心，往往带有一定偏心 e，活塞与液压缸不同心时就形成了偏心环形缝隙，如图 3-17 所示。偏心环形缝隙的流量计算公式为

$$q=\frac{\pi dh^3 \Delta p}{12\mu l}(1+1.5\varepsilon^2) \pm \frac{\pi dh u_0}{2} \tag{3-40}$$

式中：h 为内外圆同心时的缝隙值；ε 为相对偏心率，$\varepsilon=e/h$。

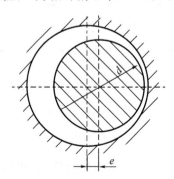

图 3-17　偏心环形缝隙

当内外圆表面没有相对运动，即 $u_0=0$ 时，其流量公式为

$$q=\frac{\pi dh^3\Delta p}{12\mu l}(1+1.5\varepsilon^2)\qquad\qquad(3-41)$$

由式(3-41)可知，同心环形缝隙的流量公式是偏心环形缝隙流量公式在 $\varepsilon=0$ 时的特例。当完全偏心，即 $e=h$ 和 $\varepsilon=1$ 时，有

$$q=2.5\frac{\pi dh^3}{12\mu l}\Delta p\qquad\qquad(3-42)$$

可见，完全偏心时的流量是同心时的 2.5 倍，在实用中可估计约为 2 倍。为了减小偏心环形缝隙的泄漏，在液压元件的设计制造和装配中，应采取适当措施，例如在阀芯上加工一些压力平衡槽就能达到阀芯和阀套同心配合的目的，以保证较高的配合同轴度。

任务三　液压冲击和气穴现象分析

一、液压冲击分析

1. 液压冲击的物理本质

液压系统中，由于液压元件工作状态突变而引起油压瞬时急剧上升，产生很高的压力峰值，出现冲击波的传递过程，这种现象称为液压冲击(水锤现象)。

2. 液压冲击产生的原因

(1) 油液迅速换向或突然关闭油路，使液体受阻，动能转换为压力能，使压力升高。

(2) 运动部件突然制动或换向，使压力升高。

3. 液压冲击引起的危害

因为液压冲击峰值压力远远大于工作压力，所以产生剧烈的振动和噪声，引起管道、元件和密封件的损坏，使元件(如压力继电器、顺序阀等)动作失灵，影响系统正常工作。

4. 减小液压冲击的措施

(1) 延长阀门关闭和运动部件制动换件的时间。

(2) 限制管道流速及运动部件的速度：管的速度小于 5 m/s，缸的速度小于 10 m/min。

(3) 加大管道直径，尽量缩短管路长度。

(4) 采用软管以增加系统的弹性，吸收液压冲击能量。

(5) 设置安全阀限制压力的升高。

(6) 设置液压缓冲装置，减缓大惯性的运动部件制动时的速度变化。

二、气穴现象分析

1. 气穴现象的物理本质

液压系统中，由于某种原因，如液压介质流经阀口的收缩截面时，使压力降低而产生气泡的现象称为气穴现象。

2. 气穴现象产生的原因

（1）压力油流过节流口、阀口或管道狭缝时，速度升高，压力降低。

（2）液压泵吸油管道较小，吸油高度过大，阻力增大，压力降低。

（3）液压泵转速过高，吸油管太细，阻力太大，滤网堵塞，或泵安装位置过高，吸油不充分，使其吸油腔的压力低于工作温度下的空气分离压。

这些都是导致气穴现象的主要原因。

3. 气穴现象造成的危害

当液压系统出现气穴现象时，大量的气泡使液流的流动特性变坏，造成流量不稳，噪声剧增。特别是当带有气泡的液流进入下游高压区时，气泡受到周围高压的压缩，迅速破灭，使局部产生非常高的温度和冲击压力。这样的局部高温和冲击压力，一方面使金属表面疲劳，另一方面又使工作介质变质，对金属产生化学腐蚀作用，从而使液压元件表面受到侵蚀、剥落，甚至出现海绵状的小洞穴。

4. 减小气穴现象的措施

（1）减小小孔和缝隙前后压力降，希望 $\dfrac{p_1}{p_2} < 3.5$。

（2）增大直径，降低高度，限制流速。

（3）提高零件抗腐蚀能力，采用抗腐蚀能力强的金属材料，减小表面粗糙度。

（4）加大管道直径，尽量缩短管路长度。

（5）整个管路尽可能平直，避免急转弯缝隙，合理配置管路。

思 考 题

一、简答题

1. 什么叫液体的黏性？常用的黏度表示方法有哪几种？它们之间如何换算？

2. 什么是压力？压力有哪几种表示方法？液压系统的工作压力与负载有什么关系？

3. 解释如下概念：恒定流动、非恒定流动、通流截面、流量、平均流速。

4. 理想液体的伯努利方程的物理意义是什么？该方程的理论式与实际式有什么区别？

5. 管路中的压力损失有哪几种？分别受哪些因素影响？

6. 写出液体静力学基本方程。

7. 写出液体流量连续性方程。

二、填空题

1. 油液在外力作用下，液层间作相对运动而产生内摩擦力的性质，叫做_____。

2. 液体体积随压力变化而改变。在一定温度下，每增加一个单位压力，液体体积的相对变化值称为_____。

3. 液压流动中，任意一点上的运动参数不随时间变化的流动状态称为定常流动，又称_____。

4. 伯努利方程是以液体流动过程中的流动参数来表示_____的一种数学表达式，

即能量方程。理想液体的伯努利方程的表达式是＿＿＿＿＿＿＿＿＿＿，实际流体的伯努利方程的表达式是＿＿＿＿＿＿＿＿＿＿＿。

5. 液体在管道中存在两种流动状态，＿＿＿＿＿时黏性力起主导作用，＿＿＿＿＿＿时惯性力起主导作用。液体的流动状态可用＿＿＿＿＿来判断。

6. 在研究流动液体时，把假设既＿＿＿＿＿＿＿又＿＿＿＿＿＿＿的液体称为理想流体。

7. 由于流体具有＿＿＿＿＿，液流在管道中流动需要损耗一部分能量，它由＿＿＿＿＿＿损失和＿＿＿＿＿＿损失两部分组成。

8. 液流流经薄壁小孔的流量与＿＿＿＿＿＿＿的一次方成正比，与＿＿＿＿＿＿＿的 1/2 次方成正比。通过小孔的流量对＿＿＿＿＿＿＿不敏感，因此薄壁小孔常用作可调节流阀。

9. 通过固定平行板缝隙的流量与＿＿＿＿＿＿的一次方成正比，与＿＿＿＿＿＿＿的三次方成正比，这说明液压元件内的＿＿＿＿＿＿的大小对其泄漏量的影响非常大。

10. 我国油液牌号是以＿＿＿＿℃ 时油液的平均＿＿＿＿＿黏度的大小来表示的。如 20 号机械油，表示其平均＿＿＿＿＿黏度在＿＿＿＿＿℃时为＿＿＿＿＿＿。

11. 油液黏度因温度升高而＿＿＿＿＿，因压力增大而＿＿＿＿＿（填升高或降低）。

12. 动力黏度的物理意义是＿＿＿＿＿＿＿＿＿＿＿＿＿＿＿＿＿＿＿＿＿＿。运动黏度的定义是＿＿＿＿＿＿＿＿＿＿＿＿＿＿＿＿。

三、名词解释

液体静压力基本特性　　　　　　帕斯卡原理（静压传递原理）

系统压力　　　　　　　　　　　运动黏度

液动力　　　　　　　　　　　　层流

紊流　　　　　　　　　　　　　沿程压力损失

局部压力损失　　　　　　　　　液压卡紧现象

液压冲击　　　　　　　　　　　气穴现象

四、判断题

1. 液体流动时，其流量连续性方程是能量守恒定律在流体力学中的一种表达形式。
　　　　　　　　　　　　　　　　　　　　　　　　　　　　　　　（　　）

2. 理想流体伯努利方程的物理意义是：在管内作稳定流动的理想流体，在任一截面上的压力能、势能和动能可以互相转换，但其总和不变。　　　　　　　　　　（　　）

3. 雷诺数是判断层流和紊流的判据。　　　　　　　　　　　　　　　（　　）

4. 薄壁小孔因其通流量与油液的黏度无关，即对油温的变化不敏感，因此，常用作调节流量的节流器。　　　　　　　　　　　　　　　　　　　　　　　　　　（　　）

5. 流经缝隙的流量随缝隙值的增加而成倍增加。　　　　　　　　　　（　　）

6. 流体在管道中作稳定流动时，同一时间内流过管道每一截面的质量相等。　（　　）

五、计算题

1. 如图 3 - 18 所示，液压千斤顶中，小活塞的面积是 100 mm^2，大活塞的面积是 600 mm^2，重物的质量是 5000 kg，小活塞行程是 20 mm，杠杆长 500 mm。问：

（1）杠杆端需加多大的力才能顶起重物？

（2）此时液体内所产生的压力为多少？

（3）杠杆上下一次，重物升高多少？

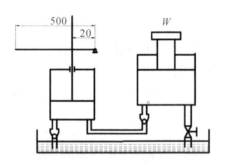

图 3-18　液压千斤顶示意图

2. 充满油液的柱塞缸如图 3-19 所示，已知 $d=5$ cm，$D=8$ cm，$H=12$ cm，柱塞在缸内的长度 $L=6$ cm。油液的体积弹性模量 $K=1.5\times10^9$ Pa。现加重物 $W=5\times10^4$ N，加重物前缸内压力为 $p_0=10\times10^5$ Pa，忽略摩擦和缸壁变形，求加重物后柱塞下降距离是多少。

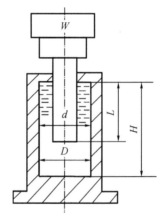

图 3-19　充满油液的柱塞缸

技 能 训 练

1. 雷诺试验。
2. 液压冲击试验。

项目四 液压动力元件的分析、选用与故障排除

知识目标：

1. 掌握液压泵的工作原理、主要性能参数及分类。
2. 掌握齿轮泵、叶片泵、柱塞泵的工作原理、结构及性能特点。
3. 掌握液压泵的选用方法。
4. 掌握液压泵常见故障及其排除方法。

技能目标：

1. 能认识常用的液压泵：齿轮泵、叶片泵、柱塞泵。
2. 能根据工作条件正确选用液压泵。
3. 能对液压泵进行分析、拆卸、装配、调整、故障排除。
4. 在完成上述任务过程中，能够自觉遵守安全操作规范。

教师在讲授基本知识后，将学生分组安排，在实验室完成以下两个工作任务：常用液压泵的认识和选用，液压泵的选择、拆卸、装配、调整和故障排除。工作任务完成后，由学生自评、学生互评、教师评价三部分汇总组成教学评价。

任务一 液压泵分析

液压泵作为液压系统的动力元件，将原动机（电动机、内燃机等）输入的机械能（转矩 T 和角速度 ω）转换为压力能（压力 p 和流量 q）输出，为液压系统提供足够流量的压力油。液压泵的性能好坏直接影响到液压系统的工作性能和可靠性，在液压传动中占有极其重要的地位。

一、液压泵的工作原理与特点

1. 液压泵的工作原理

尽管液压系统中采用的液压泵形式很多，但都属于容积式泵，其工作原理可以用图 4-1 所示的单柱塞式液压泵来说明。柱塞 2 在弹簧 4 的作用下紧压在偏心轮 1 上，电动机带动偏心轮 1 旋转，使柱塞 2 在缸体 3 中作往复运动。当柱塞向外伸出时，密封油腔 a 的容积由小变大，形成真空，油箱中的油液在大气压力的作用下，顶开单向阀 6（这时单向阀 5 关闭）进入

密封油腔，实现吸油。当柱塞向里顶入时，密封油腔的容积由大变小，其中的油液受到挤压而产生压力，当压力增大到能克服单向阀 5 中弹簧以及系统中油液的作用力时，油液便会顶开单向阀 5(这时单向阀 6 封住吸油管)进入系统，实现压油。偏心轮连续旋转，柱塞就不断地进行吸油和压油。图示结构中只有一个柱塞向系统供油，所以油液输出是不连续的，为实现连续供油，可以设置多个柱塞，使它们轮流向系统供油。

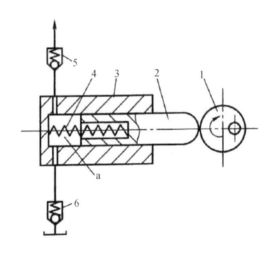

1—偏心轮；2—柱塞；3—缸体；4—弹簧；5、6—单向阀

图 4-1　单柱塞式液压泵工作原理图

2. 液压泵的特点

容积式液压泵中的油腔处于吸油状态时称为吸油腔，处于输油状态时称为压油腔。吸油腔的压力取决于吸油高度(即液压泵吸油口至油箱液面的高度)和吸油管路的阻力，吸油高度过高或吸油管路阻力太大，会使吸油腔真空度过高而影响液压泵的自吸能力。压油腔的压力则取决于外负载和排油管路的压力损失，从理论上讲排油压力与液压泵的流量无关。

单柱塞式液压泵具有一切容积式液压泵的基本特点：

(1) 具有若干个密封且又可以周期性变化的工作容积。液压泵理论输出流量与此空间的容积变化量和单位时间内的变化次数成正比，与其他因素无关。但排油压力会影响泵的内泄漏和油液的压缩量，从而影响泵的实际输出流量，所以液压泵的实际输出流量随排油压力的升高而降低。这是容积式液压泵的一个重要特性。

(2) 油箱内液体的绝对压力必须恒等于或大于大气压力。这是容积式液压泵能够吸入油液的外部条件。因此，为保证液压泵正常吸油，油箱必须与大气相通，或采用密闭的加压油箱。

(3) 具有相应的配流机构将吸油腔和压油腔隔开，保证液压泵有规律地、连续地吸油、排油。液压泵的结构原理不同，其配流机构也不相同，图 4-1 中的单向阀 5、6 就是配流机构。

二、液压泵的主要性能参数

液压泵的基本性能参数主要包括液压泵的压力、排量、流量、功率和效率等。

1. 压力

(1) 工作压力。液压泵实际工作时的输出压力称为工作压力。工作压力的大小取决于外负载的大小和排油管路上的压力损失，而与液压泵的流量无关。

(2) 额定压力。液压泵在正常工作条件下，按试验标准规定连续运转的最高压力称为液压泵的额定压力。

(3) 峰值压力。在超过额定压力的条件下，根据试验标准规定，允许液压泵短暂运行的最高压力值，称为液压泵的峰值压力。

2. 排量和流量

(1) 排量 V。液压泵每转一周，由其密封容积几何尺寸变化计算而得的排出液体的体积称为液压泵的排量。排量可调节的液压泵称为变量泵，排量为常数的液压泵则称为定量泵。

(2) 理论流量 q_t。在不考虑液压泵泄漏的情况下，在单位时间内所排出的液体体积的平均值称为理论流量。显然，如果液压泵的排量为 V，其主轴转速为 n，则该液压泵的理论流量 q_t 为

$$q_t = Vn \tag{4-1}$$

(3) 实际流量 q。液压泵在某一具体工况下，单位时间内所排出的液体体积称为实际流量。它等于理论流量 q_t 减去泄漏流量 Δq，即

$$q = q_t - \Delta q \tag{4-2}$$

(4) 额定流量 q_n。液压泵在正常工作条件下，按试验标准规定必须保证的流量，亦即在额定转速和额定压力下泵输出的流量称为额定流量。

3. 功率

液压泵的功率包括输入功率和输出功率。

输入功率 P_i：液压泵的输入功率是指作用在液压泵主轴上的机械功率，当输入转矩为 T_i，角速度为 ω 时，有

$$P_i = T_i \omega \tag{4-3}$$

输出功率 P_o：液压泵的输出功率是指液压泵在工作过程中的实际吸、压油口间的压差 Δp 和输出流量 q 的乘积，即

$$P_o = \Delta p q \tag{4-4}$$

式中：Δp 为液压泵吸、压油口之间的压差(Pa)；q 为液压泵的实际输出流量(m^3/s)。

在实际的计算中，若油箱通大气，则液压泵吸、压油口之间的压差往往用液压泵出口压力 p 代替。

4. 效率

液压泵的功率损失有容积损失和机械损失两部分。

1）液压泵的容积效率

液压泵的容积损失用容积效率来表示。容积损失是指液压泵流量上的损失，液压泵的实际输出流量总是小于其理论流量，其主要原因是液压泵内部高压腔泄漏、油液被压缩以及在吸油过程中由于吸油阻力太大、油液黏度大、液压泵转速高等原因而导致油液不能全部充满密封工作腔。液压泵的容积损失用容积效率来表示，它等于液压泵的实际输出流量 q 与其理论流量 q_t 之比，即

$$\eta_V = \frac{q}{q_t} = \frac{q_t - \Delta q}{q_t} = 1 - \frac{\Delta q}{q_t} \qquad (4-5)$$

因此液压泵的实际输出流量 q 为

$$q = q_t \eta_V = V n \eta_V \qquad (4-6)$$

式中：V 为液压泵的排量（m^3/r）；n 为液压泵的转速（r/s）。

液压泵的容积效率随着液压泵工作压力的增大而减小，且随液压泵的结构类型不同而异，但恒小于 1。

液压泵的作用是将原动机输入的机械能即转矩和转速（角速度）转换成液体的压力能即液体的压力和流量，若不考虑转换过程的能量损失，则输出功率等于输入功率，也就是它们的理论功率是

$$P_t = p q_t = 2\pi T_t n \qquad (4-7)$$

式中 T_t 为泵的理论转矩（$N \cdot m$）。

$$T_t = \frac{1}{2\pi} p V = 0.159 p V \qquad (4-8)$$

2）液压泵的机械效率

液压泵的机械损失用机械效率表示。机械损失是指液压泵在转矩上的损失。液压泵的实际输入转矩 T_i（$N \cdot m$）总是大于理论上所需要的转矩 T_t，其主要原因是液压泵泵体内相对运动部件之间因机械摩擦而引起摩擦转矩损失以及液体的黏性而引起摩擦损失。液压泵的机械损失用机械效率表示，它等于液压泵的理论转矩 T_t 与实际输入转矩 T_i 之比，设转矩损失为 ΔT，则液压泵的机械效率为

$$\eta_m = \frac{T_t}{T_i} = \frac{1}{1 + \dfrac{\Delta T}{T_t}} \qquad (4-9)$$

3）液压泵的总效率

液压泵的总效率是指液压泵的实际输出功率与其输入功率的比值，即

$$\eta = \frac{P_o}{P_i} = \frac{\Delta p q}{T_i \omega} = \frac{\Delta p q_t \eta_V}{\dfrac{T_t \omega}{\eta_m}} = \eta_V \eta_m \qquad (4-10)$$

其中，$\dfrac{\Delta p q_t}{\omega}$ 为理论输入转矩 T_t。

由式（4-10）可知，液压泵的总效率等于其容积效率与机械效率的乘积，所以液压泵的输入功率也可写成

$$P_i = \frac{\Delta p q}{\eta} \qquad (4-11)$$

液压泵的各个参数和压力之间的关系如图 4-2 所示。

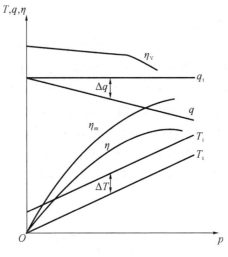

图 4-2　液压泵的特性曲线

三、液压泵的类型

液压泵的类型很多，可按不同的方式进行分类。液压泵按结构形状不同分为齿轮泵、叶片泵和柱塞泵三类。按泵排出的流量能否调节分为定量泵和变量泵。按泵的排油方向能否改变分为单向泵和双向泵。

液压泵的图形符号如图 4-3 所示。

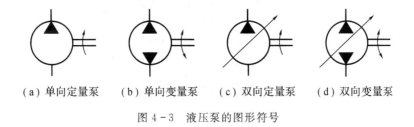

（a）单向定量泵　　（b）单向变量泵　　（c）双向定量泵　　（d）双向变量泵

图 4-3　液压泵的图形符号

任务二　齿轮泵分析

齿轮泵是一种常用的液压泵，它的主要特点是结构简单、制造方便、价格低、体积小、重量轻、自吸性好、对油液污染不敏感、工作可靠；其主要缺点是流量和压力脉动大、噪声大、排量不可调。齿轮泵广泛应用于采矿设备、冶金设备、建筑机械、工程机械及农林机械等。

齿轮泵利用一对齿轮的啮合运动，造成吸、压油腔的容积变化进行工作。按照其啮合形式的不同，有外啮合和内啮合两种，其中外啮合齿轮泵应用较广，而内啮合齿轮泵则多为辅助泵。外啮合齿轮泵一般都采用一对渐开线直齿轮，内啮合齿轮泵除采用渐开线齿轮外，还有的采用摆线齿轮。

一、外啮合齿轮泵

1. 外啮合齿轮泵的工作原理

外啮合齿轮泵的工作原理如图 4-4 所示，当泵的主动齿轮按图示箭头方向旋转时，齿轮泵右侧（吸油腔）齿轮脱开啮合，齿轮的轮齿退出轮谷，使密封容积增大，形成局部真空，油箱中的油液在外界大气压的作用下，经吸油管路、吸油腔进入齿谷。随着齿轮的旋转，吸入齿间的油液被带到另一侧，进入压油腔。随着轮齿进入啮合，密封容积逐渐减小，轮齿间部分油液被挤出，形成了齿轮泵的压油过程。齿轮的啮合线把吸油腔和压油腔分开，起配油作用。当齿轮泵的主动齿轮由电动机带动不断旋转时，轮齿脱开啮合的一侧，由于密封容积变大不断地从油箱中吸油，轮齿进入啮合的一侧，由于密封容积减小则不断地排油。这就是齿轮泵的工作原理。

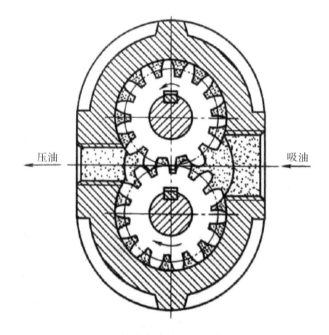

图 4-4　外啮合齿轮泵的工作原理

2. 齿轮泵的排量与流量

齿轮泵的排量 V 相当于一对齿轮所有齿谷容积之和，假如齿谷容积大致等于轮齿的体积，那么齿轮泵的排量就等于一个齿轮的齿谷容积和轮齿体积的总和，即相当于以有效齿高和齿宽构成的平面所扫过的环形体积，即泵排量 $V(\text{mL/r})$ 为

$$V = \pi D h B = 2\pi z m^2 B \tag{4-12}$$

式中：D 为齿轮分度圆直径（cm），$D = mz$；h 为有效齿高（cm），$h = 2\ m$；B 为齿轮宽度（cm）；m 为齿轮模数（cm）；z 为齿数。

实际上，齿谷容积比轮齿体积稍大一些，并且齿数越少误差越大，因此在实际计算中用 3.33～3.50 来代替上式中 π 值，齿数少时取大值。齿轮泵的排量为

$$V = (6.67 \sim 7) z m^2 B \tag{4-13}$$

由此得齿轮泵的实际输出流量为

$$q = (6.67 \sim 7) z m^2 B n \eta_V \qquad (4-14)$$

式中 n 为齿轮泵的转速（r/s）。

由以上公式可知，在外形、体积相同的情况下，增大模数 m，减小齿数 z，可以增大泵的排量。因此，用于机床液压系统的低压齿轮泵，齿数一般取 $13 \sim 19$；而中高压齿轮泵，齿数一般取 $6 \sim 14$。当齿数 $z < 14$ 时，齿轮要进行修正。

实际上，由于齿轮泵在工作过程中，流量是转角的周期函数，存在流量脉动，瞬时流量也是脉动的，故式(4-14)所表示的是泵的平均输出流量。流量脉动会直接影响到系统工作的平稳性，引起压力脉动，使管路系统产生振动和噪声。如果脉动频率与系统的固有频率一致，还将引起共振，加剧振动和噪声。若用 q_{max}、q_{min} 来表示最大、最小瞬时流量，q_0 表示平均流量，则流量脉动率为

$$\sigma = \frac{q_{max} - q_{min}}{q_0} \qquad (4-15)$$

流量脉动率是衡量容积式泵流量品质的一个重要指标。在容积式泵中，齿轮泵的流量脉动最大，并且齿数越少，脉动率越大，这是外啮合齿轮泵的一个弱点。

3. 外啮合齿轮泵的性能分析

1）困油现象

为了保证齿轮泵的正常工作，结构要求齿轮啮合的重叠系数 $\varepsilon > 1$，$\varepsilon > 1$ 时会出现两对轮齿同时啮合的情况，即当前一对轮齿未脱开啮合前，后一对轮齿就开始进入啮合。两对啮合的轮齿之间形成一封闭的空间，称为闭死容积，如图 4-5 所示。随着齿轮的转动，这个闭死容积也在不断地发生变化，闭死容积由大变小时（从图 4-5(a)到图 4-5(b)的过程），会使被困油液受挤压，使压力急剧上升，油液从缝隙中挤出，导致油液发热，并使齿轮轴承受到附加的不平衡负载作用。而闭死容积由小变大时（从图 4-5(b)到图 4-5(c)的过程），又将因无

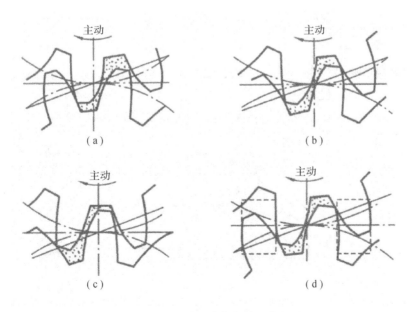

（a）   （b）

（c）   （d）

图 4-5　困油现象及困油卸荷槽

油液补充而产生吸空，同时使溶于油中的气体分离出来，产生气穴，引起噪声、振动和气蚀、降低容积效率并造成能量浪费，这就是齿轮泵的困油现象。

消除困油的办法，通常是在两侧盖板上开卸荷槽(见图 4 - 5(d))，使闭死容积缩小时与排液腔连通，闭死容积变大时则与吸液腔相通。

2）径向不平衡力

齿轮泵在工作过程中，作用于齿轮外缘上的液压力是不相等的。从低压腔到高压腔，压力沿齿轮旋转方向逐渐递增。这些液体压力综合作用的结果，使齿轮和轴承受到径向不平衡力的作用，使齿轮和轴承受载。工作压力越高，径向不平衡力越大。径向不平衡力大到一定程度时使泵轴弯曲。导致齿顶与泵体接触，加速轴承的磨损，降低轴承使用寿命。

通常采取缩小排液口的办法来减小径向不平衡力，使排液腔的压力液体仅作用于一个齿到两个齿的范围内，同时增大径向间隙，使齿顶不和泵体接触。

3）泄漏及端面间隙的自动补偿

外啮合齿轮泵排液腔的压力油泄漏到吸液腔中有三条途径：一是通过齿轮啮合处的间隙；二是通过泵体内表面与齿顶圆间的径向间隙；三是通过齿轮两端面和两侧盖板间的端面间隙。在这三条途径中，通过端面间隙的泄漏流量最大，占总泄漏流量的 $70\%\sim80\%$。泵的压力越高，产生的泄漏就越大，泵的容积效率就越低，因此，一般齿轮泵只适用于低压。要提高齿轮泵的压力，就必须减小端面泄漏，一般采用齿轮端面间隙自动补偿的办法。图 4 - 6 所示为端面间隙的自动补偿原理图。轴套 1 和 2 是浮动安装的，利用通道把泵内排油腔的压力

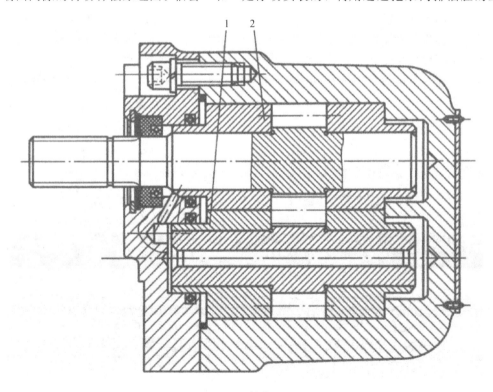

1、2—轴套

图 4 - 6　端面间隙的自动补偿原理图

油引到轴套 1 和 2 左侧的空腔中,当泵工作时,轴套 1 和 2 受左侧液压力的作用而向右移动,使浮动轴套始终紧贴齿轮端面,使齿轮端面与轴套压紧,从而自动补偿了端面间隙,使齿轮泵能达到较高的工作压力。

目前,弹簧侧板式齿轮泵也是根据上述原理设计制造的。

4. 外啮合齿轮泵的优缺点及应用

外啮合齿轮泵的主要优点是结构简单,质量轻,体积小,工作可靠,成本低以及对液压油的污染不太敏感,便于维修,自吸能力强,寿命长。其缺点是流量和压力脉动大,噪声大,容积效率较低,排量不可调节。另外,轴和轴承承受不平衡的径向力,磨损严重,泄漏大,工作压力的提高受到限制。

在机床、工程机械、航空机械和农业机械等系统以及各种补油、润滑和冷却液压系统中常用外啮合齿轮泵作为动力源。

二、内啮合齿轮泵

内啮合齿轮泵有渐开线内啮合齿轮泵和摆线内啮合齿轮泵两种,如图 4 - 7 所示。

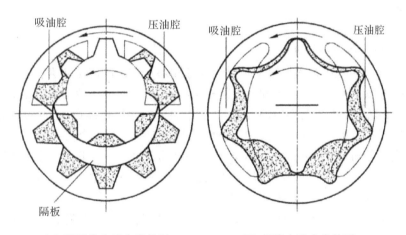

（a）渐开线内啮合齿轮泵　　　　　（b）摆线内啮合齿轮泵

图 4 - 7　内啮合齿轮泵

1. 渐开线内啮合齿轮泵

如图 4 - 7(a)所示,渐开线内啮合齿轮泵由小齿轮、内齿轮、月牙形隔板等组成。月牙形隔板在内齿轮和小齿轮之间,将吸油腔和压油腔隔开。小齿轮为主动轮,当偏心小齿轮带动内齿轮同方向逆时针旋转时,左半部齿退出啮合,容积增大,形成局部真空,进行吸油。进入齿槽的油被带到排油腔,右半部齿进入啮合,容积减小,从排油口排油。

2. 摆线内啮合齿轮泵

摆线内啮合齿轮泵也称摆线转子泵。它主要由一对互相啮合的内外齿轮所组成,如图 4 - 7(b)所示。外齿轮为主动轮,称为内转子,其齿形是一种短幅外摆线的等距曲线。内齿轮是从动轮,称为外转子,齿形为圆弧曲线。外转子的齿数比内转子的齿数多一个,两齿轮偏心安装。当内转子带动外转子逆时针方向旋转时,在连心线的左侧,各密封工作腔容积随着转子的旋转逐渐增大,形成局部真空,通过盖板上的吸油窗口吸油。在连心线的右侧,各密封工作腔容积随着转子的旋转逐渐减小，通过配流窗口而排油。随着内外转子的不断旋转，就连续不断地吸油和排油。

内啮合齿轮泵具有尺寸小、重量轻、结构紧凑、压力和流量脉动小、噪声小、运转平稳、自吸能力强、使用寿命长等优点。其缺点是齿形复杂、加工精度要求高、加工困难、价格较高。

任务三　叶片泵分析

叶片泵的结构较齿轮泵复杂，但其流量脉动小、工作平稳、噪声较小、寿命较长。其缺点是抗污染能力较差，对油液的清洁度要求较高，转速不能太高，一般均在 2000 r/min 以下工作。叶片泵广泛应用于机械制造中的专用机床、自动生产线等中低压液压系统中。

根据各密封工作容积在转子旋转一周吸、排油液次数的不同，叶片泵分为两类，即完成一次吸、排油液的单作用叶片泵和完成两次吸、排油液的双作用叶片泵。单作用叶片泵多为变量泵，工作压力最大为 7 MPa；双作用叶片泵均为定量泵，一般最大工作压力也为 7 MPa，结构经改进的高压叶片泵的最大工作压力可达 16～21 MPa。

一、单作用叶片泵

1. 单作用叶片泵的工作原理

单作用叶片泵的工作原理如图 4-8 所示，它由转子 1、定子 2、叶片 3、配流盘和端盖等组成。定子内表面为圆柱形，定子和转子间有偏心距 e，叶片装在转子槽中，并可在叶片槽内滑动。当转子旋转时，由于离心力的作用（处于压油区的叶片根部通压力油），使叶片紧靠在定子内壁，这样在定子、转子、叶片和两侧配流盘间就形成若干个密封的工作容腔。当转子按图示的方向旋转时，在图 4-8 右部，叶片逐渐伸出，叶片间的工作容腔逐渐增大，从吸油口吸油，这是吸油腔。在图 4-8 左部，叶片被定子内壁逐渐压进叶片槽内，工作容腔逐渐缩小，将油液从压油口压出，这是压油腔。在吸油腔和压油腔之间，有一段封油区，把吸油腔和压油腔隔开。这种叶片泵的转子每转一周，每个工作容腔完成一次吸油和压油，因此称为单作用叶片泵。转子不停地旋转，泵就不断地吸油和排油。

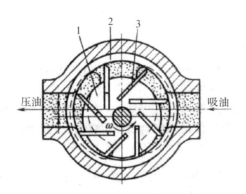

1—转子；2—定子；3—叶片

图 4-8　单作用叶片泵的工作原理

2. 单作用叶片泵的排量和流量

单作用叶片泵的排量为各工作容积在主轴旋转一周时所排出的液体的总和。如图 4-9 所示，两个叶片形成的一个工作容积 V' 近似地等于扇形体积 V_1 和 V_2 之差，即

$$V'=V_1-V_2=\frac{1}{2}B\beta\left[\left(\frac{D}{2}+e\right)^2-\left(\frac{D}{2}-e\right)^2\right]=\frac{2\pi}{z}BDe \tag{4-16}$$

式中：D 为定子的内径(m)；e 为转子与定子之间的偏心矩(m)；B 为定子的宽度(m)；β 为相邻两个叶片间的夹角，$\beta=2\pi/z$；z 为叶片的个数。

因此，单作用叶片泵的排量为

$$V=zV'=2\pi DeB \tag{4-17}$$

故当转速为 n，泵的容积效率为 η_V 时泵的理论流量和实际流量分别为

$$q_t=Vn=2\pi DeBn \tag{4-18}$$

$$q=Vn\eta_V=2\pi DeBn\eta_V \tag{4-19}$$

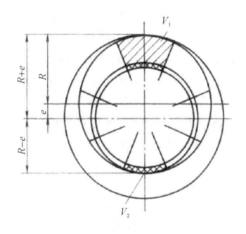

图 4-9 单作用叶片泵排量计算简图

在式(4-16)～式(4-18)的计算中，并未考虑叶片的厚度以及叶片的倾角对单作用叶片泵排量和流量的影响，实际上叶片在槽中伸出和缩进时，叶片槽底部也有吸油和压油过程，一般在单作用叶片泵中，压油腔和吸油腔处的叶片的底部是分别和压油腔及吸油腔相通的，因而叶片槽底部的吸油和压油恰好补偿了叶片厚度所占据的体积及倾角影响而引起的排量和流量的减小，这就是在计算中不考虑叶片厚度和倾角影响的原因。

单作用叶片泵的流量也是有脉动的，理论分析表明，泵内叶片数越多，流量脉动率越小。此外，奇数叶片的泵的脉动率比偶数叶片的泵的脉动率小，所以单作用叶片泵的叶片数均为奇数，一般为 13 或 15。

3. 单作用叶片泵的特点

单作用叶片泵的特点如下：

(1) 改变定子和转子之间的偏心距便可改变流量。偏心反向时，吸油、压油方向也相反。

(2) 处在压油腔的叶片顶部受到压力油的作用，该作用要把叶片推入转子槽内。为了使叶片顶部可靠地和定子内表面相接触，压油腔一侧的叶片底部要通过特殊的沟槽和压油腔相

通。吸油腔一侧的叶片底部与吸油腔相通，这里的叶片仅靠离心力的作用顶在定子内表面上。

（3）由于转子受到不平衡的径向液压作用力，所以这种泵一般不宜用于高压。

（4）为了更有利于叶片在惯性力作用下向外伸出，叶片有一个与旋转方向相反的倾斜角，称后倾角，一般为 24°。

二、双作用叶片泵

1. 双作用叶片泵的工作原理

双作用叶片泵的工作原理如图 4-10 所示，它也是由转子 1、定子 2、叶片 3 和配流盘 4 等组成的。转子和定子中心重合，定子内表面近似为椭圆柱形，该椭圆形由两段长半径 R、两段短半径 r 和四段过渡曲线所组成。当转子转动时，叶片在离心力和根部压力油（建压后）的作用下，在转子槽内作径向移动而压向定子内表面，叶片、定子的内表面、转子的外表面和两侧配流盘间形成若干个密封容腔。当转子按图示方向旋转时，处在小圆弧上的密封空间经过渡曲线而运动到大圆弧的过程中，叶片外伸，密封空间的容积增大，要吸入油液；从大圆弧经过渡曲线运动到小圆弧的过程中，叶片被定子内壁逐渐压进槽内，密封空间容积变小，将油液从压油口压出。因而，转子每转一周，每个工作空间要完成两次吸油和压油，所以称之为双作用叶片泵。这种叶片泵由于有两个吸油腔和两个压油腔，并且各自的中心夹角是对称的，所以作用在转子上的油液压力相互平衡，因此双作用叶片泵又称为平衡式叶片泵，为了使径向力完全平衡，密封空间数（即叶片数）应当是偶数。这种结构的叶片泵只能是定量泵。

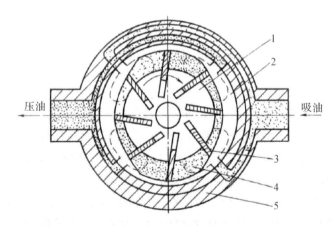

1—转子；2—定子；3—叶片；4—配流盘；5—泵体

图 4-10　双作用叶片泵的工作原理

2. 双作用叶片泵的排量和流量

双作用叶片泵的排量计算简图如图 4-11 所示。由于转子在旋转一周的过程中，每个密封空间完成两次吸油和压油，所以当定子的大圆弧半径为 R、小圆弧半径为 r、定子宽度为 B 及两叶片间的夹角 $\beta=2\pi/z$ 时，每个密封容积排出的油液体积为半径为 R 和 r、扇形角为 β、

厚度为 B 的两扇形体积之差的两倍，因而在不考虑叶片的厚度和倾角时，双作用叶片泵的排量 V'（mL/r）为

$$V'=2\pi(R^2-r^2)B \qquad (4-20)$$

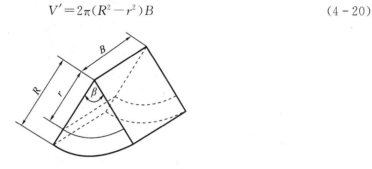

图 4 - 11 双作用叶片泵排量计算简图

一般在双作用叶片泵中，叶片底部全部接通压力油腔，因而叶片在槽中作往复运动时，叶片槽底部的吸油和压油不能补偿由于叶片厚度所造成的排量减小，为此双作用叶片泵当叶片厚度为 b、叶片安放的倾角为 θ 时的排量为

$$V=2\pi(R^2-r^2)B-2\frac{R-r}{\cos\theta}bzB=2B\left[\pi(R^2-r^2)-\frac{R-r}{\cos\theta}bz\right] \qquad (4-21)$$

所以当双作用叶片泵的转速为 n，泵的容积效率为 η_V 时，泵的理论流量和实际输出流量分别为

$$q_t=Vn=2B\left[\pi(R^2-r^2)-\frac{R-r}{\cos\theta}bz\right]n \qquad (4-22)$$

$$q=q_t\eta_V=2B\left[\pi(R^2-r^2)-\frac{R-r}{\cos\theta}bz\right]n\eta_V \qquad (4-23)$$

双作用叶片泵如不考虑叶片厚度，泵的输出流量是均匀的，但实际叶片是有厚度的，长半径圆弧和短半径圆弧也不可能完全同心，尤其是叶片底部槽与压油腔相通，因此泵的输出流量将出现微小的脉动，但其脉动率较其他形式的泵（螺杆泵除外）小得多，且在叶片数为 4 的整数倍时最小，为此双作用叶片泵的叶片数一般为 12 或 16。

3. 双作用叶片泵的结构特点

1）配流盘

双作用叶片泵的配流盘如图 4 - 12 所示。在配流盘上有两个吸油窗口 2、4 和两个压油窗口 1、3，窗口之间为封油区，通常应使封油区对应的中心角 β 稍大于或等于两个叶片之间的夹角，否则会使吸油腔和压油腔连通，造成泄漏。当两个叶片间密封油液从吸油区过渡到封油区（长半径圆弧处）时，其压力基本上与吸油压力相同，但当转子再继续旋转一个微小角度时，该密封腔突然与压油腔相通，使其中油液压力突然升高，油液的体积突然收缩，压油腔中的油倒流进该腔，使液压泵的瞬时流量突然减小，引起液压泵的流量脉动、压力脉动和噪声，为此在配流盘的压油窗口靠叶片从封油区进入压油区的一边开有一个截面形状为三角形的三角槽，使两叶片之间的封闭油液在未进入压油区之前就通过该三角槽与压力油相连，其压力逐渐上升，因而缓解了流量和压力脉动，并降低了噪声。环形槽 c 与压油腔相通并与转子叶片槽底部相通，使叶片的底部作用有压力油。

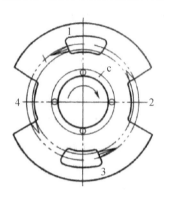

1、3—压油窗口；2、4—吸油窗口

图 4-12　双作用叶片泵的配流盘

2）定子曲线

定子曲线是由四段圆弧和四段过渡曲线组成的。过渡曲线应保证叶片贴紧在定子内表面上，以保证叶片在转子槽中径向运动时速度和加速度的变化均匀，使叶片对定子的内表面的冲击尽可能小。

过渡曲线如采用阿基米德螺旋线，则叶片泵的流量理论上没有脉动，可是叶片在大、小圆弧和过渡曲线的连接点处产生很大的径向加速度，对定子产生冲击，造成连接点处严重磨损，并发生噪声。在连接点处用小圆弧进行修正，可以改善这种情况，在较为新式的泵中采用"等加速—等减速"曲线。

3）叶片的倾角

双作用叶片泵的叶片在转子中不是径向安装的，而是倾斜了一个角度，也就是叶片顶部按转子回转方向往前倾斜。叶片需要倾斜一个角度的原因可通过图 4-13 进行分析。当叶片在压油腔工作时，定子内表面将叶片推向中心，它的工作情况与凸轮相似，这时作用力方向和转子半径方向的夹角是 β。对于一般的双作用叶片泵来说，定子曲线升程较大，β 角也较大。如果叶片在转子中径向安装，这时压力角（作用力方向和叶片移动方向的夹角）就是 β。如果压力角过大，叶片在叶片槽中的摩擦力就增大并使磨损不均匀，情况严重时叶片甚至被卡住。如果叶片不是径向安装，而是倾斜了一个角度 θ，这时的压力角就是 α，$\alpha=\beta-\theta$，压力角减小有利于叶片在槽内运动。所以双作用叶片泵的叶片槽最好做成向前倾斜，一般取倾斜角 $\theta=10°\sim14°$。

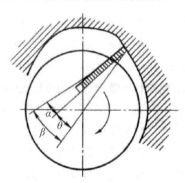

图 4-13　双作用叶片泵的倾斜角

4. 提高双作用叶片泵压力的措施

由于一般双作用叶片泵的叶片底部通压力油，就使得处于吸油区的叶片顶部和底部的液压作用力不平衡，叶片顶部以很大的压紧力抵在定子吸油区的内表面上，使磨损加剧，影响叶片泵的使用寿命，尤其是工作压力较高时，磨损更严重，因此吸油区叶片两端压力不平衡，限制了双作用叶片泵工作压力的提高。所以在高压叶片泵的结构上必须采取措施，使叶片压向定子的作用力减小。常用的措施有：

（1）减小作用在叶片底部的油液压力。将泵的压油腔的油通过阻尼槽或内装式小减压阀通到吸油区的叶片底部，使叶片经过吸油腔时压向定子内表面的作用力不致过大。

（2）减小叶片底部承受压力油作用的面积。叶片底部受压面积为叶片的宽度和叶片厚度的乘积，因此减小叶片的实际受力宽度和厚度，就可减小叶片受压面积。

减小叶片实际受力宽度结构如图 4-14（a）所示，这种结构中采用了复合式叶片（也称子母叶片），叶片分成母叶片 1 与子叶片 2 两部分。通过配流盘使 K 腔总是接通压力油，引入子母叶片间的小腔 c 内，而母叶片底部 L 腔则借助于虚线所示的油孔，始终与顶部油液压力相同。这样，无论叶片处在吸油区还是压油区，母叶片顶部和底部的压力油总是相等的。当叶片处在吸油腔时，只有 c 腔的高压油作用而压向定子内表面，减小了叶片和定子内表面间的作用力。图 4-14（b）所示为阶梯片结构，在这里，阶梯叶片和阶梯叶片槽之间的油室 d 始终和压力油相通，而叶片的底部和所在腔相通。这样，叶片在油室 d 内油液压力作用下压向定子表面，由于作用面积减小，使其作用力不致太大，但这种结构的工艺性较差。

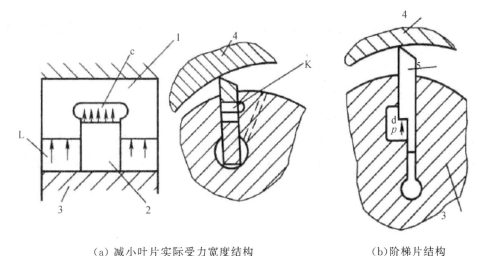

（a）减小叶片实际受力宽度结构　　　　　　　（b）阶梯片结构

1—母叶片；2—子叶片；3—转子；4—定子；5—叶片

图 4-14　减小叶片作用面积的高压叶片泵叶片结构

（3）使叶片顶端和底部的液压作用力平衡。图 4-15（a）所示的泵采用双叶片结构，叶片槽中有两个可以作相对滑动的叶片 1 和 2，每个叶片都有一棱边与定子内表面接触，在叶片的顶部形成一个油腔 a，叶片底部油腔 b 始终与压油腔相通，并通过两叶片间的小孔 c 与油腔 a 相连通，因而使叶片顶端和底部的液压作用力得到平衡。适当选择叶片顶部棱边的宽度，可以使叶片对定子表面既有一定的压紧力，又不致使该力过大。为了使叶片运动灵活，对零件的制造精度将提出较高的要求。

图 4 - 15(b)所示为叶片装弹簧的结构，这种结构叶片 1 较厚，顶部与底部有孔相通，叶片底部的油液是由叶片顶部经叶片的孔引入的，因此叶片上、下油腔油液的作用力基本平衡，为使叶片紧贴定子内表面，保证密封，在叶片根部装有弹簧。

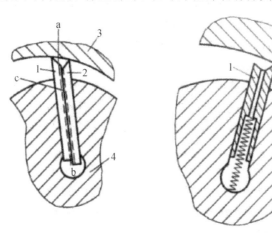

（a）双叶片结构　　　　　　（b）叶片装弹簧的结构

1、2—叶片；3—定子；4—转子

图 4 - 15　叶片液压力平衡的高压叶片泵叶片结构

三、限压式变量叶片泵

单作用叶片泵的变量方法有手调和自调两种。自调变量泵又根据其工作特性的不同分为限压式、恒压式和恒流量式三类，其中以限压式应用较多。

限压式变量叶片泵是利用泵排油压力的反馈作用实现变量的，它有外反馈和内反馈两种形式，下面分别说明它们的工作原理和特性。

1. 外反馈式变量叶片泵的工作原理

如图 4 - 16 所示，转子 2 的中心 O_1 是固定的，定子 3 可以左右移动，其中心为 O_2。在限压弹簧 5 的作用下，定子被推向左端，使定子中心 O_2 和转子中心 O_1 之间有一初始偏心量 e_0。

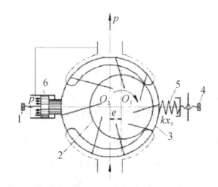

1、4—调节螺钉；2—转子；3—定子；5—限压弹簧；6—反馈液压缸

图 4 - 16　外反馈式变量叶片泵的工作原理

它决定了泵的最大流量 q_{max}。定子左侧装有反馈液压缸 6，其左腔与泵出口相通。在泵工作过程中，液压缸活塞对定子施加向右的反馈力 pA（A 为活塞有效作用面积）。设泵的工作压力达到 p_B 值时，定子所受的液压力与弹簧力相平衡，有 $p_B A = kx_0$（k 为弹簧刚度，x_0 为弹簧的预压缩量），则 p_B 为泵的限定压力。当泵的工作压力 $p < p_B$ 时，$pA < kx_0$，定子不动，最大偏心距 e_0 保持不变，泵的流量也维持最大值 q_{max}；当泵的工作压力 $p < p_B$ 时，$pA > kx_0$，限压弹簧被压缩，定子右移，偏心距减小，泵的流量也随之迅速减小。

2. 内反馈式变量叶片泵的工作原理

内反馈式变量叶片泵的工作原理与外反馈式相似，但泵的偏心距的改变不是依靠外反馈液压缸，而是依靠内反馈液压力的直接作用。内反馈式变量叶片泵配流盘的吸、压油窗口布置如图 4-17 所示。由于存在偏角 θ，压油区的压力油对定子的作用力 F 在平行于转子、定子中心连线 $O_1 O_2$ 的方向有一分力 F_x。随着泵工作压力 p 的升高，F_x 也增大。当 F_x 大于限压弹簧 5 的预紧力 kx_0 时，定子就向右移动，减小了定子和转子的偏心距，从而使流量相应变小。

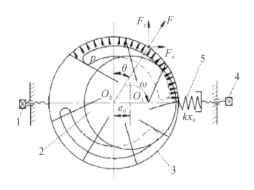

1、4—调节螺钉；2—转子；3—定子；5—限压弹簧

图 4-17　内反馈式变量叶片泵的工作原理

3. 限压式变量叶片泵的流量压力特性

限压式变量叶片泵的流量压力特性曲线如图 4-18 所示。曲线表示泵工作时流量随压力变化的关系。当泵的工作压力小于 p_B 时，其特性相当于定量泵，用线段 AB 表示，线段 AB 和水平线的差值 Δq 为泄漏量。B 点为特性曲线的转折点，其对应的压力 p_B 就是限定压力，

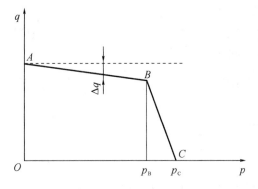

图 4-18　限压式变量叶片泵的流量压力特性曲线

它表示在初始偏心距 e_0 时，泵可达到的最大工作压力。当泵的工作压力超过 p_B 以后，限压弹簧被压缩，偏心距减小，流量随压力增加剧减，其变化情况用线段 BC 表示。C 点所对应的压力 p_C 为极限压力（又称截止压力），这时限压弹簧被压缩到最短，偏心距减至最小，泵的实际输出流量为零。

如图 4-16、4-17 所示，泵的最大流量由螺钉 1（称最大流量调节螺钉）调节，它可改变 A 点的位置，使 AB 线段上下平移。泵的限定压力由螺钉 4（称限定压力调节螺钉）调节，它可改变 B 点的位置，使 BC 线段左右平移。若改变弹簧刚度 k，则可改变 BC 线段的斜率。

限压式变量叶片泵结构复杂，轮廓尺寸大，相对运动的机件多，泄漏较大，但是它能按照负载压力自动调节流量，在功率使用上较为合理，常用于执行机构需要有快慢速的机床液压系统，有利于节能和简化油路。

任务四　柱塞泵分析

柱塞泵具有压力高、结构紧凑、效率高及流量调节方便等优点，常用于高压大流量和流量需要调节的液压系统，如龙门刨床、拉床、液压机、起重机械等设备的液压系统。其缺点是结构复杂、加工精度高、价格高、对油液的污染敏感。

柱塞泵按柱塞排列方向的不同，分为径向柱塞泵和轴向柱塞泵。

一、径向柱塞泵

1. 径向柱塞泵的工作原理

径向柱塞泵的工作原理如图 4-19 所示。柱塞 1 径向排列装在缸体 2 中，缸体由原动机带动连同柱塞 1 一起旋转，所以缸体 2 一般称为转子，柱塞 1 在离心力（或在低压油）的作用下抵紧定子 4 的内壁，当转子按图示方向回转时，由于定子和转子之间有偏心距 e，柱塞绕经

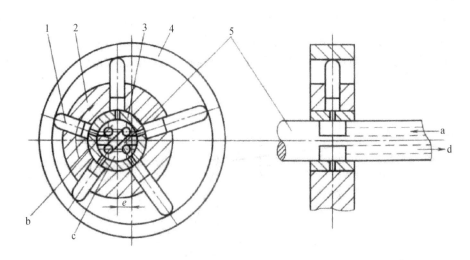

1—柱塞；2—缸体；3—衬套；4—定子；5—配流轴

图 4-19　径向柱塞泵的工作原理图

上半周时向外伸出,柱塞底部的容积逐渐增大,形成部分真空,因此便经过衬套3(衬套3压紧在转子内,并和转子一起回转)上的油孔从配流轴5和吸油口b吸油;当柱塞转到下半周时,定子内壁将柱塞向里推,柱塞底部的容积逐渐减小,向配流轴的压油口c压油,当转子回转一周时,每个柱塞底部的密封容积完成一次吸压油,转子连续运转,即完成压吸油工作。配流轴固定不动,油液从配流轴上半部的两个孔a流入,从下半部两个油孔d压出,为了进行配油,配流轴在和衬套3接触的一段加工出上下两个缺口,形成吸油口b和压油口c,留下的部分形成封油区。封油区的宽度应能封住衬套上的吸压油孔,以防吸油口和压油口相连通,但尺寸也不能大得太多,以免产生困油现象。

径向柱塞泵径向尺寸大,结构较复杂,自吸能力差,且配流轴受到径向不平衡液压力的作用,易于磨损,这些都限制了它转速和压力的提高。

2. 径向柱塞泵的排量和流量

当转子和定子之间的偏心距为e时,柱塞在缸体孔中的行程为$2e$,设柱塞个数为z,直径为d,则泵的排量为

$$V=\frac{\pi}{4}d^2 2ez=\frac{\pi}{2}d^2 ez \qquad (4-24)$$

设泵的转数为n,容积效率为η_V,则泵的实际输出流量为

$$q=\frac{\pi}{2}d^2 ezn\eta_V \qquad (4-25)$$

二、轴向柱塞泵

轴向柱塞泵是将多个柱塞安装在一个共同缸体的圆周上,并使柱塞中心线和缸体中心线平行的一种泵。轴向柱塞泵有两种形式,斜盘式(直轴式)和斜轴式(摆缸式)。

1. 斜盘式轴向柱塞泵

1) 斜盘式轴向柱塞泵的工作原理

轴向柱塞泵的柱塞都沿缸体轴向布置,并均匀分布在缸体的圆周上。

斜盘式轴向柱塞泵的工作原理如图4-20所示。它主要由斜盘1、柱塞3、缸体2、配流盘4等所组成。泵传动轴中心线与缸体中心线重合,斜盘与缸体间有一倾角γ,配流盘上有两

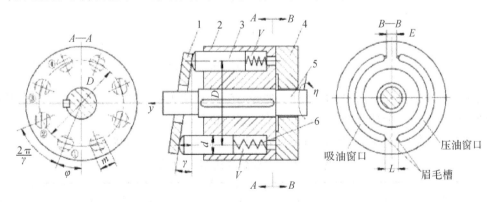

1—斜盘;2—缸体;3—柱塞;4—配流盘;5—轴;6—弹簧

图4-20　斜盘式轴向柱塞泵的工作原理

个窗口。缸体由轴 5 带动旋转，斜盘和配流盘固定不动。在弹簧 6 的作用下，柱塞头部始终紧贴斜盘。当缸体按图示方向旋转时，由于斜盘和弹簧的共同作用，使柱塞产生往复运动，各柱塞与缸体间的密封腔容积便发生增大或缩小的变化，通过配流盘上的吸油和压油窗口实现吸油和压油。缸体每转一周，每个柱塞各完成吸、压油一次。

由于配流盘上吸、压油窗口之间的过渡区的长度 L 必须大于缸体上柱塞根部的吸、压油腰形孔的长度 m，即 $L > m$，故当柱塞根部密封腔转至过渡区时会产生困油，为减少所引起的振动和噪声，可在配流盘的端面上开眉毛槽，如图 4-20 中 $B-B$ 视图所示。

可以看出，柱塞泵是依靠柱塞在缸体内作往复运动，使密封容积产生周期性变化而实现吸油和压油的。其中柱塞与缸体内孔均为圆柱面，易达到高精度的配合，故该泵的泄漏少、容积效率高。

2）斜盘式轴向柱塞泵的排量和流量

若柱塞数目为 z，柱塞直径为 d，柱塞孔的分布圆直径为 D，斜盘倾角为 γ（见图 4-21），当缸体转动一转时，泵的排量为

$$V = \frac{\pi}{4} d^2 D z \tan\gamma \qquad (4-26)$$

由式(4-26)可以看出，如果改变斜盘倾角 γ 的大小，就能改变柱塞的行程长度，也就改变了泵的排量。如果改变斜盘倾角的方向，就能改变吸、压油方向，这时柱塞泵就成为双向变量轴向柱塞泵。

泵输出的实际流量为

$$q = \frac{\pi}{4} d^2 D z n \eta_V \tan\gamma \qquad (4-27)$$

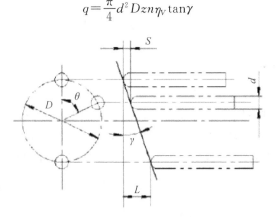

图 4-21　轴向柱塞泵的流量计算

柱塞泵的输油量是脉动的。单个柱塞的瞬时流量是按正弦规律变化的。整个泵的瞬时流量是处于压油区的几个柱塞瞬时流量的总和，因而也是脉动的。

不同柱塞数目的柱塞泵，其输出流量的脉动率 σ 是不同的。具体脉动率 σ 如表 4-1 所示。

表 4-1　柱塞泵的流量脉动率

柱塞数 z	5	6	7	8	9	10	11	12
脉动率 σ/%	4.98	14	2.53	7.8	1.53	4.98	1.02	3.45

由表 4-1 可以看出，柱塞数较多并为奇数时，脉动率 σ 较小，故柱塞泵的柱塞数一般都为奇数。从结构和工艺性考虑，常取 $z=7$ 或 $z=9$。此时，其脉动率远小于外啮合齿轮泵。

3）斜盘式轴向柱塞泵的结构特点

图 4-22 是目前使用比较广泛的一种斜盘式轴向柱塞泵的结构图。

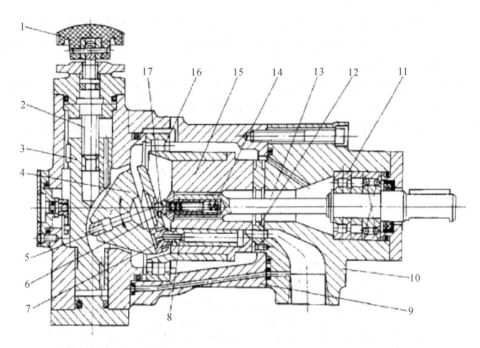

1—手轮；2—螺杆；3—活塞；4—斜盘；5—销；6—压盘；7—滑履；8—柱塞；9—中间泵体；
10—前泵体；11—前轴承；12—配流盘；13—轴；14—中心弹簧；15—缸体；16—大轴承；17—钢球
图 4-22　手动变量斜盘式轴向柱塞泵

（1）滑履结构。

在图 4-20 中，各柱塞以球形头部直接接触斜盘而滑动，柱塞头部与斜盘之间为点接触。泵工作时，柱塞头部接触应力大，极易磨损，故一般轴向柱塞泵都在柱塞头部装一滑履 7（见图 4-22），滑履的底平面与斜盘 4 接触，而柱塞头部与滑履则为球面接触，并加以铆合，使柱塞和滑履既不会脱落，又可以相对转动。这样改点接触为面接触，并且各相对运动表面之间通过小孔引入压力油，实现可靠的润滑方法，极大地降低了相对运动零件表面的磨损。这样，就大大提高了泵的工作压力。

（2）中心弹簧机构。

柱塞头部的滑履必须始终紧贴斜盘才能正常工作。图 4-20 中是在每个柱塞底部加一个弹簧。但这种结构中，随着柱塞的往复运动，弹簧易于疲劳损坏。图 4-22 中改用一个中心弹簧 14，通过钢球 17 和压盘 6 将滑履压向斜盘并带动柱塞运动，从而使泵具有较好的自吸能力。这种结构中的弹簧只受静载荷，不易疲劳损坏。

（3）变量机构。

在变量轴向柱塞泵中均设有专门的变量机构，用来改变斜盘倾角 γ 的大小，从而调节泵的排量。轴向柱塞泵的变量方式有多种，有手动变量、伺服变量、恒功率变量、恒压变量等。

图 4-22 中是一手动变量机构，设置在泵的左侧。变量时，转动手轮 1，螺杆 2 随之转动，因导向键的作用，变量活塞 3 便上下移动，通过销 5 使支承在变量壳体上的斜盘 4 绕其中心转动，从而改变了斜盘倾角 γ。手动变量机构结构简单，但操纵力较大，通常只能在停机或泵压较低的情况下才能实现变量。

（4）通轴与非通轴结构。

斜盘式轴向柱塞泵有通轴与非通轴两种结构形式。图 4-22 所示的泵是一种非通轴型轴向柱塞泵。非通轴型泵的主要缺点之一是要采用大型滚柱轴承来承受斜盘施加给缸体的径向力，轴承寿命较低，转速受到限制，且噪声大，成本高。

近年来发展较快的是通轴型的轴向柱塞泵，图 4-23 为其典型结构图。与非通轴型泵相比较，通轴泵的主轴采用了两端支承，斜盘通过柱塞作用在缸体上的径向力可以由主轴承受，因而取消了缸体外缘的大轴承，使转速得以提高；该泵无单独的配流盘，而是通过缸体和后泵盖端面直接配油。通轴泵结构的另一特点是在泵的外伸端可以安装一个小型辅助泵（通常为内齿轮泵），供闭式系统补油之用，因而可以简化油路系统和管道连接，有利于液压系统的集成化。

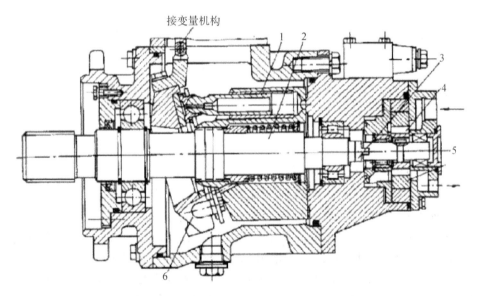

1—缸体；2—轴；3—联轴器；4、5—辅助泵内、外转子；6—斜盘

图 4-23　通轴型轴向柱塞泵

2. 斜轴式轴向柱塞泵

斜轴式轴向柱塞泵的工作原理如图 4-24 所示。法兰传动轴 1 与缸体 4 的轴线倾斜了一个角度 γ，故称为斜轴式泵。连杆两端为球头，一端铰接于柱塞上，另一端与法兰轴形成球铰，它既是连接件又是传动件，利用连杆的锥体部分与柱塞内的接触带动缸体旋转。配流盘固定不动，中心轴 6 起支承缸体的作用。

当传动轴沿图示方向旋转时，连杆就带动柱塞连同缸体一起转动，柱塞同时也在孔内作往复运动，使柱塞孔底部的密封腔容积不断发生增大和缩小的周期性变化，再通过配流盘 5 上的窗口 a 和 b 实现吸油和压油。改变角度 γ 可以改变泵的排量。

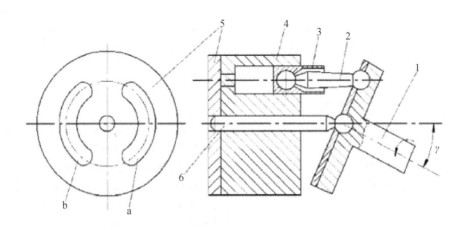

1—法兰传动轴；2—连杆；3—柱塞；4—缸体；5—配流盘；6—中心轴

图 4-24　斜轴式轴向柱塞泵的工作原理

与斜盘式泵相比较，斜轴式泵转速较高，自吸性能好，结构强度较高，允许的倾角 γ_{max} 较大，变量范围较大。一般斜盘式泵的最大斜盘角度为 20°左右，而斜轴式泵的最大倾角可达 40°。但斜轴式泵体积较大，结构更为复杂。

目前，斜盘式和斜轴式轴向柱塞泵的应用都很广泛。

任务五　液压泵的选用

选择液压泵的主要原则首先是满足系统的工况（压力、流量）要求，其次对泵的性能、成本等方面进行综合考虑，以确定液压泵的输出流量、工作压力和结构类型。

一般情况下，在负载小、功率小的机械设备中，可用齿轮泵或双作用叶片泵；精度高的机械设备（如磨床）中可选用双作用叶片泵；在负载较大并有快速和慢速工作行程的机械设备（如组合机床）中可选用限压式变量叶片泵；在负载大、功率大的机械设备（如龙门刨床、拉床和采煤机）中可选用柱塞泵；而在机械设备的辅助装置中，如送料、夹紧等装置的液压系统，可使用价廉的齿轮泵。表 4-2 所示为各类液压泵的性能比较及应用。

表 4-2　各类液压泵的性能比较及应用

泵类型 项目	齿轮泵	限压式变量叶片泵	双作用叶片泵	轴向柱塞泵	径向柱塞泵
工作压力/MPa	0.7～20	2.5～6.3	6.3～21	20～35	10～20
容积效率	0.7～0.95	0.8～0.9	0.8～0.95	0.95～0.98	0.9～0.95
总效率	0.6～0.85	0.7～0.85	0.7～0.85	0.85～0.95	0.75～0.92
流量调节	不能	能	不能	能	能
流量脉动率	大	中等	小	中等	中等
自吸特性	好	较差	较差	较差	差

项目 \ 泵类型	齿轮泵	限压式变量叶片泵	双作用叶片泵	轴向柱塞泵	径向柱塞泵
噪声	大	较大	小	大	大
单位功率造价	低	较高	中等	高	高
应用范围	机床、工程机械、农业机械、航空机械、起重运输机械、船舶机械等	机床、注塑机等	液压机、起重运输机械、工程机械、飞机、机床、注塑机等	工程机械、锻压机械、起重运输机械、矿山机械、冶金机械、建筑机械、船舶、飞机等	机床、液压机、船舶机械等

任务六　液压泵常见故障及其排除方法

液压泵是液压系统的心脏，它一旦发生故障就会立即影响系统的正常工作。工作中造成液压泵出现故障的原因是多种多样的，总的来说，原因主要分为以下两个方面。

1. 由液压泵本身的原因引起的故障

从液压泵的工作原理可知，液压泵的吸油和压油是依靠密封容积做周期变化实现的。要想实现这个过程，要求液压泵在制造的过程中满足足够的加工精度，尺寸公差、形位公差、表面粗糙度、配合间隙以及接触刚度都要符合技术条件。泵经过一段时间的使用后，有些质量问题会暴露出来，突出的表现是技术要求遭到破坏，液压泵不能正常工作。这种故障对于一般用户而言，是不易排除的。在进行液压泵故障分析时，这个原因要放到最后来考虑。在尚未明确故障原因之前，不要轻易拆泵。

2. 由外界因素引起的故障

1）油液

油液黏度过高或过低都会影响液压泵正常工作。黏度过高，会增加吸油阻力，使泵吸油腔真空度过大，出现气穴和气蚀现象；黏度过低，会加大泄漏，降低容积效率，并容易吸入空气，造成泵运转过程中的冲击和爬行。

油液的清洁也是非常重要的。液压油受到污染，如水分、空气、铁屑、灰尘等进入油液，对液压泵的运行会产生严重的影响。铁屑、灰尘等固体颗粒会堵塞过滤器，使液压泵吸油阻力增加，产生噪声；还会加速零件磨损，擦伤密封件，使泄漏增加，对那些对油液污染敏感的泵而言，危害就更大。

2）液压泵的安装

泵轴与驱动电机轴的连接应有足够的同轴度。若同轴度误差过大，就会引起噪声和运动的不平稳，严重时还会损坏零件。同时安装时要注意液压泵的转向，应合理选择液压泵的转速，同时要保证吸油管与排油管道管接头处的密封。

3）油箱

油箱容量小，散热条件差，会使油温过高，油液黏度减小，带来许多问题；油箱容量过大，油面过低以及液压泵吸油口高度不合适，吸油管道直径过细等都会影响泵正常工作。

液压泵常见故障及其排除方法如表4-3、表4-4和表4-5所示。

表4-3　啮合齿轮泵常见故障与排除方法

故障现象	产　生　原　因	排　除　方　法
泵不排油或排量与压力不足	（1）电动机转向接反； （2）滤油器或吸油管道堵塞； （3）液压泵吸油侧及吸油管接口处密封不良，有空气吸入，其表现为压力表显示很低，液压缸无力，油箱起泡等； （4）油液黏度太大造成吸油困难，或温升过高导致油液黏度降低造成内泄漏过大； （5）零件磨损，间隙增大，泄漏较大； （6）泵的转速太低； （7）油箱中油面太低	（1）调换接头，改变电机转向； （2）拆洗滤油器及管道，或更换油液； （3）检查，并紧固有关螺纹连接件或更换密封件； （4）选择合适黏度的油液，检查诊断温升过高故障，防止油液黏度有过大变化； （5）检查有关磨损零件，进行修磨以达到规定间隙； （6）检查电机功率，并看有无打滑现象，及时处理； （7）检查油面高度，并使吸油管插入液面以下
噪声及压力脉动较大	（1）液压泵吸油侧及轴油封和吸油管接口处密封不良，有空气吸入； （2）吸油管及滤油器堵塞或阻力太大造成液压泵吸油不足； （3）吸油管外露或伸入油箱较浅或吸油高度过大（>500 mm）； （4）泵与电动机轴不同心或松动	（1）拧紧接头或更换密封件； （2）检查滤油器的容量及堵塞情况，及时处理； （3）吸油管应伸入油面以下的2/3，防止吸油管口露出液面，吸油高度应不大于500 mm； （4）按技术要求进行调整，检查直线性，保持同轴度在0.1 mm内
温升过高	（1）液压泵磨损严重，间隙过大致泄漏增加； （2）油液黏度不当（过高或过低）； （3）油液污染变质，吸油阻力过大； （4）液压泵连续吸气，特别是高压泵，由于气体在泵内受绝热压缩，产生高温，表现为液压泵温度瞬时急骤升高	（1）修磨磨损件，使其达到合适的间隙； （2）改用黏度合适的油液； （3）更换新油； （4）停机检查液压泵进气部位，及时处理
液压泵旋转不灵活或咬死	（1）轴向间隙或径向间隙过小； （2）油液中杂质吸入泵内卡死运动	（1）修复或更换泵的机件； （2）加强滤油，或更换新油

表 4-4　叶片泵常见故障与排除方法

故障现象	产 生 原 因	排 除 方 法
噪声严重并伴有振动	(1) 液压泵吸油困难； (2) 泵盖螺钉松动或轴承损坏； (3) 定子曲面有伤痕，叶片与之接触时，发生跳动撞击噪声； (4) 油箱油面过低，液压泵吸油侧和吸油管接口及液压泵主轴密封不良，有空气进入； (5) 电动机转速过高； (6) 联轴器的同轴度较差或安装不牢固，导致机械噪声	(1) 检查、清洗滤油器并检查油液黏度，及时换油； (2) 检查、紧固或更换已损零件； (3) 修整抛光定子曲面； (4) 检查有关密封部位是否有泄漏，并加以严封，保证有足够油液和吸油通畅； (5) 更换电机，降低转速； (6) 检查、调整同轴度，并加强紧固
泵不吸油或无压力（执行机构不动）	(1) 电机转向有错； (2) 油箱液面较低，吸油有困难； (3) 油液黏性过大，叶片滑动阻力较大，移动不灵活； (4) 泵体内部有砂眼，高、低压腔串通； (5) 液压泵严重进气，根本吸不上油来； (6) 组装泵盖螺钉松动，致使高、低压腔互通； (7) 叶片与槽的配合过紧； (8) 配油盘刚度不够或盘与泵体接触不良	(1) 重新接线头，改变旋转方向； (2) 检查油箱中油面的高度（观察油标指示）并调整之； (3) 更换黏度较低的液体； (4) 更换泵体（出厂前未暴露）； (5) 检查液压泵吸油区段的有关密封部位，并严加密封； (6) 紧固； (7) 修磨叶片或槽，保证叶片移动灵活； (8) 更换或修整其接触面
排油量及压力不足（表现为液压缸的动作迟缓）	(1) 有关连接部位密封不严，空气进入泵内； (2) 定子内曲面与叶片接触不良； (3) 配油盘磨损较大； (4) 叶片与槽配合间隙过大； (5) 吸油有阻力； (6) 叶片移动不灵活； (7) 系统泄漏大； (8) 泵盖螺钉松动，液压泵轴向间隙增大而内泄	(1) 检查各连接处及吸油口是否有泄漏，坚固或更换密封件； (2) 进行修磨； (3) 修复或更换； (4) 单片进行选配，保证达到设计要求； (5) 拆洗滤油器，清除杂物使吸油通畅； (6) 不灵活的叶片，应单槽研配； (7) 对系统进行顺序检查； (8) 适当拧紧

表 4-5　柱塞泵常见故障与排除方法

故障现象	产 生 原 因	排 除 方 法
排油量不足，执行机构动作迟缓	(1) 吸油管及滤油器阻塞或阻力太大； (2) 油箱油面过低； (3) 柱塞与缸孔或配油盘与缸体间隙磨损； (4) 柱塞回程不够或不能回程，导致缸体与配油盘间失去密封，系中心弹簧断裂所致； (5) 变量机构失灵，达不到工作要求	(1) 排除油泵阻塞，清洗滤油器； (2) 检查油量，适当加油； (3) 更换柱塞，修磨配油盘与缸体的接触面，保证接触良好； (4) 检查中心弹簧，如坏则加以更换； (5) 检查变量机构：看变量活塞及变量头是否灵活，并纠正以调整误差

续表

故障现象	产生原因	排除方法
压力不足或压力脉动较大	（1）吸油口阻塞或通道较小； （2）油温较高，油液黏度下降，泄漏增加； （3）缸体配油盘之间磨损，柱塞与缸体之间磨损，柱塞与缸体之间磨损，内泄过大； （4）中心弹簧疲劳，内泄增加	（1）清除阻塞现象，加大通油截面； （2）控制油温，更换黏度较大的油液； （3）修整缸体与配油盘接触面，更换柱塞，严重者应送厂返修； （4）更换中心弹簧
噪声过大	（1）泵内有空气； （2）轴承装配不当，或单边，或磨损，或损伤； （3）滤油器被阻塞，吸油困难； （4）油液不干净； （5）油液黏度过大，吸油阻力大； （6）油液的油面过低或液压泵吸气导致噪声； （7）泵与电机安装不同心使泵增加了径向载荷； （8）管路振动； （9）柱塞与滑靴球头连接严重松动或脱落	（1）排除空气，检查可能进入空气的部位； （2）检查轴承损坏情况，及时更换； （3）清洗滤油器； （4）抽样检查，更换干净的油液； （5）更换黏度较小的油液； （6）按油标高度注油，并检查密封； （7）重新调整，使在允许范围内； （8）采取隔离消振措施； （9）检查修理或更换组件
外部泄漏	（1）传动轴上的密封件损坏； （2）各结合面及管头的螺栓及螺母未拧紧，密封件损坏；	（1）更换密封圈； （2）紧固并检查密封性，以便更换密封件
液压泵发热	（1）内部漏损较大； （2）液压泵吸气严重； （3）有关相对运动的配合接触面有磨损，例如：缸体与配油盘，滑靴与斜盘； （4）油液黏度过高，油箱容量过小或转速过高	（1）检查和研修有关密封件配合面； （2）检查有关密封部位，严加密封； （3）修整或更换磨损件，如配油盘、滑靴等； （4）更换油液，增大油箱或增设冷却装置，或降低转速
泵不能转动（卡死）	（1）柱塞与缸孔卡死，系油脏或油温变化或高温粘连所致； （2）滑靴脱落，系柱塞卡死拉脱或有负载启动拉脱； （3）柱塞球头折断，系柱塞卡死或有负载启动扭断	（1）油脏换油；油温太低时更换黏度小的油，或用油刀刮去粘连金属，研配； （2）更换或重新装配滑靴； （3）更换

思 考 题

一、简答题

1. 液压泵的工作原理是什么？画出液压泵的图形符号。

2. 液压泵完成吸油和排油必须具备的条件是什么？

3. 齿轮泵的困油现象是怎样产生的？有什么危害？如何消除？

4. 齿轮泵压力的提高主要受哪些因素的影响？采取哪些措施可以提高齿轮泵的压力？

5. 简述单作用和双作用叶片泵的工作原理。它们各有什么优缺点？

6. 单作用和双作用叶片泵的叶片是如何伸出的？它们为什么要倾斜安装？

7. 简述斜盘式和斜轴式轴向柱塞泵的工作原理。它们是如何实现排量调节的？它们的优缺点是什么？

8. 简要说明径向柱塞泵的工作原理和结构特点，齿轮泵、叶片泵及柱塞泵的常见故障及排除方法有哪些？

二、填空题

1. 液压泵是液压系统中的动力元件，输入的是_____，输出的是_____。

2. 常用的液压泵有_____、_____和_____三大类。

3. 液压泵的排量是指_____。

4. 液压泵的实际流量是指_____。

5. 液压泵在实际工作时的压力称为_____。泵在正常工作条件下，按试验标准规定能连续运转的最高压力称为_____，它体现了泵的_____。泵在短时间内过载时所允许的极限压力称为_____。

6. 液压泵的理论流量_____实际流量。

7. 在齿轮泵中，泄漏途径有三条，其中_____对容积效率的影响最大。

8. 在齿轮泵中，减小径向不平衡力的措施是_____。在齿轮泵中为了_____，在齿轮泵的端盖上开卸荷槽。

9. 对于要求运转平稳、脉动小、流量均匀的中低压系统，应选用_____泵。

10. 移动定子的位置，改变偏心距，就可以改变单作用叶片泵的_____。

11. 单作用叶片泵的转子及轴承上承受着不平衡的径向液压力，这就限制了泵_____的提高。

12. 单作用叶片泵的叶片相对转子旋转方向_____倾斜一个角度，双作用叶片泵的叶片相对转子旋转方向_____倾斜一个角度。

13. 双作用叶片泵的转子和轴承所承受的_____是平衡的。

14. 与斜盘式轴向柱塞泵相比，斜轴式轴向柱塞泵的变量范围_____、体积_____、结构_____。

15. 在各类容积式液压泵中，轴向柱塞泵的容积效率_____。

16. 移动径向柱塞泵的定子，改变偏心距的大小，就可以改变泵的_____。

17. 在各类容积式液压泵中，自吸能力最差的泵是_____。

三、判断题

1. 液压泵的密封容积的变化是泵吸油和排油的根本原因。（　　）

2. 液压泵的工作压力是指它的输出压力，其大小由负载决定。（　　）

3. 当液压泵的工作压力超过额定压力时就是过载。（　　）

4. 液压泵的实际流量是指泵工作时实际输出的流量，等于理论流量与泄漏损失的流量之和。（　　）

5. 齿轮泵所承受的径向液压力是平衡的。　　　　　　　　　　　　　　（　　）

6. 单作用叶片泵的叶片是依靠离心力的作用紧贴在定子内表面上的。　　（　　）

7. 某叶片泵的额定压力为 6.3 MPa，其出口接油箱，则该泵的工作压力为 6.3 MPa。

　　　　　　　　　　　　　　　　　　　　　　　　　　　　　　　　　（　　）

8. 轴向柱塞泵的压力最高，容积效率最高，可以改变流量，并有多种改变流量方式。

　　　　　　　　　　　　　　　　　　　　　　　　　　　　　　　　　（　　）

9. 斜盘式轴向柱塞泵是通过改变斜盘倾角来改变流量的，斜轴式轴向柱塞泵是靠摆动缸体来改变夹角以实现流量改变的。　　　　　　　　　　　　　　　　（　　）

10. 径向柱塞泵的配流轴受到径向不平衡液压力的作用，易于磨损。（　　）

四、计算题

1. 已知泵输出压力 $p=10$ MPa，排量 $V=20$ mL/r，机械效率 $\eta_m=0.95$，容积效率 $\eta_V=0.9$，其他损失忽略不计。试求：

（1）泵转速 n 为 1500 r/min 时，液压泵的理论流量 q_t 及实际流量 q(L/min)。

（2）泵输出的液压功率 P_o 及所需的驱动功率 P_i(W)。

2. 某液压泵的转速为 950 r/min，排量 $V=168$ mL/r，在额定压力 25 MPa 和同样转速下，测得的实际流量为 150 L/min，额定工况下的总效率为 0.87。求：

（1）泵的理论流量 q_t。

（2）泵的容积效率 η_V 和机械效率 η_m。

（3）泵在额定工况下所需的电动机驱动功率 P_i。

（4）驱动泵的转矩 T_i。

技 能 训 练

1. 熟悉常用的液压泵。

2. 液压泵的选择、拆卸、装配、调整和故障排除。

项目五　液压执行元件的分析、选用与故障排除

知识目标：

1. 掌握液压马达的特点、分类及主要性能参数。
2. 掌握液压马达与液压泵的区别。
3. 掌握液压马达的结构及工作原理。
4. 掌握液压缸的特点、分类及主要性能参数。
5. 掌握单杆活塞缸的差动连接。
6. 掌握液压缸的典型结构及组件。
7. 掌握液压缸的设计方法。
8. 掌握液压缸的选用、拆卸、装配、调整及故障排除。

技能目标：

1. 能分析常用液压马达和液压缸。
2. 能根据工作条件来设计液压缸。
3. 能进行常用的液压缸和液压马达的选用、拆卸、装配、调整及故障排除。
3. 在完成上述任务的过程中，能够自觉遵守安全操作规范。

教师在讲授基本知识后，将学生分组安排，在实验室完成以下三个工作任务：液压马达和液压缸的认识和分析，液压缸的设计，液压缸的选用、拆卸、装配、调整及故障排除。工作任务完成后，由学生自评、学生互评、教师评价三部分汇总组成教学评价。

任务一　液压马达分析

液压马达是液压系统中的执行元件，是将液压泵提供的液压能（压力 p 和流量 q）转变为机械能（转矩 T、转速 n）的能量转换装置。

一、液压马达的特点及分类

1. 液压马达的特点

从能量转换的观点来看，液压泵与液压马达是可逆工作的液压元件，向任何一种液压泵输入工作液体，都可使其变成液压马达工况；反之，当液压马达的主轴由外力矩驱动旋转时，

也可变为液压泵工况。因为它们具有同样的基本结构要素——密闭而又可以周期变化的容积和相应的配油机构。但是，由于液压马达和液压泵的工作条件不同，因此对它们的性能要求也不一样，从而同类型的液压马达和液压泵之间，仍存在许多差别，具体如下。

（1）液压泵是动力元件，液压马达是执行元件，液压泵将机械能（转矩 T 和转速 n）转换为液压能（压力 p 和流量 q）；液压马达将液压能（p_M、q_M）转换为机械能（T_M、n）。

（2）液压泵的结构需保证自吸能力，而液压马达无此要求。液压泵的吸油腔一般为真空，为改善吸油性和抗气蚀能力，通常进口尺寸大于出口；液压马达排油腔的压力稍高于大气压力，没有特殊要求，所以液压马达的进出油口尺寸相同。

（3）液压马达需要正反转（内部结构需对称），液压泵一般是单向旋转。

（4）液压马达的轴承结构、润滑形式需保证在很宽的速度范围内使用，而液压泵的转速虽相对比较高，但变化小，故无此苛刻要求。

（5）液压泵的启动靠外机械动力；液压马达启动需克服较大的静摩擦力，因此要求启动转矩大，转矩脉动小，内部摩擦小（如齿轮马达的齿数比齿轮泵多）。

（6）液压泵需容积效率高；液压马达需机械效率高。一般地，液压马达的容积效率比液压泵低，液压泵的机械效率比液压马达低。

（7）液压泵与原动机装在一起，主轴不受额外的径向负载。而液压马达主轴常受径向负载（轮子或皮带、链轮、齿轮直接装在液压马达上时）。

2. 液压马达的分类

液压马达按其结构类型来分可以分为齿轮式、叶片式、柱塞式和其他形式。也可按照其输出转速的不同分为高速液压马达和低速液压马达，一般来说，额定输出转速高于 500 r/min 的液压马达属于高速马达，额定转速低于 500 r/min 的液压马达属于低速马达。

高速液压马达的基本形式有齿轮式、螺杆式、叶片式和轴向柱塞式等，它们的主要特点是转速高、转动惯量小、便于启动和制动、调速和换向时灵敏度高。通常高速液压马达的输出转矩不大，所以又称为高速小转矩液压马达。

低速液压马达的输出转矩通常都较大（可达数千至数万牛·米），所以又称为低速大转矩液压马达。低速大转矩液压马达的主要特点是转矩大，低速稳定性好（一般可在 10 r/min 以下平稳运转，有的可低到 0.5 r/min 以下），因此可以直接与工作机构连接（如直接驱动车轮或绞车轴），不需要减速装置，使传动结构大为简化。低速大转矩液压马达广泛用于工程、运输、建筑和船舶等机械（如行走机械、卷扬机、搅拌机）上，其基本结构为径向柱塞式，通常分为单作用曲轴型和多作用内曲线型两种类型。

液压马达的图形符号如图 5-1 所示。

（a）单向定量液压马达　（b）单向变量液压马达　（c）双向定量液压马达　（d）双向变量液压马达

图 5-1　液压马达的图形符号

二、液压马达的主要性能参数

液压马达的基本性能参数主要包括液压泵的压力、排量、流量、功率、效率、转矩等。

1. 压力

（1）工作压力。液压马达入口油液的实际压力称为液压马达的工作压力。液压马达入口压力与出口压力的差值称为液压马达的工作压差，该值是由外负载决定的。在液压马达出口直接通油箱的情况下，为便于定性分析问题，通常近似认为液压马达的工作压力就等于工作压差。

（2）额定压力。液压马达在正常工作条件下，按试验标准规定连续运转的最高压力称为液压马达的额定压力。与液压泵相同，液压马达的额定压力也受泄漏和强度的制约，工作压力超过额定压力时就会过载。

2. 排量和流量

（1）排量。液压马达排量 V_M 是指其转轴每转一周，液压马达理论上输入液体的体积，其大小由密封容腔几何尺寸变化计算而得，故又称液压马达的几何排量，其单位为 m^3/r，工程上常用 mL/r。排量可调节的液压马达称为变量马达，排量不可调节的称为定量马达。

（2）流量。液压马达的流量是指单位时间输入马达的液体体积，其单位为 m^3/s，工程上常用 L/min。流量有理论流量 q_{M0} 与实际流量 q_M 之分，并且理论流量为

$$q_{M0} = n V_M \tag{5-1}$$

式中，n 为马达轴转速（r/s）。

3. 效率和转速

（1）容积效率。由于液压马达实际存在泄漏，因此输入液压马达的油液有一部分没有做功，直接从高压口流向低压口或泄漏口。由实际流量 q_M 计算转速 n 时，应考虑这部分泄漏。当液压马达的泄漏流量为 Δq_M 时，则液压马达的实际流量为 $q_M = q_{M0} + \Delta q_{M0}$。液压马达的容积效率 η_{MV} 等于理论输入流量 q_{M0} 与实际输入流量 q_M 的比值，即

$$\eta_{MV} = \frac{q_{M0}}{q_M} = \frac{q_{M0}}{q_{M0} + \Delta q_M} \tag{5-2}$$

式中，Δq_M 为液压马达的泄漏流量（m^3/s）。

（2）转速。转速 n 等于理论输入流量与排量的比值，即

$$n = \frac{q_{M0}}{V_M} = \frac{q_M \eta_{MV}}{V_M} \tag{5-3}$$

最低稳定转速是指液压马达在额定负载下不出现爬行现象的最低转速。所谓爬行现象，就是当液压马达工作转速过低时，往往保持不了均匀的速度，进入时动时停的不稳定状态。

液压马达的最高使用转速主要受使用寿命和机械效率的限制，转速提高后，各运动副的磨损加剧，使用寿命降低，转速高则液压马达需要输入的流量就大，因此各过流部分的流速相应增大，压力损失也随之增加，从而使机械效率降低。

变量马达的调速范围用最高使用转速和最低稳定转速之比表示。

4. 转矩和机械效率

液压马达的理论转矩与液压泵的理论转矩计算公式的形式相同，即

$$T_{M0} = \frac{\Delta p_M V_M}{2\pi} \tag{5-4}$$

式中，Δp_M 为液压马达的进出口压差(Pa)。

由于液压马达实际存在机械损失，故实际转矩 T_M 等于理论转矩与机械损失转矩之差，即

$$T_M = T_{M0} - \Delta T_M \tag{5-5}$$

式中 ΔT_M 为机械损失转矩($N \cdot m$)

液压马达的机械效率 η_{Mm} 为

$$\eta_{Mm} = \frac{T_M}{T_{M0}} = \frac{T_{M0} - \Delta T_M}{T_{M0}} = 1 - \frac{\Delta T_M}{T_{M0}} \tag{5-6}$$

5. 功率和总效率

液压马达输入功率为 $p_M q_M$，输出功率为 $2\pi n T_M$，液压马达的总效率 η_M 即输出功率与输入功率的比值，即

$$\eta_M = \frac{2\pi n T_M}{p_M q_M} = \frac{2\pi n T_{M0} \eta_{Mm}}{p_M q_M n / \eta_{MV}} = \eta_{Mm} \eta_{MV} \tag{5-7}$$

由式(5-7)可见，液压马达的总效率等于机械效率与容积效率的乘积。

图 5-2 所示为液压马达的特性曲线。从式(5-3)和式(5-4)可以看出，对于定量液压马达，V_M 为定值，在 q_M 和 p_M 不变的情况下，输出转速 n 和转矩 T_M 皆不可变；对于变量液压马达，V_M 的大小可以调节，因而它的输出转速 n 和转矩 T_M 是可以改变的。在 q_M 和 p_M 不变的情况下，若使 V_M 增大，则 n 减小，T_M 增大。

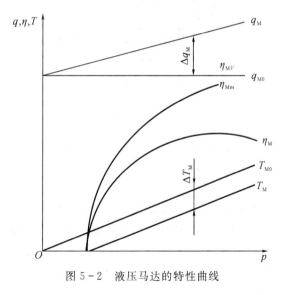

图 5-2　液压马达的特性曲线

三、液压马达的典型结构及工作原理

1. 齿轮马达

齿轮马达结构简单、尺寸小、重量轻、造价便宜，可以在比较恶劣的条件下工作。但与齿轮泵一样，齿轮马达的密封性较差，容积效率低，只适宜于在高速小转矩工况下使用。

1）工作原理

齿轮马达的工作原理如图 5-3 所示。图中 P 为两齿轮的啮合点。设轮齿的高度为 h，啮合点到两齿轮齿根的距离分别为 a 和 b，由于 a 和 b 都小于 h，所以压力油作用在齿面上时（如图中箭头所示，凡齿面两边受压力平衡的部分都未用箭头表示），在两个齿轮上就各有一个使它们产生转矩的作用力 $pB(h-a)$ 和 $pB(h-b)$，其中 p 为输入油液的压力，B 为齿宽。在上述力作用下，两齿轮按图示方向旋转，并把油液带到低压腔排出。这种受力状态在作为液压泵使用时也是存在的，只不过对齿轮泵来说，油压作用在齿面上的力矩方向和齿轮泵旋转方向相反，成为负载转矩。而对于齿轮马达来说，转矩方向和齿轮转动方向一致，成为输出转矩。

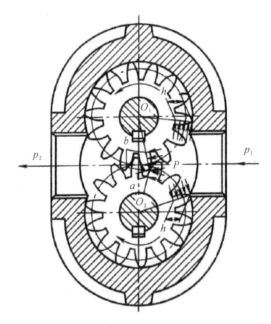

图 5-3　齿轮马达工作原理图

由于齿轮马达的轴承是承受载荷的，其承载能力取决于油膜的形成，因而在高压工作时需将其转速上限降低 20％左右。

2）结构特点

齿轮马达可以分两种类型，一种是以齿轮泵为基础的齿轮马达，另一种是专门设计的齿轮马达。以泵为基础的齿轮马达和齿轮泵差别不大，而专门设计的齿轮马达由于考虑了马达的一些特殊要求（如马达往往需要带负载启动，外载荷的冲击、振动比较严重而且还要能够正反两个方向旋转），因此在实际结构方面和齿轮泵相比还有些差别。概括起来，专门设计的齿轮马达大致具有如下结构特点：

（1）齿轮马达要求正、反两个方向回转，因此齿轮马达要求有左右对称的结构。

（2）通常都有外泄油口，因为齿轮马达的回油腔的油压往往高于大气压力，如果采用内泄油结构可能会把轴端油封冲坏。特别是当齿轮马达反转时，原来的回油腔变成了高压腔，情况会更为严重。

（3）齿轮马达多数采用滚动轴承，这不仅对减少磨损有利，对于改善启动性能也有很大的好处。

（4）有的不采用端面补偿装置，以免增大摩擦力矩，使齿轮马达的机械效率降低、启动性能变坏；如果仍旧采用端面补偿装置，则还需要设置压力油道自动转换机构，以适应正反方向旋转，始终保证将压力油引向浮动轴套或挠性侧板的背面。

（5）齿轮马达的低压腔的油液是通过齿轮带出的，所以不会像齿轮泵那样因吸入流速过高产生气蚀现象，也就是说，齿轮马达的进、出油口都可以做得较小从而使轴承的径向负荷减小，提高了轴承寿命。

（6）齿轮马达要求输出力矩脉动小，因此齿数 z 不能太小，一般取 $z=10\sim14$。

在选用齿轮马达时，要注意以下两个问题：

（1）齿轮马达的启动性能不好，通常启动时的机械效率为 $70\%\sim80\%$，也就是说启动转矩是理论转矩的 $70\%\sim80\%$。

（2）齿轮马达低速性能差。由于齿轮马达流量脉动大、密封性差、容积效率低，因此它的低速性能不好，当转速在 $50\sim100$ r/min 以下时就不稳定，因此一般选用转速不低于 $150\sim400$ r/min 的齿轮马达。

2. 叶片马达

1）工作原理

双作用叶片马达的工作原理如图 5-4 所示。当压力为 p_1 的油液从配油窗口进入相邻两叶片间的密封工作腔时，位于进油腔的叶片 2、6 因两面所受的压力相同，故不产生转矩。位于回油腔的叶片 8、4 也同样不产生转矩。而位于封油区的叶片 1、5 和 3、7 因一面受压力油作用，另一面受回油的低压作用，故可产生转矩，且叶片 1、5 的转矩方向与叶片 3、7 的相反，但因叶片 3、7 的承压面积大、转矩大，因此转子沿着叶片 3、7 的转矩方向作顺时针方向旋转。叶片 1、5 和叶片 3、7 产生的转矩差就是液压马达的（理论）输出转矩。当定子的长短径差越大、转子的直径越大以及输入的油压越高时，液压马达的输出转矩也越大。

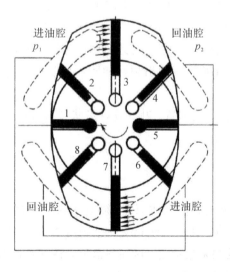

图 5-4 双作用叶片马达的工作原理

当改变输油方向时，液压马达反转。所有的叶片泵在理论上均能用作相应的液压马达，但由于变量叶片马达相对运动部件多、泄漏较大、容积效率低、机械特性软及调节不便等原因，一般叶片马达都是双作用式的定量液压马达。

2）结构特点

叶片马达是高速小转矩马达，其结构类似于双作用式叶片泵，属双作用定量式。叶片马达具有结构简单、尺寸紧凑、重量轻、运转平稳、噪声低、转矩脉动小、转子径向液压力平衡、轴承负荷小、可靠性好、寿命长、转动部分惯性小、回转跟随性好、启动和制动迅速及能承受频繁的正反转切换；叶片顶部磨损后能自动伸出补偿，保持与定子内表面的接触，一般不影响正常工作等一系列优点。由于以上特点，叶片马达在各种工业设备和车辆液压系统中都获得了广泛应用，其输出转矩范围一般在齿轮马达和柱塞马达之间，属中型液压马达。

叶片马达的缺点是：叶片顶端对定子内表面的摩擦磨损大；泄漏量较大，原因是泄漏环节较多，其泄漏量比柱塞马达大，比叶片泵大；加工精度要求高，对油液清洁度要求较高。

叶片马达虽然与叶片泵非常相似，但由于所完成的功能不同，仍然存在一些差异，主要区别在于：

（1）叶片马达必须有叶片压紧机构，使启动时叶片能紧贴定子内表面，形成密闭的工作容腔。

叶片马达不同于泵，要依靠压力油作用在分隔高、低压腔的叶片上才能产生回转运动，而在未启动回转之前又不可能有离心力将叶片甩出，所以必须依靠压紧机构将叶片从转子槽中顶出贴紧定子内表面，形成密闭的压力容腔。否则即使液压油进入马达，由于进、出油腔之间没有密封分隔，也不可能建立压力推动叶片、转子旋转，而只能从出口直接流回油箱，马达将永远不能启动。

（2）叶片泵只需单方向旋转，叶片马达常需正、反向旋转，为此对马达有以下要求：

① 在壳体上设有单独的泄漏口。由于泵只沿规定方向单向旋转，吸油口恒为低压，所以定量泵常将内泄漏油在泵内引回吸油腔。马达反转时进、出油口要对换，原来低压的回油腔将变为高压的进油腔，故不能将泄漏油引到回油腔，而必须从泄漏口引出，经外部配管流回油箱。

② 叶片一律沿转子半径方向放置，叶片顶端形状左右对称。

③ 进、出油口大小相同。

3. 柱塞马达

1）轴向柱塞马达

图 5-5 所示为轴向柱塞马达的工作原理。斜盘 1 和配油盘 4 固定不动，柱塞 2 可在缸体 3 的孔内移动，斜盘中心线与缸体中心线相交一个倾角 β。高压油经配油盘的窗口进入缸体的柱塞孔时，处在高压腔中的柱塞被顶出，压在斜盘上，斜盘对柱塞的反作用力 F 可分解为两个分力，轴向分力 F_x 与作用在柱塞上的液压力平衡，垂直分力 F_y 使缸体产生转矩，带动马达轴 5 转动。

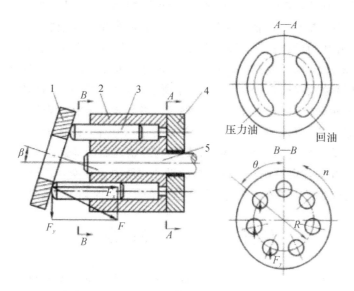

1—斜盘;2—柱塞;3—缸体;4—配油盘;5—马达轴

图 5-5 轴向柱塞马达工作原理

2）多作用内曲线液压马达

用具有特殊曲线的凸轮环,使每个柱塞在缸体每转一转时作多次往复运动的径向柱塞液压马达,称为多作用内曲线径向柱塞液压马达（简称内曲线液压马达）。多作用内曲线液压马达的结构形式很多,就使用方式而言,有轴转、壳转与直接装在车轮的轮毂中的车轮式液压马达等形式。而从内部的结构来看,根据不同的传力方式和柱塞部件的结构可有多种形式,但液压马达的主要工作过程是相同的。

图 5-6 所示为多作用内曲线径向柱塞液压马达的结构。凸轮环 1 作为导轨由完全相同的 X 段（图中 $X=6$）曲线组成,每段曲线都由对称的进油和回油区段组成。缸体中有 Z（图中

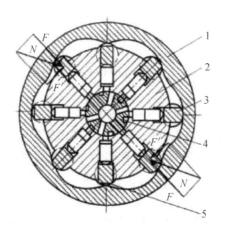

1—凸轮环;2—缸体;3—横梁;4—配流轴;5—滚轮

图 5-6 多作用内曲线径向柱塞液压马达结构图

$Z=8$)个均布的柱塞缸孔，其底部与配流轴 4 的配流窗口相通。配流轴有 $2X$ 个配流窗口，X 个窗口与高压油接通，对应导轨曲线进油区段，另外 X 个窗口对应曲线的回油区段并与回油路接通。工作时，在压力油作用下，滚轮 5 压向导轨，力 N 为导轨曲面对滚轮的反作用力，其径向分力 F 与液压力平衡，切向分力 F' 通过横梁 3 传递给缸体 2，形成驱动外负载的转矩。当马达进、出油路换向时，马达反转。图中所示滚轮反作用力 N 的切向分力 F' 通过横梁传递给缸体，称为横梁传力马达；若切向力通过柱塞传递给缸体，则称为柱塞传力马达；若切向力由同一横梁上的另两个滚轮通过导向侧板传递给缸体，则称为滚轮传力马达。如果通过柱塞球窝中的钢球与导轨相互作用传力，则称为球塞内曲线马达。

多作用内曲线径向柱塞液压马达的转矩脉动小，径向力平衡，启动转矩大，并能在低速下稳定地运转，普遍应用于工程、建筑、起重运输、煤矿及船舶等机械中。

任务二　液压缸分析

液压缸与液压马达均属于液压系统中的执行元件。从能量转换的角度看，它们都是将液压能转变为机械能的一种能量转换装置。区别在于：液压马达是将液压能变成连续回转的机械能，实现旋转运动；而液压缸则是将液压能变成直线往复运动或摆动的机械能，实现往复直线运动。

根据结构特点分类，液压缸可分为活塞式、柱塞式和摆动式三种类型。活塞式液压缸和柱塞式液压缸实现往复直线运动，输出推力或拉力和直线运动速度；摆动缸则能实现小于 $360°$ 的往复摆动，输出角速度（转速）和转矩。

液压缸按其作用方式分为单作用式和双作用式两大类。单作用式液压缸只利用液压力推动活塞向一个方向运动，而反向运动则依靠重力或弹簧力等外力实现。双作用式液压缸的正、反两个方向的运动都依靠液压力来实现。单作用式液压缸广泛应用于各种工程机械中，而双作用式液压缸在机床的液压系统中采用较多。

一、液压缸的类型和特点

1. 活塞式液压缸

活塞式液压缸可分为双杆式和单杆式两种结构，其固定方式有缸体固定和活塞杆固定两种。

1) 双杆活塞缸

图 5-7 所示为双杆活塞式液压缸的原理图。活塞两侧均装有活塞杆。当两活塞杆直径相同，供油压力和流量不变时，活塞（或缸体）在两个方向的运动速度和推力也都相等，即

$$v = \frac{q}{A} = \frac{4q}{\pi(D^2 - d^2)} \tag{5-8}$$

$$F = (p_1 - p_2)A = \frac{\pi}{4}(D^2 - d^2)(p_1 - p_2) \tag{5-9}$$

式中：v 为活塞（或缸体）的运动速度；q 为输入液压缸的流量；A 为液压缸的有效工作面积；D 为活塞直径；d 为活塞杆直径；F 为活塞（或缸体）上的液压推力；p_1 为液压缸的进油压力；p_2 为液压缸的回油压力。

这种两个方向等速、等力的特性使双杆活塞式液压缸特别适合应用于双向负载基本相等而又要求往复运动速度相同的场合，如平面磨床液压系统。

图 5-7(a)所示为缸体固定方式。缸体固定时，液压缸上某一点的运动行程约等于活塞有效行程的三倍，一般用于中、小型设备。图 5-7(b)所示为活塞杆固定方式。活塞杆固定时，液压缸上某一点的运动行程约等于缸体有效行程的两倍，常用于大、中型设备。

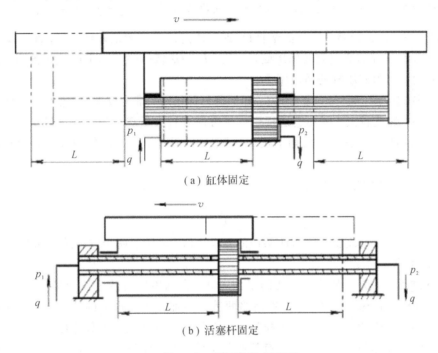

（a）缸体固定

（b）活塞杆固定

图 5-7　双杆活塞式液压缸

2）单杆活塞缸

图 5-8 所示为双作用单杆活塞式液压缸，缸体固定。它只在活塞的一侧装有活塞杆，因而两腔有效作用面积不同，当向缸的两腔分别供油，供油压力和流量不变时，活塞在两个方向的运动速度和输出推力皆不相等。

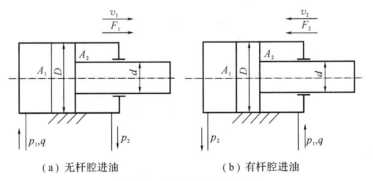

（a）无杆腔进油　　　　　　　（b）有杆腔进油

图 5-8　单杆活塞式液压缸

无杆腔进油时（见图 5-8(a)），有杆腔回油。设活塞的运动速度为 v_1，推力为 F_1，则有

$$v_1 = \frac{q}{A_1} = \frac{4q}{\pi D^2} \tag{5-10}$$

$$F_1 = p_1 A_1 - p_2 A_2 = \frac{\pi}{4} D^2 p_1 - \frac{\pi}{4}(D^2 - d^2) p_2 = \frac{\pi}{4} D^2 (p_1 - p_2) + \frac{\pi}{4} d^2 p_2 \quad (5-11)$$

有杆腔进油时(见图 5-8(b)),无杆腔回油。设活塞的运动速度为 v_2,推力为 F_2,则有

$$v_2 = \frac{q}{A_2} = \frac{4q}{\pi(D^2 - d^2)} \quad (5-12)$$

$$F_2 = p_1 A_2 - p_2 A_1 = \frac{\pi}{4}(D^2 - d^2) p_1 - \frac{\pi}{4} D^2 p_2 = \frac{\pi}{4} D^2 (p_1 - p_2) - \frac{\pi}{4} d^2 p_1 \quad (5-13)$$

式中:q 为输入液压缸的流量;D 为活塞直径(即缸体内径);d 为活塞杆直径;A_1、A_2 分别为液压缸无杆腔和有杆腔的活塞有效作用面积;F_1、F_2 为活塞(或缸体)上的液压推力;p_1 为液压缸的进油压力;p_2 为液压缸的回油压力。

比较上述各式可知,$v_1 < v_2$,$F_1 > F_2$。即活塞杆伸出时,推力较大,速度较小;活塞杆缩回时,推力较小,速度较大。因而它适用于一个方向有较大负载但运行速度较低,另一方向为空载快速退回的场合。各种金属切削机床、压力机、注塑机、起重机的液压系统常用单杆活塞缸。

液压缸往复运动时的速度比为

$$\lambda_v = \frac{v_2}{v_1} = \frac{D^2}{D^2 - d^2} \quad (5-14)$$

上式表明,可以通过改变活塞与活塞杆的直径比值,来满足两个方向的不同速度要求。

3) 单杆活塞缸差动连接

单杆活塞缸还有另外一种非常重要的工作方式,即两腔同时通入压力油,如图 5-9 所示,这种油路连接方式称为差动连接。在忽略两腔连通油路压力损失的情况下,差动连接时液压缸两腔的油液压力相等。但由于无杆腔受力面积大于有杆腔,活塞向右的作用力大于向左的作用力,活塞杆作伸出运动,并将有杆腔的油液挤出,流进无杆腔,加快了活塞杆的伸出速度。

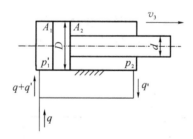

图 5-9　单杆活塞缸差动连接

差动连接时,有杆腔排出流量 $q' = v_3 A_2$,进入无杆腔,则有

$$v_3 A_1 = q + v_3 A_2$$

故活塞杆的伸出速度 v_3 为

$$v_3 = \frac{q}{A_1 - A_2} = \frac{4q}{\pi d^2} \quad (5-15)$$

差动连接时,$p_2 \approx p_1$,活塞推力为 F_3,故

$$F_3 = p_1 A_1 - p_2 A_2 \approx \frac{\pi}{4} D^2 p_1 - \frac{\pi}{4}(D^2 - d^2) p_1 = \frac{\pi}{4} d^2 p_1 \quad (5-16)$$

由式(5-15)和式(5-16)可知,差动连接时实际起作用的有效面积是活塞杆的横截面积。若要使活塞往、返速度相等,即 $v_3=v_2$,则 $D=\sqrt{2}\,d_2$。

与非差动连接无杆腔进油工况相比,在输入油液压力和流量相同的条件下,活塞杆伸出速度较大而推力较小。利用差动连接,可以在不加大油源流量的情况下得到较快的运动速度。这种连接方式被广泛应用于组合机床的液压动力滑台和其他机械设备的快速运动中。

单杆缸与双杆活塞缸一样,也有两种固定方式。两种固定方式下,往复运动范围均约为有效行程的两倍,其结构紧凑,应用广泛。

2. 柱塞式液压缸

柱塞缸是单作用液压缸,其工作原理如图5-10(a)所示。柱塞与工作部件连接,缸筒固定在机体上(也可以改变固定方式,使柱塞固定,缸筒带动工作部件运动)。油液进入缸筒,推动柱塞向右运动,但反方向时必须依靠其他外力或自重驱动。为了得到双向运动,柱塞缸常成对、反向地布置使用,如图5-10(b)所示。当柱塞直径为 d,输入液压油的流量为 q,压力为 p 时,其产生的速度 v 和推力 F 为

$$v=\frac{q}{A}=\frac{4q}{\pi d^2} \tag{5-17}$$

$$F=pA=\frac{\pi}{4}pd^2 \tag{5-18}$$

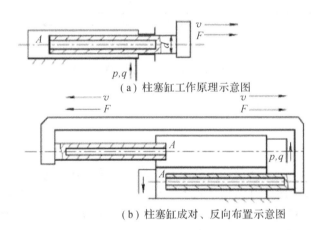

(a) 柱塞缸工作原理示意图

(b) 柱塞缸成对、反向布置示意图

图5-10　柱塞式液压缸

柱塞工作时恒受挤压,为保证压杆的稳定,柱塞必须有足够的刚度,故一般柱塞较粗,重量较大,水平安装时易产生单边磨损,故柱塞缸适宜于垂直安装使用。水平安装使用时,为减轻重量,有时制成空心柱塞。

柱塞缸最大的特点是柱塞不与缸筒接触,运动时靠缸盖上的导向套来导向,因而对缸筒内壁的精度要求很低,甚至可以不加工,工艺性好,成本低,特别适用于行程较长的场合,如龙门刨床、导轨磨床、大型拉床等。

3. 摆动缸

摆动缸也称摆动液压马达,它有单叶片和双叶片两种结构形式,如图5-11所示。结构中定子块1固定在缸体4上,叶片2与摆动轴3连为一体。当两油口交替通入压力油时,在

叶片的带动下，它的主轴能输出小于 360° 的摆动运动。

图 5-11(a) 所示为单叶片式摆动缸，它的摆动角度较大，可达 300°。当摆动缸进、出油口油液压力为 p_1 和 p_2，输入流量为 q 时，它的输出转矩 T 和角速度 ω 各为

$$T = b \int_{R_1}^{R_2} (p_1 - p_2) r \mathrm{d}r = \frac{b}{2} (R_2^2 - R_1^2)(p_1 - p_2) \tag{5-19}$$

$$\omega = 2\pi n = \frac{2q}{b(R_2^2 - R_1^2)} \tag{5-20}$$

式中：b 为叶片的宽度，R_1、R_2 分别为叶片底部、顶部的回转半径。

图 5-11(b) 所示为双叶片式摆动缸，它的摆动角度较小，可达 150°，它的输出转矩是单叶片式的两倍，而角速度则是单叶片式的一半。

摆动缸常用于工夹具的夹紧装置、送料装置、转位装置及需要周期性进给的系统。

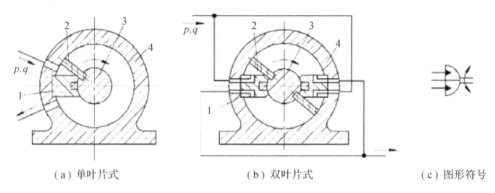

　　　(a) 单叶片式　　　　　　　　(b) 双叶片式　　　　　　　(c) 图形符号

1—定子块；2—叶片；3—摆动轴；4—缸体

图 5-11　摆动缸

4. 组合式液压缸

1) 伸缩缸

伸缩缸又称多级缸，它由两级或多级活塞缸套装而成，前一级活塞缸的活塞是后一级活塞缸的缸筒。图 5-12 所示为其结构示意图。工作时外伸动作逐级进行，首先是最大直径的缸筒外伸，当其达到行程终点的时候，稍小直径的缸筒开始外伸，这样各级缸筒依次外伸。由于有效工作面积逐次减小，因此，当输入流量相同时，外伸速度逐次增大；当负载恒定时，液压缸的工作压力逐次增高。空载缩回的顺序一般是从小活塞到大活塞，收缩后液压缸总长度较短，结构紧凑，适用于安装空间受到限制而行程要求很长的场合。例如起重机伸缩臂液压缸、自卸汽车举升液压缸等。

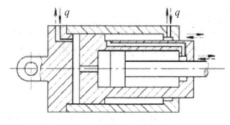

图 5-12　伸缩缸

2）齿条活塞缸

齿条活塞缸又称无杆式液压缸，它由带有齿条杆的双活塞缸和齿轮齿条机构所组成，如图 5-13 所示。活塞的往复移动经齿轮齿条机构转换成齿轮轴的周期性往复转动。它多用于自动生产线、组合机床等的转位或分度机构中。

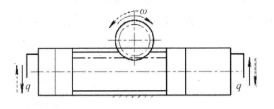

图 5-13　齿条活塞缸

二、液压缸的典型结构和组件

1. 液压缸的典型结构

图 5-14 所示为双杆活塞缸的典型结构。它由缸筒 7，前、后缸盖 3，前、后压盖 11，前、后导向套 4，活塞 5，活塞杆 1、10，两套 V 形密封圈 9 及 O 形密封圈 8 等主要部分组成。

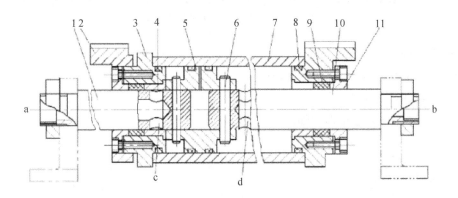

1、10—活塞杆；2—托架；3—缸盖；4—导向套；5—活塞；6—销；
7—缸筒；8—O 形密封圈；9—V 形密封圈；11—压盖
图 5-14　双杆活塞缸的典型结构

该液压缸活塞杆固定，缸筒运动。当压力油从 b、d 孔进入缸筒右腔时，缸筒向右运动，左腔油液从 c、a 孔排出；反之，缸筒向左运动。由于孔 c、d 与活塞端面保持一定距离，当缸移动到两头时，两孔通流口逐渐减少，起到节流缓冲的作用。缸盖 3 上设有排气孔（图中未示出）。

为了防止泄漏，该液压缸在活塞与缸筒接触处采用 O 形密封圈进行密封；在活塞杆和导向套的接触处安装了两套 V 形密封圈进行密封。

图 5-15 所示为单杆活塞缸的典型结构。它主要由缸筒 3，活塞 2，活塞杆 8，前、后缸盖 1、4，导向套 6，拉杆 7 等组成。当压力油从 a 孔或 b 孔进入缸筒 3 时，可使活塞实现往复运

动,并利用设在缸两端的缓冲及排气装置,减少冲击和振动。为了防止泄漏,在缸筒与活塞、活塞杆与导向套以及缸筒与缸盖等处均安装了密封圈,并利用拉杆将缸筒、缸盖等连接在一起。

归结起来,液压缸由缸体组件(缸筒、端盖等)、活塞组件(活塞、活塞杆等)、密封件和连接件等基本部分组成。此外,一般液压缸还设有缓冲装置和排气装置。在进行液压缸设计时应根据工作压力、运动速度、工作条件、加工工艺及装拆检修等方面的要求综合考虑缸的各部分结构。

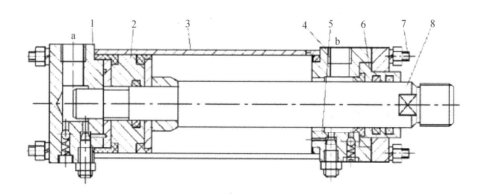

1、4—缸盖;2—活塞;3—缸筒;5—缓冲及排气装置;6—导向套;7—拉杆;8—活塞杆

图 5-15 单杆活塞缸的典型结构

2. 缸体组件

缸体组件包括缸筒、端盖及其连接件。

1) 缸体组件的连接形式

常见的缸体组件的连接形式如图 5-16 所示。

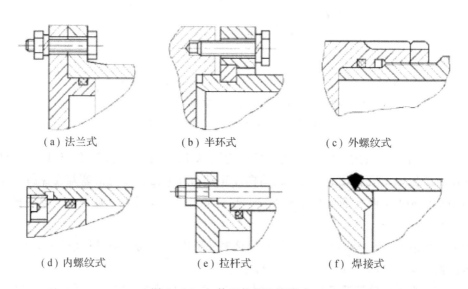

(a) 法兰式　　　　　(b) 半环式　　　　　(c) 外螺纹式

(d) 内螺纹式　　　　(e) 拉杆式　　　　　(f) 焊接式

图 5-16 缸体组件的连接形式

法兰式结构简单，加工和装拆都很方便，连接可靠。缸筒端部一般用铸造、镦粗或焊接方式制成粗大的外径，用以安装螺栓或旋入螺钉。其径向尺寸和重量都较大。大、中型液压缸大部分采用此种结构。

螺纹式连接有外螺纹连接和内螺纹连接两种。其特点是重量轻，外径小，结构紧凑，但缸筒端部结构复杂，外径加工时要求保证内外径同轴，装卸需专用工具，旋转端盖时易损坏密封圈，一般用于小型液压缸。

半环式连接分外半环连接和内半环连接两种。半环连接工艺性好，连接可靠，结构紧凑，装拆较方便，半环槽对缸筒强度有所削弱，需加厚筒壁，常用于无缝钢管缸筒与端盖的连接。

拉杆式连接结构通用性好，缸筒加工方便，装拆方便，但端盖的体积较大，重量也较大，拉杆受力后会拉伸变形，影响端部密封效果，只适用于长度不大的中、低压缸。

焊接式连接外形尺寸较小，结构简单，但焊接时易引起缸筒变形，主要用于柱塞式液压缸。

2）缸筒、端盖和导向套

缸筒是液压缸的主体，它与端盖、活塞等零件构成密闭的容腔，承受油压，因此要有足够的强度和刚度，以便抵抗油液压力和其他外力的作用。缸筒内孔一般采用膛削、铰孔、滚压或珩磨等精密加工工艺制造，要求表面粗糙度 R_a 值为 $0.1 \sim 0.4 \, \mu m$，以使活塞及其密封件、支承件能顺利滑动和保证密封效果，减少磨损。为了防止腐蚀，缸筒内表面有时需镀铬。

端盖装在缸筒两端，与缸筒形成密闭容腔，同样承受很大的液压力，因此它们及其连接部件都应有足够的强度。设计时既要考虑强度，又要选择工艺性较好的结构形式。

导向套对活塞杆或柱塞起导向和支承作用。有些液压缸不设导向套，直接用端盖孔导向，这种结构简单，但磨损后必须更换端盖。缸筒、端盖和导向套的材料选择和技术要求可参考有关手册。

3. 活塞组件

活塞组件由活塞、活塞杆和连接件等组成。随工作压力、安装方式和工作条件的不同活塞组件有多种连接形式。

1）活塞组件的连接形式

活塞与活塞杆的连接形式如图 5-17 所示。

整体式连接（图 5-17（a））和焊接式连接（图 5-17（b））结构简单，轴向尺寸紧凑，但损坏后需整体更换。锥销式连接（图 5-17（c））加工容易，装配简单，但承载能力小，且需要必要的防止脱落措施。螺纹式连接（图 5-17（d））结构简单，装拆方便，但一般需备有螺母防松装置。半环式连接（图 5-17（e））强度高，但结构复杂。

在轻载情况下可以用锥销式连接；一般情况下使用螺纹式连接；高压和振动较大时多用半环式连接；对活塞和活塞杆直径比值 D/d 较小、行程较短或尺寸不大的液压缸，其活塞与活塞杆可采用整体式或焊接式连接。

2）活塞和活塞杆

活塞受油压的作用在缸筒内作往复运动，因此，活塞必须具备一定的强度和良好的耐磨性。活塞一般用铸铁制造。活塞的结构通常分为整体式和组合式两类。

活塞杆是连接活塞和工作部件的传力零件，它必须具有足够的强度和刚度。活塞杆无论是实心的还是空心的，通常都用钢料制造。活塞杆在导向套内往复运动，其外圆表面应当耐磨并有防锈能力，故活塞杆外圆表面有时需镀铬。活塞和活塞杆的技术要求可参考有关手册。

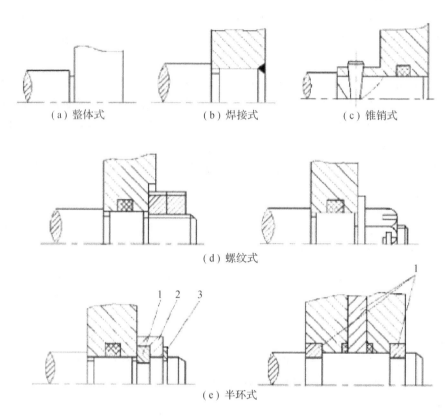

（a）整体式　　　　　（b）焊接式　　　　　（c）锥销式

（d）螺纹式

（e）半环式

1—半环；2—轴套；3—弹簧圈

图 5 - 17　活塞与活塞杆的连接形式

4. 密封装置

　　液压缸的密封装置用以防止油液的泄漏（液压缸一般不允许外泄，并要求内泄漏尽可能小）。密封装置设计的好坏对于液压缸的静、动态性能有着重要的影响。一般要求密封装置应具有良好的密封性、尽可能长的寿命，要制造简单，拆装方便，成本低。液压缸的密封主要指活塞、活塞杆处的动密封和缸盖等处的静密封，如图 5 - 14 中的 O 形密封圈和 V 形密封圈，以及组合式密封装置。有关密封装置的内容详见项目七的任务五。

5. 缓冲装置

　　当液压缸拖动质量较大的部件作快速往复运动时，运动部件具有很大的动能，这样，当活塞运动到液压缸的终端时，会与端盖发生机械碰撞，产生很大的冲击和噪声，引起液压缸的损坏。故一般应在液压缸内设置缓冲装置，或在液压系统中设置缓冲回路。

　　缓冲的一般原理是：当活塞快速运动到接近缸盖时，通过节流的方法增大回油阻力，使液压缸的排油腔产生足够的缓冲压力，活塞因运动受阻而减速，从而避免与缸盖快速相撞。常见的缓冲装置如图 5 - 18 所示。

1）圆柱形环隙式缓冲装置

圆柱形环隙式缓冲装置如图 5 - 18(a)所示。当缓冲柱塞 A 进入缸盖上的内孔时，缸盖和活塞间形成环形缓冲油腔 B，被封闭的油液只能经环形间隙 δ 排出，产生缓冲压力，从而实现减速缓冲。这种装置在缓冲过程中，由于回油通道的节流面积不变，因而缓冲开始时产生的缓冲制动力很大，其缓冲效果较差，液压冲击较大，且实现减速需较长行程。但这种装置结构简单，便于设计和降低成本，所以在一般系列化的成品液压缸中常采用这种缓冲装置。

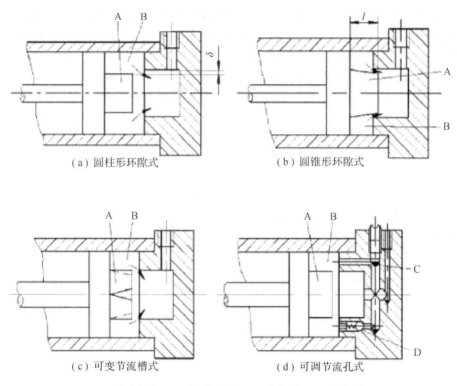

（a）圆柱形环隙式　　　　　　（b）圆锥形环隙式

（c）可变节流槽式　　　　　　（d）可调节流孔式

A—缓冲柱塞；B—缓冲油腔；C—节流阀；D—单向阀

图 5 - 18　液压缸的缓冲装置

2）圆锥形环隙式缓冲装置

圆锥形环隙式缓冲装置如图 5 - 18(b)所示。由于缓冲柱塞 A 为圆锥形，因此缓冲环形间隙 δ 随位移量不同而改变，即节流面积随缓冲行程的增大而缩小，使机械能的吸收较均匀，其缓冲效果较好，但仍有液压冲击。

3）可变节流槽式缓冲装置

可变节流槽式缓冲装置如图 5 - 18(c)所示。在缓冲柱塞 A 上开有三角节流沟槽，节流面积随着缓冲行程的增大而逐渐减小，其缓冲压力变化较平缓。

4）可调节流孔式缓冲装置

可调节流孔式缓冲装置如图 5 - 18(d)所示。当缓冲柱塞 A 进入到缸盖内孔时，回油口被柱塞堵住，只能通过节流阀 C 回油，调节节流阀的开度可以控制回油量，从而控制活塞的缓冲速度。当活塞反向运动时，压力油通过单向阀 D 很快进入液压缸内，并作用在活塞的整个有效面积上,故活塞不会因推力不足而产生启动缓慢现象。这种缓冲装置可以根据负载情况调整节流阀开度的大小,改变缓冲压力的大小,因此适用范围较广。

6. 排气装置

液压系统往往会混入空气,使系统工作不稳定,产生振动、噪声及工作部件爬行和前冲等现象,严重时会使系统不能正常工作,因此设计液压缸时必须考虑排除空气。

在液压系统安装时或停止工作后又重新启动时,必须把液压系统中的空气排出去。对于要求不高的液压缸往往不设专门的排气装置,而是将油口布置在缸筒两端的最高处,通过回油使缸内的空气排往油箱,再从油面逸出。对于速度稳定性要求较高的液压缸或大型液压缸,常在液压缸两侧的最高位置处(该处往往是空气聚积的地方)设置专门的排气装置。常用的排气装置有两种形式,如图 5-19 所示。一种是在液压缸的最高部位处开排气孔 2(见图 5-19(a)),用长管道通向远处的排气阀排气,机床上大多采用这种形式。另一种是在液压缸的最高部位直接安装排气阀(见图 5-19(b)、(c))。在液压系统正式工作前,松开排气阀螺钉后,让液压缸全行程空载往复运动若干次,带有气泡的油液就会排出。然后再拧紧排气阀螺钉,液压缸便可正常工作。

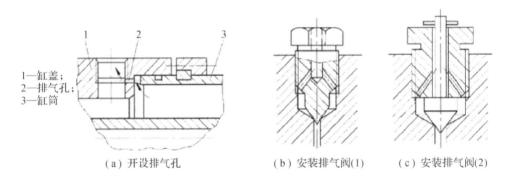

1—缸盖;
2—排气孔;
3—缸筒

（a）开设排气孔　　　　（b）安装排气阀(1)　　　　（c）安装排气阀(2)

图 5-19　液压缸的排气结构

任务三　液压缸的设计

液压缸是液压系统的执行元件,因此在设计液压缸之前,必须对整个系统进行工况分析,然后根据使用要求选择结构类型;按负载情况、运动要求、最大行程等确定其主要工作尺寸,进行必要的强度、稳定性和缓冲验算;最后再进行结构设计。

一、液压缸设计中应注意的问题

不同的液压缸有不同的设计内容和要求,一般在设计液压缸时应注意以下问题:

(1) 尽量使液压缸的活塞杆在受拉状态下承受最大负载,若是受压状态,应具有良好的纵向稳定性。

(2) 根据实际工况,考虑液压缸行程终了处的制动问题和液压缸的排气问题。

(3) 根据主机的工作要求和结构设计要求,正确选择液压缸的安装和固定方式。但考虑到液压缸的热胀冷缩,液压缸只能一端定位。

（4）液压缸各部分的结构需根据推荐的结构形式和设计标准进行设计，尽可能做到结构简单、紧凑，加工、装配和维修方便。

二、液压缸主要尺寸的计算

液压缸的主要几何尺寸包括液压缸内径 D、活塞杆直径 d 和液压缸缸筒长度 L。

1. 液压缸内径 D

液压缸内径 D 根据最大总负载和选取的工作压力来确定。一般液压缸设计中，常初步选取回油压力为 0，则对单杆缸而言，无杆腔进油时：

$$D = \sqrt{\frac{4F_1}{\pi p_1}} \qquad (5-21)$$

有杆腔进油时：

$$D = \sqrt{\frac{4F_1}{\pi p_1} + d^2} \qquad (5-22)$$

式中各符号含义同前。计算所得的液压缸内径 D（即活塞直径）应圆整为标准系列值（可查液压设计手册）。

2. 活塞杆直径 d

活塞杆直径 d 可根据工作压力或设备类型选取，见表 5-1 和表 5-2。当液压缸的往复速度比 λ_v 有一定要求时：

$$d = D\sqrt{\frac{\lambda_v - 1}{\lambda_v}} \qquad (5-23)$$

推荐液压缸的往复速度比如表 5-3 所示。

表 5-1　液压缸工作压力与活塞杆直径

液压缸工作压力 p/MPa	$\leqslant 5$	$5\sim7$	>7
推荐活塞杆直径 d	$(0.5\sim0.55)D$	$(0.6\sim0.7)D$	$0.7D$

表 5-2　设备类型与活塞杆直径

设备类型	磨床、珩磨及研磨机	插拉刨床	钻、镗、车、铣床
活塞杆直径 d	$(0.2\sim0.3)D$	$0.5D$	$0.7D$

表 5-3　液压缸往复速度比推荐值

工作压力 p/MPa	$\leqslant 10$	$12.5\sim20$	>20
往复速度比 λ_v	1.33	1.46	2

计算所得的活塞杆直径 d 亦应圆整为标准系列值（可查液压设计手册）。

3. 液压缸缸筒长度

液压缸的缸筒长度 L 由液压缸最大工作行程、活塞宽度、活塞杆导向套长度、活塞杆密封长度和特殊要求的其他长度确定。其中，活塞宽度 $B=(0.6\sim1.0)D$；导向套长度在 $D<80$ mm 时，$C=(0.6\sim1.0)D$，在 $D>80$ mm 时，$C=(0.6\sim1.0)d$。为减小加工难度，一般液压缸缸筒长度不应超过其内径的 20 倍。

任务四　液压缸的安装、调整及常见故障排除

液压缸是液压传动系统中的执行元件，正确的安装、调整和维护才能完全发挥它最佳的性能。

一、液压缸的安装

对于底脚形大直径、大行程的液压缸，安装时可在液压缸的一个底脚的两侧安装止推块，由止推块承受活塞杆伸缩时产生的载荷。对行程达 2000～2500 mm 以上的大直径、大行程液压缸，应在液压缸体上设置中间支承，在活塞杆伸出端设置活动支承台，防止缸体和活塞杆变形。对于法兰形液压缸，安装时安装螺栓仅起紧固作用，不能直接承受载荷，要让载荷作用在支承座上。对于大直径、大行程液压缸水平安装的情况，需设置支承块、托架来承受液压缸的质量。对于环形液压缸，由于液压缸是以耳轴为支点，在与耳轴垂直的平面内摆动的同时也作往复直线运动，安装时活塞杆顶端连接头的轴线方向必须与耳轴的轴线方向一致。

二、液压缸的调整

1. 排气装置的调整

排气装置一般的调整方法是：先将工作压力降低到 0.5～1 MPa，以便于原来溶解在油中的空气分离出来，然后，在使活塞交替运动的同时，一手用纱布盖住空气的喷出口，另一手开、闭排气阀（塞）。当活塞到达右边的行程末端，在压力升高的瞬间，应打开右腔的排气阀（塞），而在向左行程开始前的瞬间，应关闭右腔的排气阀（塞）。这样反复几次，就能将液压缸右腔的空气排除干净，然后可用相应的办法排除左腔的空气。

2. 缓冲装置的调整

在液压装置作运转试验时，如要用缓冲液压缸，就需要调整缓冲调节阀。先把缓冲调节放在流量较小的位置，然后渐渐地增大节流口，直到满意为止。对于连续顺序动作的回路，对循环时间有特别要求时，应预先对设计参数进行充分考虑，并在运转试验中调整到符合要求。

三、液压缸的维护

液压缸的一般维护是指及时更换密封元件、防尘元件，排除油管接头处的漏油及消除连接部位螺纹的松动现象等。根据使用条件，定期检查液压缸，详细记录检查结果。

常用密封元件的安装注意事项如下：

（1）密封元件安装时所通过的轴端、孔端必须有倒棱式修圆及引入导角。

（2）密封元件安装时要通过外螺纹和退刀槽时，应用金属导套。

（3）在密封元件安装通过部位涂润滑脂或工作油。

（4）注意密封元件的安装方向，分清是孔用还是轴用。

四、液压缸常见故障分析与排除

液压缸的故障有很多种，在实际使用中经常出现的故障主要表现为推力不足或动作失灵，出现爬行、泄漏、液压冲击以及振动等。这些故障有时单个出现，有时会几种现象同时出现。液压缸常见故障与排除方法如表 5－4 所示。

表 5－4　液压缸常见故障与排除方法

故障现象	具体现象及产生原因	排除方法
爬行	（1）液压缸两端爬行并伴有噪声，压力表显示值正常或稍偏低； 原因：缸内及管道存有空气。 （2）液压缸爬行逐渐加重，压力表显示值偏低，油箱无气泡或少许气泡； 原因：液压缸某处形成负压吸气。 （3）液压缸两端爬行现象逐渐加重，压力表显示值偏高； 原因：活塞与活塞杆不同心。 （4）液压缸爬行部位规律性很强，运动部件伴有抖动，导向装置表面发白，压力表显示值偏高； 原因：导轨或滑块夹得太紧或导轨与缸的平行度误差过大。 （5）液压缸爬行部位规律性很强，压力表显示值时高时低； 原因：液压缸内壁或活塞表面拉伤，局部磨损严重或腐蚀	（1）设置排气装置； （2）找出形成负压处，加以密封并排气； （3）将活塞组件装在 V 型块上校正，同轴度误差应小于 0.04 mm，如需则更换新活塞； （4）调整导轨或滑块的压紧条的松紧度，既要保证运动部件的精度，又要保证滑行阻力小。若调整无效，应检查缸与导轨的平行度，并修刮接触面加以校正； （5）镗缸的内孔，重配活塞
推力不足，速度下降，工作不稳定	（1）液压缸内泄漏严重； （2）液压缸工作段磨损不均匀，造成局部形状误差过大，致使局部区域高、低压腔密封性变差而内泄； （3）活塞杆密封圈压得太紧或活塞杆弯曲； （4）油液污染严重，污物进入滑动部位； （5）油温过高，黏度降低，致使泄漏增加	（1）更换密封圈。如果活塞与缸内孔的间隙由于磨损而变大，可加装密封圈或更换活塞； （2）镗磨、修复缸内孔，新配活塞； （3）调整活塞杆密封圈压紧度，以不漏油为准；校直活塞杆； （4）更换油液； （5）检查油温升高的原因，采取散热和冷却措施

续表

故障现象	具体现象及产生原因	排除方法
泄漏	(1) 密封圈密封不严； (2) 由于排气不良，使气体绝热压缩造成局部高温而损坏密封圈； (3) 活塞与缸筒安装不同心或承受偏心载荷，使活塞倾斜或偏磨造成内泄； (4) 缸内孔加工或磨损造成形状精度差；	(1) 检查密封圈及接触面有无伤痕，加以更换或修复； (2) 增设排气装置，及时排气； (3) 检查缸筒与活塞的同轴度并修整对中； (4) 镗缸孔，重配活塞
噪声	(1) 滑动面的油膜破坏或压力过高，造成润滑不良，导致滑动金属表面有摩擦声响； (2) 滑动面的油膜破坏或密封圈的刮削过大，导致密封圈出现异常声响； (3) 活塞运行到液压缸端头时，特别是对于立式液压缸，会发生抖动和很大的噪声，是活塞下部空气绝热压缩所致	(1) 停车检查，防止滑动面的烧结，加强润滑； (2) 加强润滑，若密封圈刮削过大，用砂纸或纱布轻轻打磨唇边，或调整密封圈压紧度，以消除异常声响； (3) 将活塞慢慢运动，往复数次，每次均到顶端，以排除缸内气体，这样即可消除严重噪声并可防止密封圈烧伤

思 考 题

一、简答题

1. 液压执行元件分为哪两大类，它们的区别在哪里？
2. 活塞式、柱塞式和摆动式液压缸各有什么特点？
3. 什么是差动连接？它应用在什么场合？
4. 液压缸的哪些部位需要密封？
5. 如何排除液压缸中的空气？
6. 液压缸如何实现缓冲？
7. 液压马达的构造类型有哪几种？它们各有什么特点？
8. 液压马达和液压泵有哪些相同点和不同点？

二、填空题

1. 排气装置应设在液压缸的_____位置。
2. 在液压缸中，为了减少活塞在终端的冲击，应采取_____措施。
3. 柱塞缸只能实现_____运动。
4. 伸缩缸的活塞伸出顺序是_____。
5. 液压马达是将_____转换为_____的装置，可以实现连续的旋转运动。
6. 叶片马达一般用于_____、_____、_____的场合。

三、判断题

1. 液压缸的运动速度取决于压力和流量。　　　　　　　　　　　　　　　（　　）

2. 在差动液压缸中，若要使其往返速度相等，则活塞面积应为活塞杆面积的 2 倍。

　　　　　　　　　　　　　　　　　　　　　　　　　　　　　　　　（　　）

3. 当工作行程较长时，采用柱塞缸较合适。　　　　　　　　　　　　（　　）

4. 液压马达的实际输入流量小于理论流量。　　　　　　　　　　　　（　　）

四、计算题

1. 已知某液压马达的排量 $V = 250$ mL/ r，液压马达入口压力 $p_1 = 10.5$ MPa，出口压力 $p_2 = 1.0$ MPa，其总效率 $\eta_m = 0.9$，容积效率 $\eta_V = 0.92$。当输入流量 $q = 22$ L/min 时，试求液压马达的实际转速 n 和液压马达的输出转矩 T。

2. 已知单杆液压缸缸筒内径 $D = 100$ mm，活塞杆直径 $d = 50$ mm，工作压力 $p_1 = 2$ MPa，回油压力 $p_2 = 0.5$ MPa，流量 $q = 10$ L/min。试求活塞往返运动时的推力和速度。

3. 某一差动液压缸，要求：

（1）$v_{快进} = v_{快退}$；

（2）$v_{快进} = 2v_{快退}$。

求：活塞面积 A_1 和活塞杆面积 A_2 之比。

技 能 训 练

1. 熟悉常用液压马达与液压泵。

2. 根据工作条件来设计液压缸。

3. 液压缸的选用、拆卸、装配、调整及故障排除。

项目六　液压控制阀的分析、选用与故障排除

学习目标

知识目标：

1. 掌握液压控制阀的类型、要求、基本参数及特点。
2. 掌握方向控制阀的类型、结构、特点、图形符号及应用情况
3. 掌握压力控制阀的类型、结构、特点、图形符号及应用情况。
4. 掌握流量控制阀的类型、结构、特点、图形符号及应用情况。
5. 掌握新型液压控制阀如叠加阀、插装阀、比例阀和数字阀的类型、结构、特点及应用。
6. 掌握各型液压控制阀的选用与故障排除方法。

技能目标：

1. 能认识与分析常用液压控制阀。
2. 能根据工作情况正确选用液压控制阀。
3. 能对液压控制阀进行拆卸、装配、调整及常见故障排除。
4. 在完成上述任务的过程中，能够自觉遵守安全操作规范。

教学建议

教师在讲授基本知识后，将学生分组安排，在实验室完成以下四个工作任务：常用液压控制阀的认知与分析；方向控制阀的选用、拆卸、装配、调整及常见故障排除；压力控制阀的选用、拆卸、装配、调整及常见故障排除；流量控制阀的选用、拆卸、装配、调整及常见故障排除。工作任务完成后，由学生自评、学生互评、教师评价三部分汇总组成教学评价。

任务一　液压控制阀的类型与使用要求

液压控制阀是用来控制系统中油液流动方向、流量的大小和系统压力高低的元件，分为方向控制阀、压力控制阀和流量控制阀三大类。外形形状相同的阀，因为作用机制的不同，将具有不同的功能。液压控制阀能对执行元件的启动、停止、运动方向、速度及克服负载的能力和动作顺序进行调节、控制，使各类液压机械按要求协调地进行工作。液压控制阀决定了液压系统的工作过程和特性。

一、液压控制阀的类型

液压阀可按不同的特征进行分类，常用液压阀的种类如表 6-1 所示。

表 6 - 1 液压阀的分类

分类方法	种类	详细分类
按机能分类	压力控制阀	溢流阀、顺序阀、卸荷阀、平衡阀、减压阀、比例压力控制阀、缓冲阀、仪表截止阀、限压切断阀、压力继电器
	流量控制阀	节流阀、单向节流阀、调速阀、分流阀、集流阀、比例流量控制阀
	方向控制阀	单向阀、液控单向阀、换向阀、行程减速阀、充液阀、梭阀、比例方向阀
按结构分类	滑阀	圆柱滑阀、旋转阀、平板滑阀
	座阀	锥阀、球阀、喷嘴挡板阀
	射流管阀	射流阀
按操作方法分类	手动阀	手把及手轮、踏板、杠杆
	机动阀	挡块及碰块、弹簧、液压、气动
	电动阀	电磁铁控制、伺服电动机和步进电动机控制
按连接方式分类	管式连接	螺纹式连接、法兰式连接
	板式及叠加式连接	单层连接板式、双层连接板式、整体连接板式、叠加阀
	插装式连接	螺纹式插装(二、三、四通插装阀)、法兰式插装(二通插装阀)
按其他方式分类	开关或定值控制阀	压力控制阀、流量控制阀、方向控制阀
按控制方式分类	电液比例阀	电液比例压力阀、电源比例流量阀、电液比例换向阀、电流比例复合阀、电流比例多路阀、三级电液流量伺服阀
	伺服阀	单、两级(喷嘴挡板式、动圈式)电液流量伺服阀、三级电液流量伺服阀
	数字控制阀	数字控制压力控制流量阀与方向阀

二、对液压阀的基本要求

液压系统中所使用的液压阀均应满足以下基本要求:

(1) 动作灵敏,使用可靠,工作时冲击和振动小。

(2) 油液流过的压力损失小。

(3) 密封性能好。

(4) 结构紧凑,安装、调整、使用、维护方便,通用性强。

三、液压阀的基本参数和特点

为了适应不同应用场合的需要,液压阀的品种和规格远远超过其他液压元件,因此必须实现它的系列化、标准化及通用化,以利于组织生产,并便于应用。液压阀除了其工作参数——额定工作状态下的公称压力和公称流量(或公称通径)应符合国家标准外,它们的外部连接尺寸也应符合有关标准。液压阀在选购与使用时要依据以下几个基本参数:

(1)公称通径:液压阀进出油口的名义尺寸,用以表示阀规格的大小。

(2)公称压力:液压阀在额定工作状态下的名义压力。

(3)公称流量:液压阀在额定工作状态下通过的名义流量。

尽管各类液压控制阀的结构形式不同,功能也各有所异,但都具有一些相同的特点。首先,从阀的结构来看,所有的阀均由阀体、阀芯和控制装置(如弹簧、电磁铁等)三大部分组成。其次,从阀的工作原理来看,所有的阀都是利用阀芯和阀体的相对位移来改变通流面积,从而控制压力、流向和流量的。液压阀的开口大小、进出口间的压差以及通过阀的流量之间的关系都符合孔口流量特性公式,只是各种阀控制的参数各不相同而已。最后,各种阀都可以看作油路中的一个液阻,只要有液体流过,都会产生压降(有压力损失)和温度升高等现象。

由此可以看出,各类阀在本质上是相同的,仅是由于某个方面得到了特殊的发展,才演变出各种不同的阀。

任务二　方向控制阀的分析、选用与故障排除

方向控制阀就是用以控制液压系统中液压油流动的方向或液流的通断,从而控制执行元件的启动、停止或换向的元件。它分为单向阀和换向阀两类,如图 6-1 所示。

图 6-1　方向控制阀的类型

一、单向阀

液压系统中常用的单向阀有普通单向阀与液控单向阀两类。系统要求其正方向液流通过时压力损失小,反向截止时密封性能好。单向阀关闭较严,常在回路中起保压、锁紧和消除油路干扰等作用,也常与其他阀组成复合阀。

1. 普通单向阀

普通单向阀(简称单向阀)亦称止回阀或逆止阀,其作用是控制油液只能向一个方向流动,反向则不通。如图 6-2 所示,它由阀体 1、阀芯 2、弹簧 3 等零件组成。阀芯有锥阀式和钢球式之分。锥阀密封性好,应用广泛。单向阀根据安装连接方式不同有管式和板式之分。不管是哪种形式,其工作原理都相同。图 6-2(a)所示是一种管式普通单向阀的结构。压力油

从阀体左端的通口 P_1 流入时，克服弹簧 3 作用在阀芯 2 上的力，使阀芯向右移动，打开阀口，并通过阀芯 2 上的径向孔 a、轴向孔 b 从阀体右端的通口流出。但是压力油从阀体右端的通口 P_2 流入时，它和弹簧力一起使阀芯锥面压紧在阀座上，使阀口关闭，油液无法通过。图 6-2(b)所示是单向阀的图形符号。

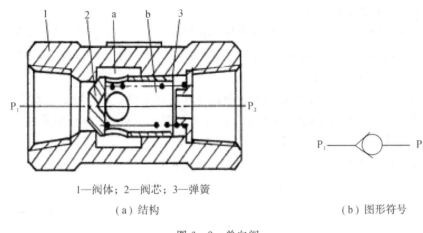

1—阀体；2—阀芯；3—弹簧

(a) 结构   (b) 图形符号

图 6-2 单向阀

2. 液控单向阀

液控单向阀是在普通单向阀上增加液控部分，根据需要来实现反向流动的单向阀。液控单向阀的结构如图 6-3(a)所示，当控制口 K 处无压力油通入时，它的工作机制和普通单向阀一样，压力油只能从通口 P_1 流向通口 P_2，不能反向倒流。当控制口 K 有控制压力油时，因控制活塞 1 右侧 a 腔通泄油口，活塞 1 右移，推动顶杆 2 顶开阀芯 3，使通口 P_1 和 P_2 接通，油液就可在两个方向自由通流。图 6-3(b)所示是液控单向阀的图形符号。

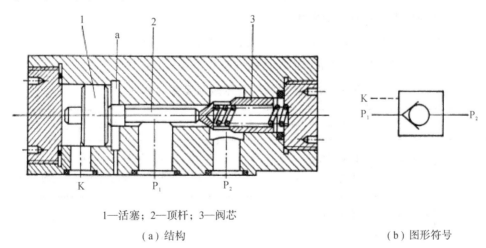

1—活塞；2—顶杆；3—阀芯

(a) 结构   (b) 图形符号

图 6-3 液控单向阀

3. 单向阀的应用、注意事项及应用示例

1) 单向阀的应用场合

(1) 实现油液的单向流动。对于普通单向阀，通油方向的阻力应尽可能小，而不通油方向应有良好的密封。另外，单向阀的动作应灵敏，工作时没有撞击和噪声。单向阀的弹簧仅用于克服阀芯运动时的摩擦阻力，使阀芯在阀座上就位，所以弹簧刚度一般都选得较小。阀的正向开启压力仅需 0.03～0.05 MPa。

（2）装在液压泵的出口处，防止系统中的液压冲击影响泵的工作，以及防止系统停止工作时，系统油液经泵倒流回油箱。

（3）改换刚度较大的弹簧，使阀的开启压力达到 0.2～0.6 MPa 后，作背压阀使用。

（4）用于分隔油路，防止油路间的相互干扰。单向阀和其他阀组合，可组成复合阀。

2）使用单向阀时的注意事项

（1）在选用单向阀时，除了根据需要合理选择开启压力外，还应特别注意工作流量与阀的额定流量相匹配，因为当通过单向阀的流量远小于额定流量时，单向阀有时会产生振动，流量越小、压力越高、油中含气越多，越容易产生振动。

（2）安装时要认清单向阀的进、出口方向，以免影响液压系统的正常工作。特别对于液压泵出口处安装的单向阀，若反向安装可能损坏液压泵及原动机。

3）液控单向阀应用示例

图 6-4 所示是采用液控单向阀组成的液压锁紧回路。当换向阀处于右位时，压力油经阀 1 进入液压缸的左腔，同时压力油亦可进入单向阀 2 的控制口 K，打开阀 2，使活塞右行，液压缸右腔压力油经阀 2 和换向阀流回油箱；反之活塞向左运动。当换向阀处于中位时，因阀的中位为 Y 型（H 型也行），所以阀 1 和阀 2 能立即关闭，活塞停止运动并双向锁紧。液控单向阀的阀芯一般为锥阀芯，密封性能好，常用于执行元件需长时间保压、锁紧的情况，也常用于立式液压缸停止运动时因自重而下滑以及速度换接回路中。

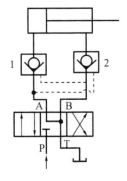

图 6-4　液压锁紧回路

4. 单向阀的常见故障及排除方法

单向阀的常见故障有产生噪声、泄漏、单向作用失灵、液控单向阀反向打不开等。产生这些故障的原因及排除方法如表 6-2 所示。

表 6-2　单向阀的常见故障及排除方法

故障现象	产 生 原 因	排 除 方 法
产生噪声	（1）流量超过额定流量； （2）与其他元件共振	（1）更换大流量的单向阀； （2）适当调节阀的工作压力或改变弹簧刚度
泄漏	（1）阀座锥面密封不严； （2）阀芯与阀座拉毛甚至损坏； （3）锥阀芯锥面（或钢球）不圆或磨损； （4）油液污染杂质多，阀芯关不死； （5）加工、装配不良； （6）螺纹连接处外泄漏	（1）检查并研磨； （2）检查、更换； （3）检查、研磨或更换； （4）更换油液并清洗阀； （5）检查、更换； （6）拧紧螺纹，更换密封圈

续表

故障现象	产 生 原 因	排 除 方 法
单向作用失灵	(1) 阀芯或阀体变形、有毛刺或因油液污染引起阀芯卡死； (2) 弹簧折断、漏装或刚度太大； (3) 锥阀或钢球与阀座完全失去密封作用； (4) 锥阀与阀座同轴度超差或密封表面有生锈麻点，造成接触不良	(1) 更换油液，清洗、修理或更换零件； (2) 更换或补装弹簧； (3) 研配阀芯和阀座； (4) 重新研配阀芯和阀座
液控单向阀反向打不开	(1) 控制油液压力低； (2) 泄油口堵塞或有背压； (3) 反向进油腔压力太高，阀类型选用不当	(1) 按规定调整压力； (2) 检查外泄管路和控制油路； (3) 选用带卸荷阀芯的液控单向阀

二、换向阀

换向阀借助于阀芯与阀体之间的相对运动来改变连接在阀体上各管道的通断关系，使油路接通、断开或改变油液的流动方向，从而实现液压执行元件及其驱动机构的启动、停止或变换运动方向。

根据换向阀的作用，对换向阀性能的基本要求有：油液通过换向阀时压力损失要小；油液在各关闭油口间的缝隙泄漏量要小；换向可靠，动作灵敏；换向平稳，无冲击。

1. 换向阀的分类及图形符号

1) 换向阀的分类

(1) 换向阀按照其结构形式可分为滑阀式、转阀式、球阀式和锥阀式。滑阀是利用柱状阀芯相对阀体的往复直线位移来改变内部通道连通方式，从而控制油路通断和改变液流方向的；而转阀是利用柱状阀芯与阀体的旋转位移实现上述作用的。滑阀式换向阀在液压系统中远比转阀式用得广泛。

(2) 换向阀按照其操纵方式可分为手动、机动、电磁控制、液动、电液动和气动。常见的换向阀操纵方式示于图6-5中。

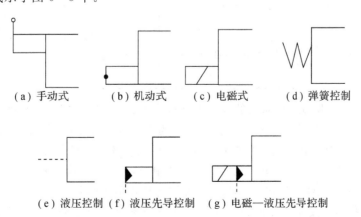

(a) 手动式 (b) 机动式 (c) 电磁式 (d) 弹簧控制

(e) 液压控制 (f) 液压先导控制 (g) 电磁—液压先导控制

图6-5 换向阀操纵方式

(3) 换向阀按照其阀芯在阀体中的定位方式又可分为钢球定位、弹簧复位、弹簧对中等。

(4) 换向阀按照其工作位置和控制的通道数分为二位二通、二位三通、二位四通、三位四通、三位五通等。

2) 换向阀的图形符号及其代表的意义

换向阀的结构原理图、图形符号及适用场合如表 6-3 所示。

表 6-3 换向阀的结构原理图、图形符号及适用场合

<table>
<tr><th>名称</th><th>结构原理图</th><th>图形符号</th><th colspan="3">适 用 场 合</th></tr>
<tr><td>二位二通阀</td><td>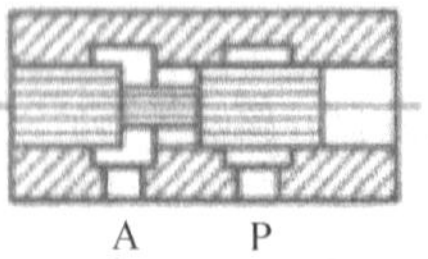
A P</td><td>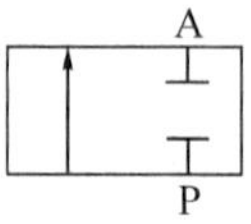
A
P</td><td colspan="3">控制油路的连通与切断(相当于一个开关)</td></tr>
<tr><td>二位三通阀</td><td>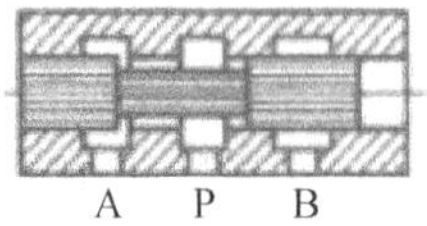
A P B</td><td>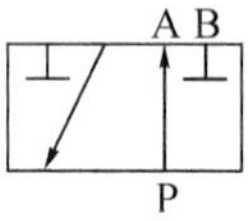
A B
P</td><td colspan="3">控制液流方向(从一个方向变换成另一个方向)</td></tr>
<tr><td>二位四通阀</td><td>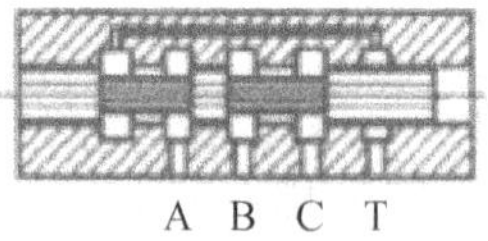
A B C T</td><td>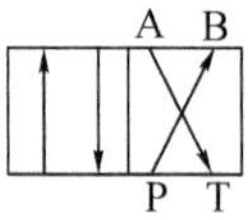
A B
P T</td><td rowspan="4">控制执行元件换向</td><td>不能使执行元件在任一位置停止运动</td><td rowspan="2">执行元件正反向运动时回油方式相同</td></tr>
<tr><td>三位四通阀</td><td>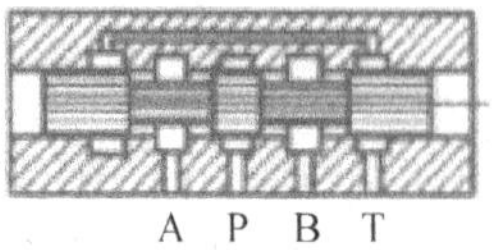
A P B T</td><td>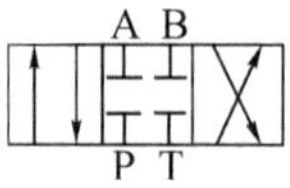
A B
P T</td><td>能使执行元件在任一位置停止运动</td></tr>
<tr><td>二位五通阀</td><td>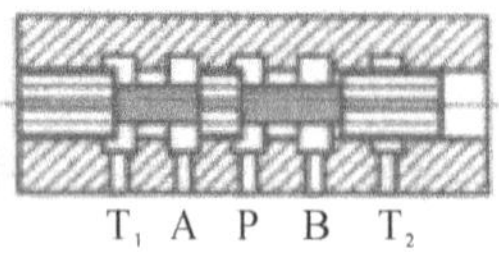
T1 A P B T2</td><td>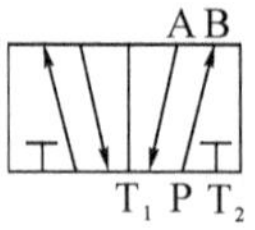
AB
T1 P T2</td><td>不能使执行元件在任一位置停止运动</td><td rowspan="2">执行元件正反向运动时回油方式不同</td></tr>
<tr><td>三位五通阀</td><td>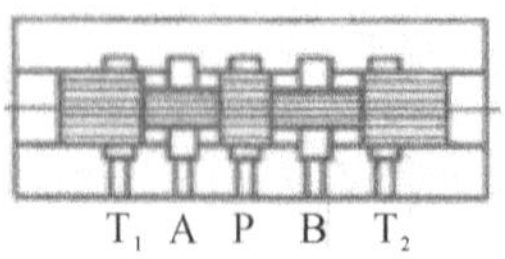
T1 A P B T2</td><td>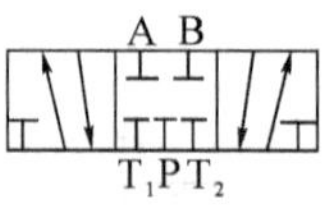
A B
T1PT2</td><td>能使执行元件在任一位置停止运动</td></tr>
</table>

由表 6-3 可见，滑阀式换向阀的阀体上开有多个通口，阀芯相对于阀体移动后可以停留在不同的工作位置上。以表中末行的三位五通阀为例，阀体上有 P、A、B、T_1、T_2五个通口，阀芯有左、中、右三个工作位置。当阀芯处在图示中间位置时，五个通口都关闭；当阀芯移向左端时，通口 T_2关闭，通口 P 和 B 相通，通口 A 和 T_1相通；当阀芯移向右端时，通口 T_1关闭，通口 P 和 A 相通，通口 B 和 T_2相通。这种结构形式由于阀芯在中位具有使五个通口都关闭的工作状态，故可使受它控制的执行元件在任意位置上停止运动，且有两个回油口，可得到不同的回油方式。

"通"和"位"是换向阀的重要概念，不同的"通"和"位"构成了不同类型的换向阀。通常所说的"二位阀"、"三位阀"是指换向阀的阀芯有两个或三个不同的工作位置；所谓"二通阀"、"三通阀"、"四通阀"，是指换向阀的阀体具有两个、三个、四个各不相通且可与系统中不同油管相连的油道接口，不同油道之间只能通过阀芯移位时阀口的开关来沟通。

图形符号的含义如下：

(1) 用方框数表示阀的工作位置，有几个方框就表示有几"位"。

(2) 方框内的箭头"↗"表示液流的实际方向。

(3) 方框内的符号"⊥"或"⊤"表示该通路不通。

(4) 同一个方框内的接通或封闭符号与方框的交点数表示阀的"通"路数。

(5) 一般阀与系统供油路连接的进油口用字母 P 表示；阀与系统回油路连接的回油口用字母 T 表示；而阀与执行元件连接的油口用 A、B 等表示。有时在图形符号上用 L 表示泄油口。

(6) 换向阀都有两个或两个以上的工作位置，其中一个为常态位，即阀芯未受到操纵力时所处的位置。图形符号中的中位是三位阀的常态位。利用弹簧复位的二位阀则以靠近弹簧的方框内的通路状态为其常态位。绘制系统图时，油路一般应连接在换向阀的常态位上。

2. 中位机能

对于各种操纵方式的三位四通和五通换向阀滑阀，阀芯在中间位置时，为适应各种不同的工作要求，各油口间的通路有各种不同的连接形式。这种常态位置时的内部通路形式称为中位机能。常用的连通形式如表 6-4 所示。

表 6-4   三位换向阀中的中位机能

滑阀中位机能代号	结构简图	机能符号	中 位 特 点
O			四个油口全部封闭，执行元件可在任意位置停止，系统不能卸荷
M			P 口与 T 口相通，A、B 两个油口封闭，执行元件可在任意位置停止，系统能卸荷
P			P 口与 A、B 两个油口相通，T 口封闭，双出杆液压缸处于浮动状态，单出杆液压缸处于差动状态，系统不能卸荷
Y			A、B 两个油口与 T 口相通，P 口封闭，执行元件处于浮动状态，系统不能卸荷
H			四个油口互相连通，执行元件处于浮动状态，系统能卸荷

在分析和选择中位机能时，通常考虑以下因素：

（1）系统卸荷。当阀处于中间位置时，P口能够通畅地与T口连通，使系统处于卸荷状态，既节约能量，又防止油液发热，如M型和H型。

（2）执行机构浮动。当阀处于中间位置时，如果A、B两油口互通，则执行机构处于浮动状态，可通过其他机构移动调整其位置，如Y型和H型。

（3）执行机构在任意位置停止。当阀处于中间位置时，如果A、B两油口封闭，则可使执行机构在任意位置停止，如O型和M型。

（4）系统保压。当P口被封闭时，系统保压，液压泵能够用于多缸系统，如O型和Y型。

（5）制动和锁紧要求。执行元件采用了液压锁、制动器等时，要求中位时两腔与油箱相通，保证锁紧和制动的可靠性，如H型和Y型。

3. 典型换向阀

1）手动换向阀

手动换向阀主要有弹簧复位和钢球定位两种形式。图6-6(a)为钢球定位式三位四通手动换向阀，操纵手柄推动阀芯相对阀体移动，通过钢球使阀芯停留在不同的位置上。图6-6(b)为弹簧自动复位式三位四通手动换向阀，通过手柄推动阀芯，要想使阀芯维持左位或右位，必须扳住手柄不放，一旦松开手柄，阀芯会在弹簧力的作用下自动弹回中位。该阀适用于动作频繁、工作持续时间短的场合，操作比较安全，常用于工程机械的液压传动系统中。

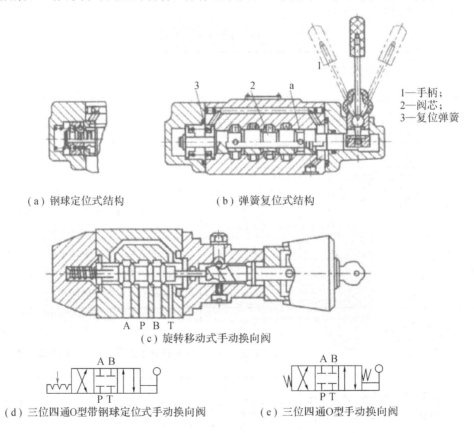

1—手柄；
2—阀芯；
3—复位弹簧

（a）钢球定位式结构　　　　（b）弹簧复位式结构

A P B T
（c）旋转移动式手动换向阀

A B
P T
（d）三位四通O型带钢球定位式手动换向阀

A B
P T
（e）三位四通O型手动换向阀

图6-6　三位四通手动换向阀

图 6-6(c)为旋转移动式手动换向阀,旋转手柄可通过螺杆推动阀芯改变工作位置。这种结构具有体积小、调节方便等优点。

手动换向阀的图形符号如图 6-6(d)、(e)所示。

2) 机动换向阀

机动换向阀又称行程阀,它主要用来控制机械运动部件的行程。它借助于安装在工作台上的挡铁或凸轮来迫使阀芯移动,从而控制油液的流动方向。机动换向阀通常是二位的,有二通、三通、四通和五通几种,其中二位二通机动又分常闭和常开两种。图 6-7(a)为滚轮式二位三通常闭式机动换向阀的结构,在图示位置阀芯 2 被弹簧 1 压向上端,油腔 P 和 A 接通,B 口关闭。当挡铁或凸轮压住滚轮 4,使阀芯 2 移动到下端时,就使油腔 P 和 A 断开,P 和 B 接通,A 口关闭。图 6-7(b)所示为其图形符号。

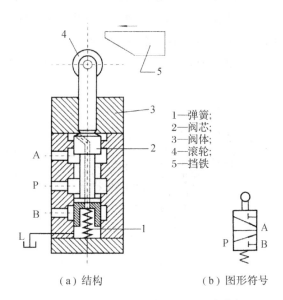

1—弹簧;
2—阀芯;
3—阀体;
4—滚轮;
5—挡铁

（a）结构　　　　（b）图形符号

图 6-7　滚轮式二位三通常闭式机动换向阀

3) 电磁换向阀

电磁换向阀是利用电磁铁的通电吸合与断电释放而直接推动阀芯来控制液流方向的。它由电气控制系统中的按钮开关、限位开关、行程开关及压力继电器等电气元件发出信号,使电磁铁得电吸合或失电释放,直接控制阀芯移位,来实现油流的连通、切断和方向变换,从而控制各种执行机构的动作,如液压缸的往返、马达的回转、液压系统的卸荷及其他工作部件的动作顺序等。由于采用电气控制,液压系统的自动化程度大大提高,操作更加方便,布局也更加合理。电磁换向阀利用电磁铁推动阀芯来控制液流方向,操作轻便,容易实现自动化,因此应用极广。

电磁铁按使用电源的不同,可分为交流和直流两种,按衔铁工作腔是否有油液又可分为"干式"和"湿式"。交流电磁铁启动力较大,不需要专门的电源,吸合、释放快,动作时间约为 0.01~0.03 s,其缺点是若电源电压下降 15% 以上,则电磁铁吸力明显减小,若衔铁不动作,干式电磁铁会在 10~15 min 后烧坏线圈(湿式电磁铁为 1~1.5 h),且冲击及噪声较大,寿命低，因而在实际使用中交流电磁铁允许的切换频率一般为 10 次/min，不得超过 30 次/min。直流电磁铁工作较可靠，吸合、释放动作时间约为 0.05～0.08 s，允许使用的切换频率较高，一般可达 120 次/min，最高可达 300 次/min，且冲击小、体积小、寿命长，但需有专门的直流电源，成本较高。此外，还有一种整体电磁铁，其电磁铁是直流的，但电磁铁本身带有整流器，通入的交流电经整流后再供给直流电磁铁。目前，国外新研制了一种油浸式电磁铁，激磁线圈浸在油液中工作，它具有寿命更长、工作更平稳可靠等特点，但由于造价较高，因此应用面不广。

图 6-8(a)所示为两位三通交流电磁换向阀的结构及图形符号。其左边为一交流电磁铁，右边为滑阀。当电磁铁不通电时（常态位），其油口 P 与 A 连通；当电磁铁通电时，衔铁 1 右移，通过推杆 2 使阀芯 3 及弹簧 4 右移至端部，其油口 P 与 B 连通，同时 P 与 A 断开。

图 6-8(b)所示为三位四通直流电磁换向阀的结构及图形符号。阀两端各有一个电磁铁和一个对中弹簧。当两边电磁铁都不通电时，阀芯在弹簧作用下处于中位，A、B、P、T 均不相通。当右端电磁铁通电时，右衔铁 1 通过推杆 2 将阀芯 3 推至左端，阀右位工作，其油口 P 通 A，B 通 T。当左端电磁铁通电时，阀左位工作，其阀芯移至右端，油口 P 通 B，A 通 T。

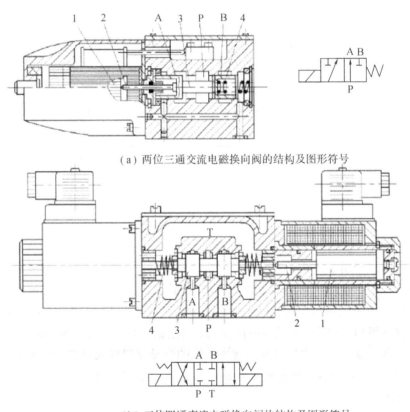

(a) 两位三通交流电磁换向阀的结构及图形符号

(b) 三位四通直流电磁换向阀的结构及图形符号

1—衔铁；2—推杆；3—阀芯；4—弹簧

图 6-8　电磁换向阀

4）液动换向阀

液动换向阀是利用控制油路的压力油来改变阀芯位置的换向阀。图6-9为三位四通液动换向阀的结构和图形符号。阀芯是由其两端密封腔中油液的压差来移动的。当控制油路的压力油从阀右边的控制油口 K_2 进入滑阀右腔时，K_1 接通回油，阀芯向左移动，使压力油口 P 与 B 相通，A 与 T 相通；当 K_1 接通压力油，K_2 接通回油时，阀芯向右移动，使得 P 与 A 相通，B 与 T 相通；当 K_1、K_2 都通回油时，阀芯在两端弹簧和定位套作用下回到中间位置。

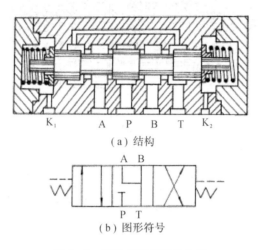

（a）结构

（b）图形符号

图6-9　三位四通液动换向阀

与电磁换向阀相比，其特点是适用于大流量回路(一般阀的通径大于10 mm时)，且换向时间可以调节。液动换向阀经常与机动换向阀或电磁换向阀组合成机液换向阀或电液换向阀，实现自动换向或大流量主油路换向。

5）电液换向阀

在大中型液压设备中，当通过阀的流量较大时，作用在滑阀上的摩擦力和液动力较大，此时电磁换向阀的电磁铁推力相对太小，需要用电液换向阀来代替电磁换向阀。电液换向阀由电磁滑阀和液动滑阀组合而成。电磁滑阀起先导作用，它可以改变液流的方向，从而改变液动滑阀阀芯的位置。由于操纵液动滑阀的液压推力可以很大，所以主阀芯的尺寸可以做得很大，允许有较大的油液流量通过。这样用较小的电磁铁就能控制较大的液流。

图6-10所示为弹簧对中型三位四通电液换向阀的结构和图形符号。当先导电磁阀左边的电磁铁通电后，使其阀芯向右边位置移动，来自主阀 P 口或外接油口的控制压力油可经先导电磁阀的 A′口和左单向阀进入主阀左端容腔，并推动主阀阀芯向右移动，这时主阀阀芯右端容腔中的控制油液可通过右边的节流阀经先导电磁阀的 B′口和 T′口，再从主阀的 T 口或外接油口流回油箱(主阀阀芯的移动速度可由右边的节流阀调节)，使主阀 P 与 A、B 和 T 的油路相通；反之，当先导电磁阀右边的电磁铁通电时，可使 P 与 B、A 与 T 的油路相通；当先导电磁阀的两个电磁铁均不带电时，先导电磁阀阀芯在其对中弹簧作用下回到中位，此时来自主阀 P 口或外接油口的控制压力油不再进入主阀芯的左、右两容腔，主阀芯左右两腔的油液通过先导电磁阀中间位置的 A′、B′两油口与先导电磁阀 T′口相通，再从主阀的 T 口或外接油口流回油箱。主阀阀芯在两端对中弹簧的预压力的推动下，依靠阀体定位，准确地回到

中位,此时主阀的 P、A、B 和 T 油口均不通。电液换向阀除了上述的弹簧对中以外还有液压对中的。在液压对中的电液换向阀中,先导型电磁阀在中位时,A'、B'两油口均与油口 P 连通,而 T'则封闭,其他方面与弹簧对中的电液换向阀基本相似。

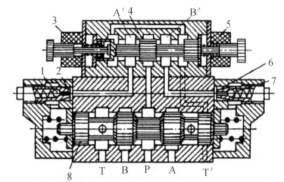

1、6—节流阀;2、7—单向阀;3、5—电磁铁;4—电磁阀阀芯;8—主阀阀芯

（a）结构

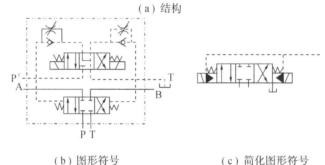

（b）图形符号　　　　　　　　　　（c）简化图形符号

图 6-10　电液换向阀

4. 换向阀的常见故障及排除方法

换向阀的常见故障有:不能动作或不到位、工作程序错乱、工作时响声过大及电磁铁过热或烧坏等。产生这些故障的原因及排除方法见表 6-5。

表 6-5　换向阀的常见故障及排除方法

故障现象	产生原因	排除方法
不能动作或不到位	(1) 阀芯通道被堵塞; (2) 阀体变形; (3) 对中弹簧折断; (4) 操纵压力不够	(1) 拆开冲洗; (2) 重新安装阀体螺钉,使压力均匀; (3) 更换弹簧; (4) 调整油压
工作程序错乱	(1) 阀芯拉毛、油液较脏或热膨胀使阀芯移动不灵; (2) 电磁铁损坏、力量不足或漏磁; (3) 弹簧过软或过硬使阀通油不畅; (4) 阀芯与阀孔配合太紧或间隙过大	(1) 拆卸清洗,配研阀芯; (2) 更换或修复电磁铁; (3) 更换弹簧; (4) 检查配合间隙,重新配合

故障现象	产 生 原 因	排 除 方 法
工作时响声过大	(1) 滑阀卡住或摩擦力过大； (2) 电磁铁不能压到底； (3) 电磁铁接触面不平或接触不良； (4) 电磁铁的磁力过大	(1) 修研或更换滑阀； (2) 校正电磁铁高度； (3) 清除污物，修整电磁铁； (4) 选用磁力适当的电磁铁
电磁铁过热或烧坏	(1) 电磁铁线圈绝缘不良； (2) 电磁铁铁芯与滑阀轴线同轴度太差； (3) 电磁铁铁芯吸不紧； (4) 电压不对； (5) 电极焊接不好； (6) 换向频繁	(1) 更换电磁铁； (2) 重新装配； (3) 修理电磁铁； (4) 修正电压； (5) 重新焊接； (6) 减少换向次数或采用高频换向阀

任务三　压力控制阀的分析、选用与故障排除

在液压传动系统中，用来控制或调节液压系统或回路压力的大小，或利用压力变化来实现某种动作的液压阀称为压力控制阀，简称压力阀。压力阀的主要作用是控制液压系统或回路中的压力，以此来控制执行机构输出力或输出转矩的大小。它的主要品种有溢流阀、减压阀、顺序阀及压力继电器等，它们的共同特点是根据阀芯受力平衡的原理，利用液体的压力对阀芯的作用力与其他作用力(主要是弹簧力)的平衡条件，来调节阀的开口量以改变液阻的大小，从而达到控制液流压力的目的。

一、溢流阀

溢流阀的主要作用有两个：一是在定量泵节流调速系统中，用来保持液压泵出口压力恒定，并将液压泵多余的油液溢回油箱，这时溢流阀起定压和溢流作用；二是在系统中起安全作用，在液压系统正常工作时溢流阀处于关闭状态，只是在系统压力大于或等于其调定压力时溢流阀才打开，使系统压力不再增加，对系统起过载保护作用。

1. 溢流阀的基本结构及其工作原理

常用的溢流阀按其结构形式和基本动作方式可归结为直动型和先导型两种。

1) 直动型溢流阀

图 6-11 所示为一低压直动型溢流阀。图 6-11(a)、(b)分别为直动型溢流阀的结构图和原理图，图 6-11(c)为图形符号。直动型溢流阀是依靠系统中的压力油直接作用在阀芯上与弹簧力相平衡来控制阀芯开、闭动作的。进油口 P 的压力油进入阀体，并经阻尼孔 a 进入阀芯 3 的下端油腔，当进油压力较小时，阀芯在弹簧 2 的作用下处于下端位置，将进油口 P 和与油箱连通的回油口 T 隔开，即不溢流。当进油压力升高，阀芯所受的压力油作用力 pA(A 为阀芯 1 下端的有效面积)超过弹簧的作用力 F_s 时，阀芯抬起，将油口 P 和 T 连通，使多余的油液排回油箱，即起溢流、定压作用。阻尼孔 a 的作用是减小油压的脉动，提高阀工作的

平稳性。弹簧的压紧力可通过调整螺母 1 进行调节。

当通过溢流阀的流量变化时，阀口的开度 x 也随之改变，但在弹簧压紧力 F_s 调好以后，作用于阀芯上的液压力 $p = F_s/A$ 不变。因此，当不考虑阀芯自重、摩擦力和液动力的影响时，可以认为溢流阀进口处的压力 p 基本保持为定值。故调整弹簧的压紧力 F_s，也就调整了溢流阀的工作压力 p。

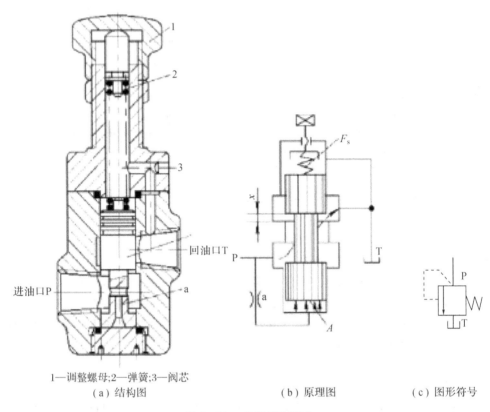

1—调整螺母；2—弹簧；3—阀芯

　　　（a）结构图　　　　　　　　　　　　（b）原理图　　　　　　（c）图形符号

图 6-11　直动型溢流阀

若用直动型溢流阀控制较高压力或较大流量时，需用刚度较大的硬弹簧，结构尺寸也将较大，这将造成调节困难，油液压力和流量波动较大。因此，直动型溢流阀一般只用于低压小流量系统或作为先导阀使用，而中、高压系统常采用先导型溢流阀。

2）先导型溢流阀

图 6-12 所示为先导型溢流阀。图 6-12(a)为先导型溢流阀的结构图，图 6-12(b)为原理图，图 6-12(c)为图形符号。它由先导阀和主阀两部分组成。其原理为进油口 P 的压力油进入阀体，并经孔 g 进入阀芯下腔；同时经阻尼孔 e 进入阀芯上腔，而主阀芯上腔压力油由先导型溢流阀来调整并控制。当系统压力低于先导阀调定值时，先导阀关闭，阀内无油液流动，主阀芯上、下腔油压相等，因而它在主阀弹簧作用下使阀口关闭，阀不溢流。当进油口 P 的压力升高时，先导阀进油腔油压也升高，直至达到先导阀弹簧的调定压力时，先导阀被打开，主阀芯上腔油液经先导阀口及阀体上的孔道 h 经回油口 T 流回油箱，经孔 e 的油液因流动产生压降，使主阀芯两端产生压力差，当此压差大于主阀弹簧 4 的作用力时，主阀芯抬起，实现溢流稳压。调节先导阀的手轮，便可调整溢流阀的工作压力。

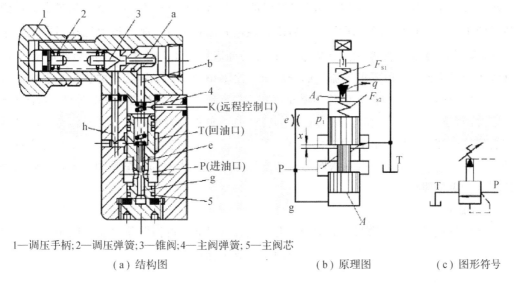

1—调压手柄；2—调压弹簧；3—锥阀；4—主阀弹簧；5—主阀芯

（a）结构图　　　　　　　　　　（b）原理图　　　　（c）图形符号

图 6-12　先导型溢流阀

由于主阀芯开度是靠上、下面压差形成的液压力与弹簧力相互作用来调节的，因此弹簧 4 的刚度很小。这样在阀的开口度随溢流量发生变化时，调定压力的波动很小。当更换先导阀的弹簧（刚度不同）时，便可得到不同的调压范围。

在先导型溢流阀的主阀芯上腔另外开有一油口 K（称为远程控制口），与外界相通，不用时可用螺塞堵住。这时主阀芯上腔的油压只能由自身的先导阀 3 来控制。但当用一油管将远控口 K 与其他压力控制阀相连时，主阀芯上腔的油压就可以由安装在别处的另一个压力阀控制，而不受自身的先导阀调控，从而实现溢流阀的远程控制，但此时，远控阀的调整压力要低于自身先导阀的调整压力。

2. 溢流阀的性能

溢流阀的性能包括溢流阀的静态性能和动态性能，这里只简单介绍静态性能。

1）压力调节范围

压力调节范围是指调压弹簧在规定的范围内调节时，系统压力能平稳地上升或下降，且压力无突跳及迟滞现象时的最大和最小调定压力。溢流阀的最大允许流量为其额定流量，在额定流量下工作时，溢流阀应无噪声。溢流阀的最小稳定流量取决于它的压力平稳性要求，一般规定为额定流量的 15%。

2）启闭特性

启闭特性是指溢流阀在稳态情况下，从闭合到全开，再从全开到闭合的过程中，被控压力与通过溢流阀的溢流量之间的关系。启闭特性分为开启和闭合两个过程。图 6-13 所示为溢流阀的启闭特性曲线，图中虚线为闭合特性曲线，实线为开启特性曲线。

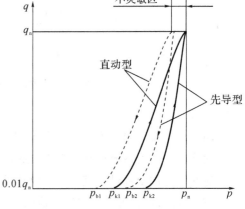

图 6-13　溢流阀的启闭特性曲线

溢流阀开始溢流流量为额定流量的 1% 时的压力称为开启压力 p_k,溢流阀减小流量到额定流量的 1% 时的压力为闭合压力 p_b。启闭特性用开启压力比、闭合压力比和不灵敏区来表示。溢流阀的开启压力 p_k 与调定压力 p_n 之比称为开启压力比,闭合压力 p_b 与调定压力 p_n 之比称为闭合压力比,一般要求溢流阀的开启压力比不小于 90%,闭合压力比不小于 85。溢流阀的调定压力与开启压力的差值称为调压偏差,其值越小,阀的性能越好。另外,从图 6-13 中可以看出,溢流阀开启过程与闭合过程的特性曲线是不重合的,其主要原因是开启过程中阀芯受到的摩擦力方向与弹簧力方向相同,而闭合过程中阀芯受到的摩擦力方向与弹簧力方向相反。又因先导型溢流阀有主阀阀芯上和先导阀阀芯上的两部分摩擦力,故它的启闭特性曲线不重合更加明显。

3）内泄漏量

内泄漏量包括先导阀密封面处的泄漏量、主阀密封面处的泄漏量以及主阀阀芯与阀盖配合处的泄漏量等。内泄漏量的大小与油液的压力成正比。

4）卸荷压力

卸荷压力指泵输出的油液通过溢流阀直接排油至油箱时的压力。对于直动型溢流阀,卸荷压力是指将调压手柄旋至最松时的压力;对于先导型溢流阀,卸荷压力是指将调压手柄旋至最松或将遥控口直接接回油箱时的压力。

3. 溢流阀的应用

溢流阀是定量泵供油液压系统中不可缺少的元件。溢流阀在液压系统中的应用大致可分为溢流恒压、安全保护、远程调压、形成背压和使系统卸荷。

1）溢流恒压

图 6-14 所示为溢流阀恒压油源,图中溢流阀用于定量泵系统溢流稳压。溢流阀通常接在泵的出口处,与去系统的油路并联。溢流阀常开,随着执行元件所需油量的不同,阀的溢流量时大时小,使系统压力保持恒定。调节溢流阀弹簧的弹力,即可调节系统的供油压力。

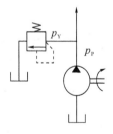
图 6-14 溢流恒压

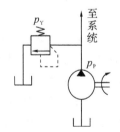
图 6-15 溢流阀用作安全阀

2）安全保护

图 6-15 所示为溢流阀用作安全阀,图中溢流阀用于变量泵系统,以限制系统压力超过最大允许值,防止系统过载。当溢流阀在正常工作状态下时,阀口处于关闭状态,这时液压泵供应的压力油全部进入液压缸,没有油液流过溢流阀;当系统压力由于某些原因（如管路堵塞或系统过载）而升高,超过溢流阀的调节压力值时,溢流阀的阀口打开,油液经溢流阀泄出,系统压力回到正常值。因此,溢流阀可防止系统过载,起安全保护作用。

3）形成背压

在液压系统的回油路上设置一溢流阀，相当于串接一个可调节的液压阻力器，从而形成回油背压力，这样可提高液压缸等执行元件运动的平稳性，起到背压阀的作用，如图 6-16 所示。

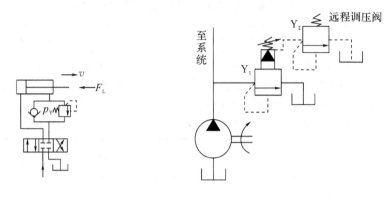

图 6-16　溢流阀用作背压阀　　　　　　图 6-17　溢流阀用作远程调压阀

4）远程调压

图 6-17 所示为溢流阀用作远程调压阀，其实质为一种采用直动型溢流阀与先导型溢流阀两个溢流阀组成的多级远程调压回路。图中阀 Y_1 必须是先导型溢流阀，Y_2 可以是直动型或先导型溢流阀。

5）系统卸荷

图 6-18 所示为先导型溢流阀卸荷回路。图中二位二通电磁阀 3 安装在先导型溢流阀 2 的控制油路上，当电磁阀 3 接通时，先导型溢流阀 2 的远程控制口经管道和油箱相通，这样阀 2 主阀弹簧上腔的油液压力下降到很低，由于主阀弹簧很软，所以溢流阀入口的油液能以较低的压力顶开主阀芯，实现溢流。此时液压泵输出流量通过溢流阀 2 的溢流口流回油箱，即实现主油路卸荷。

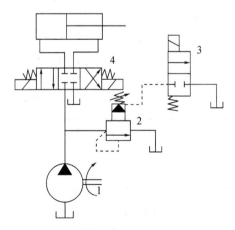

1—液压泵；2—先导型溢流阀；3—电磁阀；4—换向阀

图 6-18　先导型溢流阀卸荷回路

4. 溢流阀的常见故障及排除方法

溢流阀常见故障有压力波动大、压力调整失效、严重泄漏、噪声及振动等。产生这些故障的原因及排除方法见表 6-6。

表 6-6　溢流阀的常见故障及排除方法

故障现象	产 生 原 因	排 除 方 法
压力波动大	(1) 弹簧弯曲或刚度太低； (2) 油液较脏，阻尼孔不畅通； (3) 锥阀与阀座接触不良或磨损； (4) 滑阀表面拉伤或弯曲变形，动作不灵	(1) 更换弹簧； (2) 清洗阻尼孔； (3) 更换锥阀； (4) 修磨或更换滑阀
压力调整无效	(1) 滑阀卡住； (2) 滑阀阻尼孔堵塞或先导阀座小孔堵塞； (3) 进、出油口接反； (4) 远程控制口接油箱或泄漏严重； (5) 主阀弹簧太软、变形或调压弹簧折断； (6) 紧固螺钉松动； (7) 压力表不准	(1) 修磨或更换滑阀； (2) 检查清洗； (3) 纠正； (4) 切断其接油箱的油路，加强密封； (5) 更换弹簧； (6) 拧紧螺钉； (7) 检修或更换压力表
泄漏	(1) 锥阀与阀座或滑阀与阀体配合间隙过大； (2) 紧固螺钉松动； (3) 密封件损坏； (4) 工作压力过高	(1) 修磨阀芯或更换； (2) 拧紧螺钉； (3) 检查、更换密封件； (4) 降低工作压力或选用额定压力高的阀
振动和噪声	(1) 回油管回油不畅或有空气； (2) 调压弹簧永久变形； (3) 流量超过额定值； (4) 锥阀与阀座接触不良或磨损； (5) 滑阀与阀体磨损使配合间隙过大； (6) 回油不畅通； (7) 油温过高，回油阻力过大	(1) 清洗回油管，拧紧回油管接头； (2) 更换弹簧； (3) 更换流量合适的溢流阀； (4) 修磨或更换锥阀； (5) 检查并控制配合间隙； (6) 清洗回油管路； (7) 降低油温，降低回油阻力

二、减压阀

减压阀在系统中起减压作用，即当某一执行元件需要比泵的供油压力低的稳定压力时，需在执行元件前设置减压阀，使该执行元件得到一个降低了的稳定压力。因此，减压阀的作用有两个：一是将较高的进油口压力减成较低的出油口压力；二是保持出油口压力的稳定。

按照调节性能的不同，减压阀可分为用于保证出油口压力为定值的定值减压阀和用于保证进、出油口压力差不变的定差减压阀以及用于保证进、出油口压力成比例的定比减压阀。

按结构不同，减压阀也分为直动型和先导型两种。直动型减压阀在系统中较少单独使用；先导型减压阀工作性能较好，应用较多。

1. 减压阀的结构和工作原理

图 6-19(a)、(b)分别为先导型减压阀的结构与工作原理图。当先导阀阀芯 7 上的液压力小于弹簧 8 的预紧力时，先导阀关闭，主阀阀体阻尼孔 2 内油液不流动，故无压力损失，则主阀阀芯 4 上、下端的压力相等，即 $p_2' = p_2$，主阀阀芯 4 由其弹簧力推至最下端位置，减压口全开，减压阀处于非减压状态，进、出口压力接近（即 $p_1 = p_2$）。当先导阀阀芯 7 上的液压力大于调压弹簧 8 的预紧力时，先导阀 6 打开，则油液流经主阀阻尼孔 2 形成压降，$p_2 \neq p_2'$，当作用于主阀阀芯 4 下端的液压力大于其上端的液压力加主阀复位弹簧 5 的预紧力时，主阀阀芯 4 向上移动，使主阀阀口关小，减压阀处于减压状态，进口 P_1 的油压力 p_1 经主阀阀口节流后下降为 p_2，此时出口 P_2 处的油压力 p_2 为由调压弹簧 8 调定的常值。图 6-19(c)所示为先导型减压阀的图形符号。

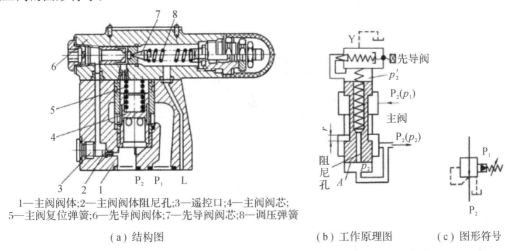

1—主阀阀体;2—主阀阀体阻尼孔;3—遥控口;4—主阀阀芯;
5—主阀复位弹簧;6—先导阀阀体;7—先导阀阀芯;8—调压弹簧

（a）结构图　　　　　（b）工作原理图　　　（c）图形符号

图 6-19　先导型减压阀

当先导型减压阀出口被封死时，其出口负载为无穷大。但由于压力为 p_1 的油液由进口 P_1 经主阀阀口、主阀阀体阻尼孔再经先导阀口这一旁路节流通道流回油箱，故出口 P_2 处的油压力 p_2 不会随外负载无限升高，仍能保持在由其调压弹簧调定的常值。而直动型减压阀不存在上述旁路节流通道，故只能用于润滑回路中。

减压阀与溢流阀的主要区别是：

(1) 溢流阀保持其进口处压力不变，而减压阀保持其出口处压力不变。

(2) 主阀阀芯结构不同，溢流阀的阀口是常闭的，而减压阀的阀口是常开的。

(3) 溢流阀的调压弹簧腔的油液直接与回油口相通，而减压阀由于出口接负载，因此调压弹簧腔的油液单独接油箱，与进出孔道不连通。

(4) 溢流阀主阀阀芯的控制油是从进口处引过来的，而减压阀主阀阀芯的控制油是从出口处引过来的。

2. 减压阀的应用

(1) 降低液压泵输出油液的压力，供给低压回路使用，如控制回路，润滑系统，夹紧、定位和分度等装置回路。在液压传动系统中，一个油泵供应多个支路工作时，利用减压阀可以组成不同压力级别的液压回路，如夹紧回路、控制回路、润滑回路等。图 6-20 所示为减压阀在控制、润滑系统的减压回路中的应用。在使用定量泵的机床油路中，去液压缸的工作压力 p_1 较高，用溢流阀来调节；控制油路的工作压力 p_2 较低，润滑油路的工作压力 p_3 则更低，皆可以用减压阀来实现调节。

（2）稳定压力。减压阀输出的二次压力比较稳定，供给执行装置工作可以避免一次压力油波动对它的影响。

（3）与单向阀并联实现单向减压。

（4）远程减压。减压阀遥控口 K 接远程调压阀可以实现远程减压，但远程控制减压后的压力必须在减压阀调定的范围之内。

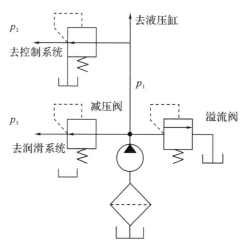

图 6-20　减压阀在润滑和控制回路中的应用

3. 减压阀的常见故障及排除方法

减压阀常见故障有压力波动、振动和噪声、压力调整无效、减压作用失效等。其中前两种故障的产生原因及排除方法与溢流阀基本相同，在此省略，后两种的故障原因及排除方法见表 6-7。

表 6-7　减压阀的常见故障及排除方法

故障现象	产　生　原　因	排　除　方　法
压力调整无效	（1）弹簧折断； （2）阻尼孔或先导阀座小孔堵塞； （3）滑阀卡住； （4）泄油口螺塞未拧出	（1）更换弹簧； （2）清洗阻尼孔或小孔并清洁油液； （3）清洗、修磨滑阀或更换滑阀； （4）拧出螺塞，接通泄油管
减压作用失效	（1）油箱液面较低； （2）主阀弹簧太软、变形； （3）泄漏； （4）锥阀与阀座配合不良	（1）补油； （2）更换弹簧； （3）检查密封，拧紧螺钉； （4）更换锥阀

三、顺序阀

顺序阀利用液压系统的压力变化来控制油路的通断，从而实现多个执行元件按一定的顺序动作。顺序阀是个信号转换元件，它对液压系统的压力不起控制作用。

顺序阀按结构不同分为直动型和先导型，前者一般用于低压系统，后者一般用于中、高压系统。依控制压力的不同，顺序阀可分为内控式和外控式两种。前者用阀的进油口压力控制阀芯的启闭，即控制压力油直接引自进油口；后者的控制压力油不是来自进油口，而是从外部油路引入，即用外来的控制压力油控制阀芯的启闭，又称液控顺序阀。依泄油方式的不同顺序阀又分为外泄式和内泄式，阀的泄油从泄油口流回油箱的泄油方式称为外泄式；阀的出油口接油箱，泄油可经内部通道并入阀的出油口，以简化管路连接，这种泄油方式称为内泄。

1. 顺序阀的结构和原理

图 6-21 所示为直动型顺序阀。当其进油口的油压低于调压弹簧 2 的调定压力时，控制活塞 6 下端油液向上的推力小，阀芯 5 处于最下端位置，阀口关闭，油液不能通过顺序阀流出。当进口油压达到弹簧调定力时，阀芯 5 抬起，阀口开启，压力油即从顺序阀流出，使阀后的油路工作。这种顺序阀利用其进油口压力控制，称为普通顺序阀(也称为内控式顺序阀)，其图形符号如图 6-21(b)所示。由于阀出口接压力油路，因此其上端弹簧处的泄油口必须另接一油管通油箱。

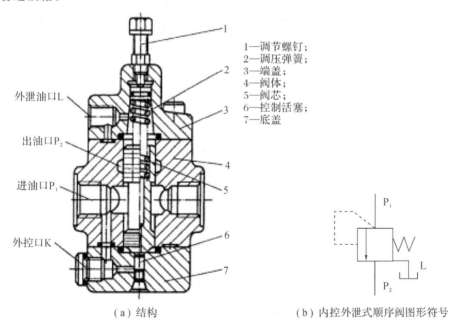

1—调节螺钉；
2—调压弹簧；
3—端盖；
4—阀体；
5—阀芯；
6—控制活塞；
7—底盖

（a）结构　　　　　　　　　　　　（b）内控外泄式顺序阀图形符号

图 6-21　直动型顺序阀

若将底盖 7 相对于阀体转过 90°或 180°，将堵头拆下，在该处接控制油管并通入控制油，这时即为液控顺序阀。

顺序阀常与单向阀组合成单向顺序阀、液控单向阀等使用。直动型顺序阀设置控制活塞的目的是缩小阀芯受压作用的面积，以便采用较软的弹簧来提高阀的压力流量特性。直动型顺序阀的最高工作压力一般在 8 MPa 以下。先导型顺序阀其主阀弹簧的刚度可以很小，故可省去阀芯下面的控制活塞，不仅启闭特性好，且工作压力可以得到大大提高。

顺序阀的结构及工作原理与溢流阀相似，但也有不同的地方，它们的主要差别是：

（1）顺序阀的出油口与负载油路相连接，而溢流阀的出油口直接接回油箱。

（2）顺序阀的泄油口单独接回油箱，而溢流阀的泄油则通过阀体内部孔道与阀的出口流入回油箱。

（3）顺序阀的进口压力由液压系统工况来决定，当进口压力低于调压弹簧的调定压力时，阀口关闭；当进口压力超过弹簧的调定压力时，阀口开启，接通油路，出口压力油对下游负载做功。溢流阀的进口最高压力由调压弹簧来限定，且由于液流溢回油箱，所以损失了液体的全部能量。

除了图 6-21(b)所示的内控外泄式顺序阀外，还有外控外泄式、内控内泄式、外控内泄式顺序阀等，图形符号如图 6-22 所示。

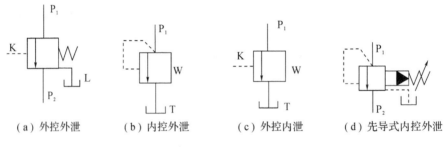

（a）外控外泄　　　（b）内控外泄　　　（c）外控内泄　　　（d）先导式内控外泄

图 6-22　顺序阀的图形符号

2. 顺序阀的应用

（1）控制多个元件的顺序动作。

图 6-23 所示为机床夹具上用顺序阀实现工件先定位后夹紧的顺序动作回路。图中，液压泵的供油一路至主油路，另一路经减压阀、单向阀、换向阀至定位缸 A 的上腔，推动活塞下行进行定位。定位后，缸 A 的活塞停止运动，油路压力升高，当达到单向顺序阀的调定压

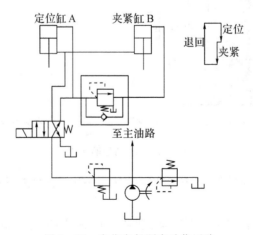

图 6-23　定位夹紧顺序动作回路

力时，顺序阀打开，压力油经顺序阀进入夹紧缸 B 的上腔，推动活塞下行，进行夹紧。减压阀的作用是调节夹紧力的大小，并保持夹紧力稳定。在这里应注意的是：顺序阀的调整压力至少应比先动作的执行元件的最高工作压力大 0.5～0.8 MPa。

(2) 用于保压回路。

(3) 防止因自重引起油缸活塞自由下落而作为平衡阀用。

(4) 用外控顺序阀作为卸荷阀，使泵卸荷。

(5) 用内控顺序阀作为背压阀。

3. 顺序阀的常见故障及排除方法

顺序阀的常见故障有压力波动大、振动和噪声大及不起顺序动作的作用等。前两种故障现象的产生原因和溢流阀基本相同，在此省略，不起顺序动作作用的原因和排除方法见表 6-8。

表 6-8　顺序阀的常见故障及排除方法

故障现象	产　生　原　因	排　除　方　法
不起顺序动作的作用	(1) 滑阀卡死； (2) 控制油路堵塞； (3) 阻尼孔堵塞； (4) 回油阻力过大； (5) 调压弹簧变形； (6) 油温过高	(1) 清洗、修磨滑阀或更换； (2) 清洗控制油路； (3) 清洗阻尼孔； (4) 降低回油阻力； (5) 更换弹簧； (6) 降低油温至规定值

四、压力继电器

压力继电器是一种将油液的压力信号转换成电信号的电液控制元件。当油液压力达到压力继电器的调定压力时，它发出电信号，以控制电磁铁、电磁离合器、继电器等元件动作，实现程序控制和起安全作用。例如，当切削力过大时压力继电器可实现自动退刀；润滑系统发生故障时，压力继电器可实现自动停车；刀架移动到指定位置碰到死挡铁时，压力继电器可实现自动退刀；达到预定压力时，压力继电器可使电磁阀顺序动作；外界负载过大时，压力继电器可断开液压泵电动机的电源等。

压力继电器按结构特点大体分为柱塞式、膜片式、弹簧管式、波纹管式四种。下面介绍两种常用的结构形式。

1. 柱塞式压力继电器

柱塞式压力继电器如图 6-24 所示。压力油作用在柱塞 1 的底部，当压力达到压力继电器调压弹簧调整值时，便克服上方弹簧阻力和柱塞摩擦力推动柱塞 1 上升，通过顶杆 2 触动微动开关 4 发出电信号。

由于柱塞式压力继电器采用比较成熟的弹性元件——弹簧，所以工作可靠，寿命长，成本低。因为它的容积变化较大，所以不易受压力波动的影响。其缺点是液体弹簧较粗，力量较大，重复精度和灵敏度较低，误差在调定压力的 1.5%～2.5%，因此开启压力与闭合压力的差值较大。这种压力继电器的最大调定压力可达到 50 MPa。

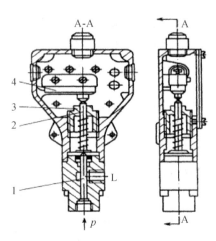

1—柱塞；　2—顶杆；　3—调节螺钉；　4—微动开关

图 6-24　柱塞式压力继电器

2. 膜片式压力继电器

如图 6-25 所示，当控制油口 K 的压力达到弹簧 7 的调定值时，膜片 1 在液压力的作用下产生中凸变形，使柱塞 2 向上移动。柱塞上的圆锥面使钢球 5 和 6 作径向移动，钢球 6 推动杠杆 10 绕销轴 9 逆时针偏转，致使其端部压下微动开关 11，发出电信号，接通或断开某一

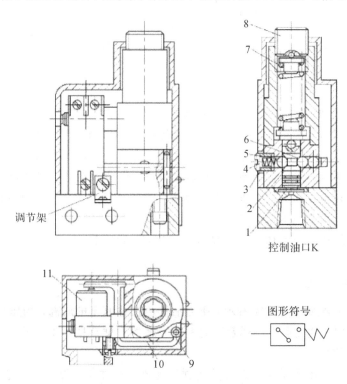

1—膜片；2—柱塞；3、7—弹簧；4—调节螺钉；5、6—钢球

8—调压螺钉；9—销轴；10—杠杆；11—微动开关

图 6-25　膜片式压力继电器

电路。当进口压力因漏油或其他原因下降到一定值时，弹簧 7 使柱塞 2 下移，钢球 5 和 6 回落到柱塞的锥面槽内，微动开关 11 复位，切断电信号，并将杠杆 10 推回，断开或接通电路。

3.压力继电器的应用

(1)实现顺序动作。如图 6-26(a)所示，当电磁铁 1YA、2YA 通电时，液压缸左腔进油，活塞右移，实现快进。当电磁铁 2YA 断电时，实现工进，到达机构终点后，油液压力升高达到压力继电器调定值时，发出电信号，使电磁铁 1YA 断电、2YA 通电，这时液压缸右腔进油，活塞左移，实现快退。

(2)实现保压—卸荷。如图 6-26(b)所示，当 1YA 通电时，液压泵向蓄能器和夹紧缸左腔供油，活塞向右移动，当夹头接触工件时，液压缸左腔油压开始上升，当达到压力继电器的开启压力时，表示工件已被夹紧，蓄能器已储备了足够的压力油，这时压力继电器发出信号，使 3YA 通电，控制溢流阀使泵卸荷。如果液压缸有泄漏，油压下降，则可由蓄能器补油保压。当系统压力下降到压力继电器的闭合压力时，压力继电器自动复位，使 3YA 断电，液压泵重新向液压缸和蓄能器供油。该回路用于夹紧工件时持续时间较长，可明显地减少功率损耗。

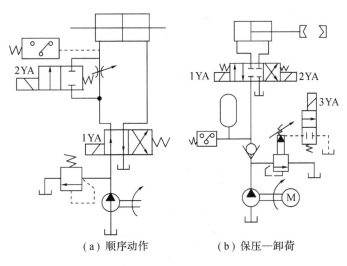

(a)顺序动作　　　　　(b)保压—卸荷

图 6-26　压力继电器的应用

任务四　流量控制阀

在液压系统中，执行元件的运动速度大小是靠调节进入执行元件中油液流量的多少来实现的。流量控制阀简称流量阀，它通过改变节流口通流面积或通流通道的长短来改变局部阻力的大小，从而实现对流量的控制，进而改变执行机构的运动速度。流量控制阀是节流调速系统中的基本调节元件。在定量泵供油的节流调速系统中，必须将流量控制阀与溢流阀配合使用，以便将多余的油液排回油箱。

按照结构和原理的不同，流量控制阀的分类如图 6-27 所示。

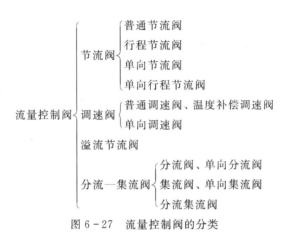

图 6-27　流量控制阀的分类

一、节流阀

1. 节流阀的流量特性

节流阀的节流口通常有三种形式：薄壁小孔、细长小孔和短孔。无论节流口采用何种形式，通过节流口的流量 q 及其前后压差 Δp 的关系可表示为

$$q = KA\Delta p^m$$

式中 K 为节流系数，A 为阀口通流面积。

三种节流口的流量特性曲线如图 6-28 所示。

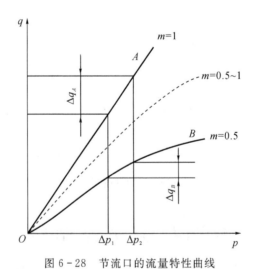

图 6-28　节流口的流量特性曲线

由该图可知，影响流量稳定性的主要因素有以下几个方面：

（1）压差对流量的影响。当节流阀两端压差 Δp 改变时，通过它的流量也会发生变化。三种结构形式的节流口中，通过薄壁小孔的流量受到压差改变的影响最小。

（2）温度对流量的影响。温度对薄壁小孔的流量几乎没有影响。对于细长小孔，通过它的流量受黏度的影响，而油液黏度对温度很敏感。因此，通过细长小孔的流量对温度变化很敏感。

（3）孔口大小对流量的影响。节流阀的节流口可能因杂质或由于油液氧化后出现的胶质、沥青等胶状颗粒而局部堵塞，这就改变了原来节流口通流面积的大小，使流量发生变化，尤其节流口小、进出口压差较大时，流量会出现时大时小的脉动现象。开口越小，脉动现象越严重，甚至在阀口没有关闭时就完全断流，这种现象称为节流口堵塞。一般节流口的流通面积越大，节流通道越短，越不容易堵塞。流量控制阀的最小稳定流量为 $0.05\ \mathrm{L/min}$。

综上所述，为保证稳定流量，节流口的形式以薄壁小孔较为理想。

2. 节流口的结构形式

图 6-29 为几种常用的节流口的结构形式。

(1) 针阀式节流口，如图 6-29(a)所示。针阀作轴向移动时，调节了环形通道的大小，由此改变了流量。这种结构加工简单，但节流口长度大，水力半径小，易堵塞，流量受油温变化的影响也大，一般用于要求较低的场合。

(2) 偏心式节流口，如图 6-29(b)所示。在阀芯上开有一个截面为三角形(或矩形)的偏心槽，转动阀芯，就可以改变通道大小，由此调节流量。其缺点是阀芯上的径向力不平衡，旋转阀芯时较费力，一般用于压力较低、流量较大和流量稳定性要求不高的场合。

(3) 轴向三角槽式节流口，如图 6-29(c)所示。在阀芯端部开有一个或两个斜的三角槽，轴向移动阀芯就可以改变三角槽通流面积，从而调节流量。轴向三角槽式节流口的水力半径较大，可得到较小的稳定流量，且调节范围较大，但节流通道有一定的长度，油温变化对流量有一定的影响，目前应用广泛。

(4) 周向缝隙式节流口，如图 6-29(d)所示。沿阀芯周向开有一条宽度不等的狭槽，转动阀芯就可改变开口大小。阀口做成薄刃形，通道短，水力半径大，不易堵塞，油温变化对流量影响小，因此其性能接近于薄壁小孔，适用于低压、小流量场合。节流口在高压作用下易变形，使用时应改善结构的刚度。

(5) 轴向缝隙式节流口，如图 6-29(e)所示。在阀孔的衬套上加工出图示薄壁阀口，阀芯作轴向移动即可改变开口大小，其性能与图 6-29(d)所示节流口相似。

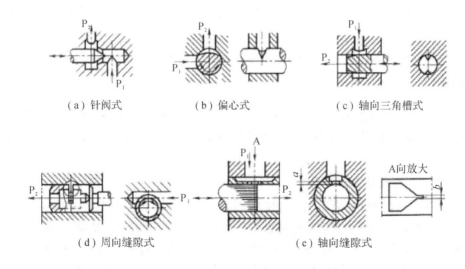

(a) 针阀式　　　　(b) 偏心式　　　　(c) 轴向三角槽式

(d) 周向缝隙式　　　　(e) 轴向缝隙式

图 6-29　节流口的形式

3. 节流阀的结构与图形符号

图 6-30 是节流阀的结构和图形符号。图中的节流口是轴向三角槽式，油液从进油口 P_1 进入，经阀芯上的三角槽节流口后，由出油口 P_2 流出。转动把手可使阀芯作轴向移动，以改变节流口的通流面积。

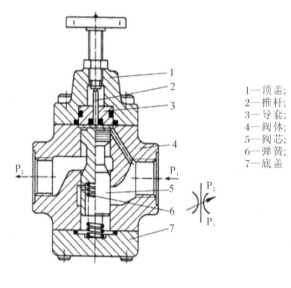

1—顶盖；
2—推杆；
3—导套；
4—阀体；
5—阀芯；
6—弹簧；
7—底盖

图 6-30　节流阀

4. 节流阀的应用

普通节流阀由于负载和温度的变化对其流量稳定性影响较大，因此只适用于负载和温度变化不大或速度稳定性要求较低的液压系统，其主要应用有：

（1）应用在定量泵与溢流阀组成的节流调速系统中，起节流调速作用。

（2）在流量一定的某些液压系统中，改变节流阀节流口的通流截面积将导致阀的前后压力差改变。此时，节流阀起负载阻尼作用，简称为液阻节流口。通流截面积越小，则阀的液阻越大。

（3）在液流压力容易发生突变的地方安装节流阀，可延缓压力突变的影响，起保护作用。

二、调速阀

调速阀是由节流阀和减压阀串联而成的组合阀。节流阀用以调节调速阀的输出流量，减压阀能使节流阀前后的压力差 Δp 不随外界负载而变化，保持定值，从而使流量达到稳定。

1. 调速阀工作原理及图形符号

调速阀工作原理如图 6-31 所示。在图 6-31(a) 中，液压泵出口（即调速阀进口）压力 p_1 由溢流阀调整，基本上保持恒定。调速阀出口处的压力 p_3 由活塞上的负载 F 决定。当 F 增大时，调速阀进出口压差 (p_1-p_3) 将减小。如在系统中装的是普通节流阀，则由于压差的变动，影响通过节流阀的流量，因而活塞运动的速度不能保持恒定。但调速阀是在节流阀的前面串接了一个定差减压阀，使油液先经减压阀产生一次压力降，将压力降到 p_2。利用减压阀阀芯的自动调节作用，使节流阀前后压差（p_3-p_2）基本上保持不变。减压阀阀芯上端的油腔 b 通过孔道 a 和节流阀后的油腔相通，其压力为 p_3，而其肩部腔 c 和下端油腔 d 通过孔道 f 和 e，与节流阀的油腔减压阀阀芯下端相通，压力为 p_2。活塞上负载 F 增大时，p_3 也增大，于是作用在减压阀阀芯上端的液压力增大，阀芯下移，减压阀的开口加大，压降减小，因而使 p_2 增大，结果使节流阀前后的压差（p_3-p_2）保持不变。反之亦然。这样就使通过调速阀的流量恒定不变，活塞运动的速度稳定，受负载变化的影响较小。

图 6-31(b) 为调速阀的工作原理简图。图中左下侧的调节装置为行程限位器，其作用是：当调速阀用于机床等进给系统时，在工作进给以外的动作循环和停机阶段，调速阀内无油液通过，两端无压差，减压阀阀芯被弹簧压在最左端，减压阀口全开。调速阀重新启动时，油液大量通过，造成节流阀两端有很大的瞬时压差，以致瞬时流量过大使液压缸前冲，这种现象称为启动冲击，会降低加工质量，甚至使机件损坏。因此有的调速阀在减压阀阀体上装了可调的行程限位器，以限制未工作时的减压阀口开度。新开发的产品中有一种预控（或外控）调速阀，它在减压阀左腔中通入控制油，目的是使减压阀口在未工作时不致开得太大。

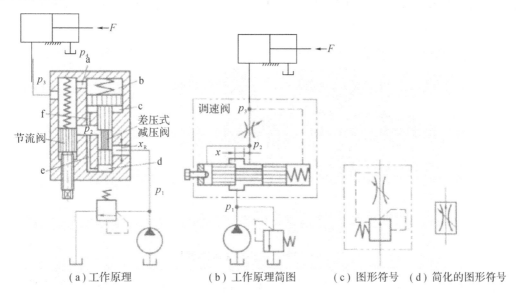

（a）工作原理　　　　（b）工作原理简图　　　（c）图形符号　（d）简化的图形符号

图 6-31　调速阀工作原理

图 6-30(c) 是调速阀的图形符号，其大致表达了调速阀由定差减压阀与节流阀串联而成的原理，图 6-30(d) 所示则为简化的图形符号。

上述调速阀是先减压后节流型的结构，调速阀也可以是先节流后减压型的，两者的工作原理和作用情况基本相同。

2. 调速阀的静态特性

节流阀和调速阀流量 q 与阀进、出口压差 Δp 的关系如图 6-32 所示。从图中可看出，节流阀的流量随压差的变化比较大。而当压差大于一定数值后，通过调速阀的流量就不随调速阀前后压差的改变而变化。在调速阀压差较小的区域内，这一段流量特性就和节流阀相同。所以要使调速阀正常工作，就必须保证有一最小压差。一般调速阀中此压差为 0.5 MPa，高压调速阀中为 1 MPa。

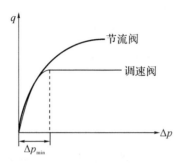

图 6-32　调速阀的静态特性

3. 调速阀的流量温度补偿

图 6-31 中的调速阀仅消除了负载变化对流量的影响，但温度变化的影响依然存在。对速度稳定性要求高的系统，所用的调速阀应带有流量的温度补偿装置，即使用温度补偿的调速阀。温度补偿调速阀与普通调速阀的结构基本相似，主要区别在于前者的节流阀阀芯上连接着一根温度补偿杆，如图 6-33 所示。

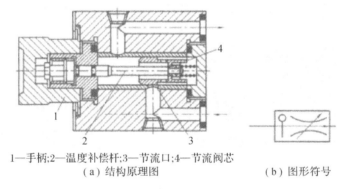

1—手柄;2—温度补偿杆;3—节流口;4—节流阀芯
（a）结构原理图　　　　　　　　　　　（b）图形符号

图 6-33　温度补偿调速阀原理图

当温度变化时，流量本来会有变化，但由于温度补偿杆的材料为温度膨胀系数大的聚氯乙烯塑料，温度升高时长度增加，使阀口减小，反之则开大，故能维持流量基本不变（在 20℃～60℃范围内流量变化不超过 10%）。

4. 调速阀的应用

调速阀的优点是流量稳定性好，缺点是压力损失大，常用在负载变化大、对速度控制精度要求较高的定量泵供油的节流调速系统中，有时也用于变量泵供油的容积节流调速液压系统中。在定量泵供油节流调速液压系统中，调速阀可与溢流阀配合组成串联节流（进口节流、出口节流、进出口节流）调速回路和并联（旁路）节流调速回路。

在使用调速阀时应注意以下几个问题：

（1）调速阀通常不能反向使用，否则，定差减压阀将不起压力补偿器作用。

（2）为了保证调速阀正常工作，应注意调速阀工作压差应大于阀的最小压差。高压调速阀的最小压差一般为 1 MPa，而中低压调速阀的最小压差一般为 0.5 MPa。

（3）流量调整好后，应锁定手轮位置，以免改变调好的流量。

（4）在接近最小稳定流量下工作时，建议在系统中调速阀的进口侧设置管路过滤器，以免阀阻塞而影响流量的稳定性。

三、流量控制阀的常见故障及其排除方法

节流阀和调速阀的常见故障有：节流调节失灵或调节范围小；综合因素影响节流阀或调速阀的工作性能，导致运动速度不稳定等。产生这些故障的原因及其排除方法如表6-9所示。

表6-9　流量控制阀的常见故障及其排除方法

故障现象	产 生 原 因	排 除 方 法
节流调节失灵 或调节范围小	（1）阀芯和孔的间隙过大，或系统内部有泄漏； （2）节流孔阻塞或阀芯卡住	（1）检查泄漏部位零件损坏和密封情况，更换损坏零件； （2）拆开清洗，换油和修复
运动速度不稳定	（1）油中有杂质，使通流截面积减小，速度减慢； （2）节流阀内外有泄漏； （3）因系统负荷变化而引起速度突变； （4）油温升高，黏度降低，速度逐步加快； （5）系统中有空气	（1）清洗有关零件，换油并保持其清洁； （2）检查零件精度、配合间隙和密封情况并修配或更换； （3）检查系统压力及机械摩擦情况，调整、修复并恢复润滑； （4）调整节流阀或增设散热装置，恢复正常工作油温； （5）增设排气阀

任务五　叠加阀、插装阀、电液比例阀和电液数字控制阀

前面所介绍的方向阀、压力阀、流量阀是普通液压阀，除此之外还有一些新型液压控制阀，如叠加阀、插装阀、比例阀和数字阀等。这些是近几十年才出现并逐渐发展起来的。与普通液压控制阀相比，它们具有许多显著的优点。随着技术的进步，这些新型液压控制元件必将会以更快的速度发展，并广泛应用于各类液压设备的系统中。

一、叠加阀

1. 叠加阀分析

叠加式液压阀简称叠加阀，它是近十几年在板式阀集成化基础上发展起来的集成式液压元件。这种阀既具有板式液压阀的功能，又有自身的特性，即阀体本身除容纳阀芯外，还兼有通道体的作用。每个阀体上都制造有公共油液通道，各阀芯相应油口在阀体内与公共油道相接，从而能用其阀体的上、下安装面进行叠加式无管连接，组成集成化液压系统。

叠加阀的工作原理与一般液压阀基本相同，只是在具体结构和连接尺寸上有些不同，在规格上它自成系列。同一种通径系列的各类叠加阀，上、下面主油路通道的直径与位置相同，

并且其连接螺栓孔的位置、尺寸大小也相同。这样就可以用同一通径系列的叠加阀叠加成不同功能的系统。通常把控制同一个执行元件的各叠加阀与底板叠加起来，把不属于叠加阀的换向阀安装在最上面，组成一个子系统。各子系统之间再通过底板横向叠加，组成完整的液压系统，其外观如图 6 - 34 所示。

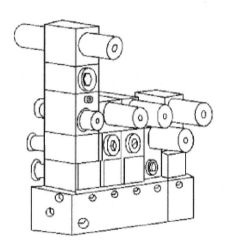

图 6 - 34　叠加阀液压系统外观图

　　根据其工作功能，叠加阀可以分为单功能叠加阀和复合功能叠加阀两类，如表 6 - 10 所示。

表 6 - 10　叠加阀的基本类型

		方向控制阀	单向阀、液控单向阀等
叠加阀	单功能叠加阀	压力控制阀	溢流阀、减压阀、顺序阀等
		流量控制阀	节流阀、单向节流阀、调速阀、单向调速阀等
	复合功能叠加阀	顺序节流阀、顺序背压阀等	
		电动单向调速阀等	

用叠加阀组成的液压系统具有以下优点：
（1）结构紧凑，体积小，重量轻，安装简便，装配周期短。
（2）若液压系统有变化，改变工况需要增减元件时，组装方便迅速。
（3）元件之间实现无管连接，消除了因油管、管接头等引起的泄漏、振动和噪声。
（4）整个系统配置灵活，外观整齐，维护保养容易。
（5）标准化、通用化和集成化程度高。
　　其缺点是回路形式少，通径较小，品种规格尚不能满足较复杂和大功率液压系统的需要。
　　我国叠加阀现有 $\phi 6$ mm、$\phi 10$ mm、$\phi 16$ mm、$\phi 20$ mm、$\phi 32$ mm 五个通径系列，额定压力为 20 MPa，额定流量为 10～200 L/min。

2. 单功能叠加阀

1) 叠加式溢流阀

图 6 - 35(a)所示为 Y_1 - F10D - P/T 先导型叠加式溢流阀。它由主阀和先导阀两部分组成。Y 表示溢流阀；F 表示压力为 20 MPa，10 表示通径为 ϕ10 mm，D 表示叠加阀，P/T 表示进油口为 P，回油口为 T。其图形符号如图 6 - 35(b)所示。图 6 - 35(c)所示为 Y_1 - F10D - P_1/T 型叠加式溢流阀的图形符号，它主要用于双泵供油系统高压泵的调压和溢流。

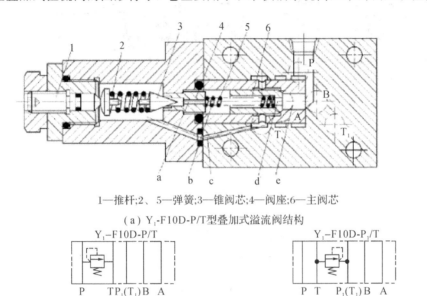

1—推杆;2、5—弹簧;3—锥阀芯;4—阀座;6—主阀芯

(a) Y_1-F10D-P/T型叠加式溢流阀结构

(b) Y_1-F10D-P/T型叠加式溢流阀图形符号　(c) Y_1-F10D-P_1/T型叠加式溢流阀图形符号

图 6 - 35　叠加式溢流阀

叠加式溢流阀的工作原理与一般的先导型溢流阀相同。压力油由进油口 P 进入主阀芯 6 右端的 e 腔，经阀芯上阻尼孔 d 流至主阀芯 6 左端 b 腔，并经小孔 a 作用于锥阀芯 3 上。当系统压力低于溢流阀调定压力时，锥阀芯 3 关闭，主阀芯 6 在弹簧力作用下处于关闭位置，阀不溢流；当系统压力达到溢流阀的调定压力时，锥阀芯 3 开启，b 腔油液经锥阀口及孔道 c 由出油口 T 流回油箱，主阀芯 6 右腔的油液经阻尼孔 d 向左流动，从而在主阀芯两端产生了压力差，使主阀芯 6 向左移动，主阀阀口打开，油液从出油口 T 溢回油箱。调节弹簧 2 的预压缩量便可改变溢流阀的调整压力。

2) 叠加式流量阀

图 6 - 36(a)所示为 QA - F6/10D - BU 型单向调速阀的结构图，图 6 - 36(b)为其图形符号。QA 表示单向调速阀，F 表示压力为 20 MPa，6/10 表示该阀通径为 ϕ6 mm，而其接口尺寸属于 ϕ10 mm 系列，D 表示叠加阀，B 表示该阀适用于液压缸 B 腔油路，U 表示调速节流阀的出口节流。其工作原理与一般单向调速阀基本相同。

当压力油由油口 B 进入时，油可进入单向阀阀芯 1 的左腔，使单向阀阀口关闭；同时又可经过调速阀中的减压阀和节流阀，由油口 B′流出。当压力油由油口 B′进入时，压力油可将单向阀阀芯顶开，经单向阀由油口 B 流出，而不流经调速阀。

以上两种叠加阀在结构上均属于组合式，即将叠加阀体做成通油孔道体，仅将部分控制阀组件置于其阀体内，而将另一部分控制阀或其组件做成板式连接的部件，将其安装在叠加阀体的两端，并和相关的油路连通。通常小通径的叠加阀采用组合式结构；而通径较大的叠加阀则多采用整体式结构，即将控制阀和油道组合在同一阀体内。

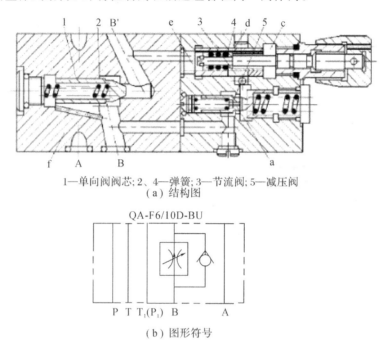

1—单向阀阀芯；2、4—弹簧；3—节流阀；5—减压阀
（a）结构图

QA-F6/10D-BU

P T T₁(P₁) B A

P T $T_1(P_1)$ B A

（b）图形符号

图 6-36　叠加式调速阀

3. 复合功能叠加阀

复合功能叠加阀又称为多机能叠加阀。它是在一个控制阀芯单元中实现两种以上控制机能的叠加阀，多采用复合结构形式。

图 6-37 所示为我国研制开发的电动单向调速阀。它由先导阀 1、主体阀 2 和调速阀 3 组合而成。调速阀作为一个独立组件以板式连接方式，复合到叠加阀主体的侧面，使调速阀性能得以保证，并可提高组合件的标准化、通用化程度。其先导阀采用电磁铁控制其阀芯的运动，主要用于控制机床液压系统，使运动部件实现"快进—工进—快退"工作循环。当电磁铁通电使先导阀阀芯移动时，压力油可由 A_1 经主阀体中的锥阀到 A，使运动部件"快进"；当电磁铁断电，先导阀芯复位时，压力油只能经调速阀由 A_1 流至 A，使运动部件慢速"工进"；当压力油由 A 进入该阀时，则可经过自动打开的锥阀（单向阀）由 A_1 流出，使运动部件"快退"。

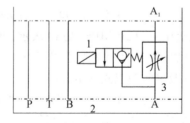

1—先导阀；2—主体阀；3—调速阀

图 6-37　电动单向调速阀

4. 叠加阀的应用举例

图 6-38 所示为一数控加工中心的液压系统原理图，它采用叠加阀，使系统安装、使用和维护直观简单。该系统完成的主要动作有：主轴高低速换挡、主轴刀具夹紧与松开等。它具有噪声低、效率高、能耗小等优点。

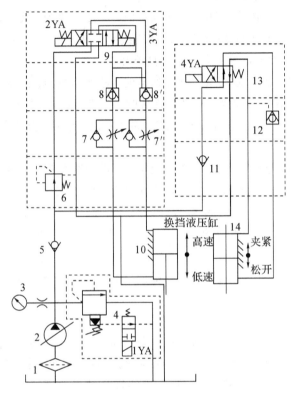

1—滤油器；2—液压泵；3—压力表；4—溢流阀；5、11—单向阀；6—减压阀；
7、7'—单向节流阀；8、8'、12—液控单向阀；9、13—换向阀；10、14—液压缸

图 6-38　数控加工中心液压系统原理图

数控加工中心液压系统中的电磁铁动作顺序如表 6-11 所示。

表 6-11　电磁铁动作顺序

电磁铁 动作	1YA	2YA	3YA	4YA
夹紧	+	−	−	−
松开	+	−	−	+
高速	+	+	−	−
低速	+	−	+	−
卸荷	−	−	−	−

结合表 6-11，对该系统工作原理分析如下：

（1）主轴刀具夹紧。电磁铁 1YA 通电时，进油路线为：液压泵 2—单向阀 5—单向阀 11—换向阀 13 右位—液控单向阀 12—液压缸 14 下腔。回油路线为：液压缸 14 上腔—换向阀 13 右位—油箱。从而使活塞上行，使刀具夹紧。

（2）主轴刀具松开。电磁铁 1YA、4YA 通电时，进油路线为：液压泵 2—单向阀 5—单向阀 11—换向阀 13 左位—液压缸 14 上腔。回油路线为：液压缸 14 下腔—液控单向阀 12—换向阀 13 左位—油箱。从而使活塞下行，使刀具松开。

（3）主轴高速旋转。电磁铁 1YA、2YA 通电时，进油路线为：液压泵 2—单向阀 5—减压阀 6—换向阀 9 左位—液控单向阀 8—单向节流阀 7—液压缸 10 下腔。回油路线为：液压缸 10 上腔—单向节流阀 $7'$—液控单向阀 $8'$—换向阀 9 左位—油箱。从而使活塞上行，使主轴处于高速挡。

（4）主轴低速旋转。电磁铁 1YA、3YA 通电时，进油路线为：液压泵 2—单向阀 5—减压阀 6—换向阀 9 右位—液控单向阀 $8'$—单向节流阀 $7'$—液压缸 10 上腔。回油路线为：液压缸 10 下腔—单向节流阀 7—液控单向阀 8—换向阀 9 右位—油箱。从而使活塞下行，使主轴处于低速挡。减压阀 6 用来调节换挡的工作压力，此压力低于系统压力，以减少换挡时的冲击力。

（5）卸荷。当 1YA 断电时，液压泵输出的油液经电磁溢流阀 4 而卸荷。

二、插装阀

插装阀是 20 世纪 70 年代初出现的一种新型液压元件，在高压、大流量的液压系统中应用很广。在结构上它是一种不包括阀体，直接将阀芯装入一个共同阀体内的特殊二位二通阀，其阀芯基本结构通常是一个锥阀，可以用来实现最基本的逻辑功能，所以也称为插装式锥阀或逻辑阀。由于插装式元件已经标准化，因此将几个插装式元件组合一下便可组成复合阀。它与普通液压阀比较，具有以下优点：

（1）通流能力大，特别适用于大流量场合。它的最大通径可达 $200\sim250$ mm，通过的流量可达 10 000 L/min。

（2）阀芯动作灵敏，抗堵塞能力强。

（3）密封性好，泄漏小，油液流经阀口的压力损失小。

（4）结构简单，制造容易，工作可靠，标准化、通用化程度高。

1. 插装式锥阀的结构和工作原理

图 6-39 所示为插装式锥阀的结构和图形符号。它主要由阀芯 4、阀套 2 和弹簧 3 等组成，1 为控制盖板，控油口 C 与锥阀的上腔相通。将此锥阀插入有两个通道 A、B（主油路）的阀体 5 中，控制盖板对锥阀的启闭起控制作用。锥阀上配置不同的盖板就可以实现各种不同的工作机能。若干个不同工作机能的锥阀组装在一个阀体内，实现集成化，就组成所需的液压回路和系统。设油口 A、B、C 的油液压力和有效面积分别为 p_A、p_B、p_C 和 A_A、A_B、A_C，其面积关系为 $A_C=A_A+A_B$。若不考虑锥阀的质量、液动力和摩擦力等的影响，当 $p_AA_A+p_BA_B<p_CA_C+F_s$ 时，阀口关闭，油口 A、B 不相通；当 $p_AA_A+p_BA_B>p_CA_C+F_s$ 时，阀口打

开，油路 A、B 接通。以上两式中 F_s 为弹簧力。从以上两式可以看出，改变控油口 C 的油液压力 p_C，就可以控制 A、B 油口的通断。当控油口 C 接油箱（卸荷），阀芯下部的液压力超过上部弹簧力时，阀芯被顶开，液流的方向由 A、B 口的压力大小决定。当 $p_A > p_B$ 时，液流由 A 至 B；当 $p_A < p_B$ 时，液流由 B 至 A。当控油口 C 接通压力油且 $p_C > p_A$、$p_C > p_B$ 时，阀芯在上、下端的压力差和弹簧的作用下关闭油口 A 和 B，这样，锥阀就起到逻辑元件的"非"门的作用，所以插装式锥阀又被称为逻辑阀。

插装式锥阀通过与不同的盖板和各种先导阀组合，便可构成方向控制阀、压力控制阀和流量控制阀。

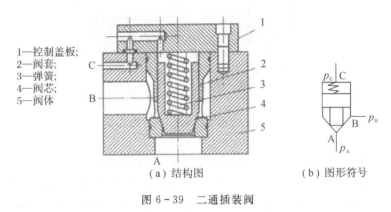

1—控制盖板；
2—阀套；
3—弹簧；
4—阀芯；
5—阀体

（a）结构图　　　　　（b）图形符号

图 6-39　二通插装阀

2. 方向控制插装阀

插装阀组成各种方向控制阀的形式如图 6-40 所示。图 6-40(a)所示为单向阀，当 $p_A > p_B$ 时，阀芯关闭，A 与 B 不通；而当 $p_B > p_A$ 时，阀芯开启，油液从 B 流向 A。图 6-40(b)所示为二位二通阀。当二位二通电磁阀断电时，阀芯开启，A 与 B 接通；电磁阀通电时，阀芯关闭，A 与 B 不通。图 6-40(c)所示为二位三通阀。当二位三通电磁阀断电时，A 与 T 接通；电磁阀通电时，A 与 P 接通。图 6-40(d)所示为二位四通阀。电磁阀断电时，P 与 B 接通，A 与 T 接通；电磁阀通电时，P 与 A 接通，B 与 T 接通。

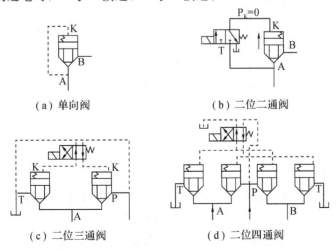

（a）单向阀　　　　　　（b）二位二通阀

（c）二位三通阀　　　　　　（d）二位四通阀

图 6-40　插装阀组成各种方向控制阀的形式

3. 压力控制插装阀

插装阀组成压力控制阀的形式如图 6-41 所示。在图 6-41(a)中，当 B 接油箱时，插装阀用作溢流阀，其原理与先导型溢流阀相同。当 B 接负载时，插装阀起顺序阀作用。图 6-41(b)所示为电磁溢流阀，电磁阀通电时起卸荷作用。

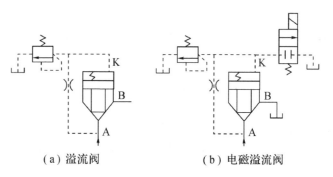

（a）溢流阀　　　　　　　　　　（b）电磁溢流阀

图 6-41　插装阀用作压力控制阀

4. 流量控制插装阀

二通插装节流阀的结构及图形符号如图 6-42 所示。在插装阀的控制盖板上有阀芯限位器，用来调节阀芯开度，从而起到流量控制阀的作用。若在二通插装阀前串联一个定差减压阀，则可组成二通插装调速阀。

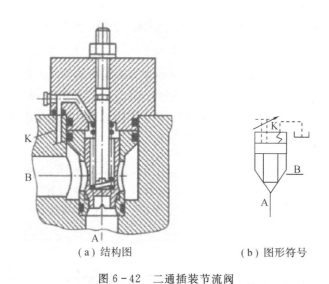

（a）结构图　　　　　　（b）图形符号

图 6-42　二通插装节流阀

5. 插装阀的应用

图 6-43 所示为采用插装阀控制立式柱塞缸，实现"慢速上升—保压停留—复位下降—原位停止"工作循环的液压系统图，其工作原理分析如下：

（1）慢速上升。当 1YA 通电时，锥阀 4 由先导溢流阀 2 控制，成为系统的安全阀。此时压力油经单向锥阀 5 进入柱塞缸，推动重物 W 上升。

（2）保压停留。重物上升到预定位置后，使 1YA 断电，锥阀 4 开启，使泵卸荷，此时锥阀 5 和锥阀 6 都关闭，系统保压，柱塞原位停留。

（3）复位下降。当仅 2YA 通电时，锥阀 4 开启，仍使泵卸荷，锥阀 5 仍关闭，而锥阀 6 则开启，缸内油液经锥阀 6（起背压阀作用）回油箱，柱塞因自重下降复位。

（4）原位停止。柱塞降至原位，2YA 断电，锥阀 6 关闭，柱塞原位停止。

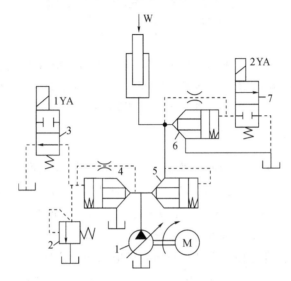

1—变量泵；2—溢流阀；3、7—电磁换向阀；4、5、6—锥阀

图 6-43　插装阀应用实例

三、电液比例阀

电液比例阀是一种根据输入的电气信号，连续、按比例对油液的压力、流量或方向进行远距离控制的阀。与手动调节的普通液压阀相比，电液比例阀能够提高液压系统参数的控制水平。与电液伺服阀相比，电液比例阀在某些性能上稍差一些，但它结构简单、成本低，所以广泛应用于要求对液压参数进行连续控制或程序控制，但对控制精度和动态特性要求不太高的液压系统中。

电液比例阀的构成，从原理上讲相当于在普通液压阀上装上一个比例电磁铁，以代替原有的控制（驱动）部分。

1. 比例电磁铁

比例电磁铁是一种直流电磁铁，与普通换向阀所用电磁铁的不同之处在于，比例电磁铁的输出推力与输入的线圈电流基本成比例。这一特性使比例电磁铁可作为液压阀中的信号给定元件。

普通电磁换向阀所用的电磁铁只要求有吸合和断开两个位置，并且为了增加吸力，在吸合时磁路中几乎没有气隙。而比例电磁铁则要求吸力（或位移）和输入电流成比例，并在衔铁的全部工作位置上，磁路中要求保持一定的气隙。图 6-44 所示为比例电磁铁的结构图。

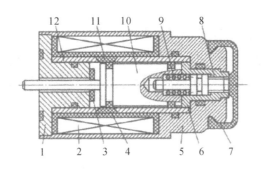

1—轭铁；2—线圈；3—限位环；4—隔磁环；5—壳体；6—内盖；

7—外盖；8—调节螺钉；9—弹簧；10—衔铁；11—(隔磁)支承环；12—导向套

图 6-44　比例电磁铁

2. 电液比例溢流阀

用比例电磁铁取代先导型溢流阀中的手调装置(调压手柄)，便构成先导型电液比例溢流阀，如图 6-45 所示。该阀下部与普通溢流阀的主阀相同，上部则为比例先导压力阀。该阀还附有一个手动调整的安全阀(先导阀)9，用以限制比例溢流阀的最高压力，以降低因电子仪器发生故障使得控制电流过大，压力超过系统允许最大压力的可能性。比例电磁铁的推杆向先导阀阀芯施加推力，该推力作为先导级压力负反馈的指令信号。随着输入电信号强度的变化，比例电磁铁的电磁力将随之变化，从而改变油压的大小，使锥阀的开启压力随输入信号的变化而变化。若输入信号连续地、按比例地或按一定程序变化，则比例溢流阀所调节的系统压力也连续地、按比例地或按一定的程序进行变化。因此比例溢流阀多用于系统的多级调压或实现连续的压力控制。直动型比例溢流阀作先导阀与其他普通的压力阀的主阀相配，便可组成先导型比例溢流阀、比例顺序阀和比例减压阀。

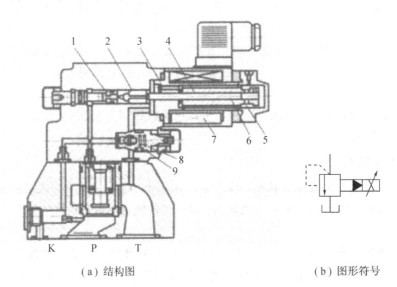

（a）结构图　　　　　　　　　　　　　（b）图形符号

1—阀座；2—先导锥阀；3—轭铁；4—衔铁；5—弹簧；6—推杆；7—线圈；8—弹簧；9—先导阀

图 6-45　先导型电液比例溢流阀

3. 比例方向节流阀

用比例电磁铁取代电磁换向阀中的普通电磁铁，便构成直动型比例方向节流阀。图 6-46所示为带位移传感器的直动型比例方向节流阀。由于使用了比例电磁铁，阀芯不仅可以换位，且换位的行程可以连续地或按比例地变化，因而连通油口间的通流面积也可以连续地或按比例地变化。所以比例方向节流阀不仅能控制执行元件的运动方向，而且能控制其速度。

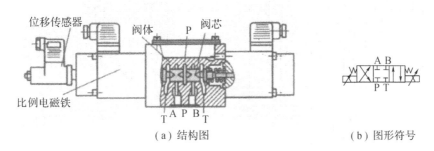

(a) 结构图　　　　　　　　　　　(b) 图形符号

图 6-46　带位移传感器的直动型比例方向节流阀

4. 电液比例调速阀

用比例电磁铁取代节流阀或调速阀的手调装置，以输入电信号控制节流口开度，便可连续地或按比例地远程控制其输出流量，实现执行部件的速度调节。图 6-47所示为电液比例调速阀的结构及图形符号。图中的节流阀阀芯由比例电磁铁的推杆操纵，输入的电信号不同，则电磁力不同，推杆受力不同。推杆受的力与阀芯左端弹簧力平衡后，便有不同的节流口开度。由于定差减压阀已保证了节流口前后压差为定值，所以一定的输入电流就对应一定的输出流量；不同的输入信号变化，就对应着不同的输出流量变化。

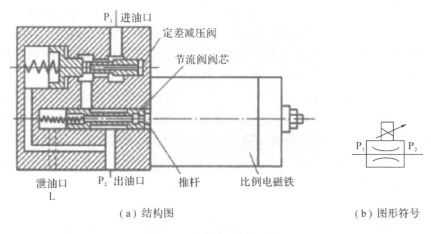

(a) 结构图　　　　　　　　　　　(b) 图形符号

图 6-47　电液比例调速阀

5. 电液比例调速阀的应用

电液比例调速阀主要用于各类液压系统的连续变速与多速控制。图 6-48(b)为采用电液比例调速阀的调速回路。与使用手动调速阀的调速回路图 6-48(a)相比，采用电液比例调速阀不但减少了控制元件的数量，而且使液压缸工作速度更符合加工工艺或设备要求。

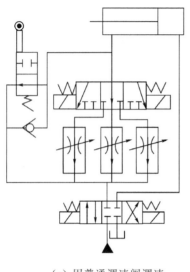

　　　　(a) 用普通调速阀调速　　　　　　　　　　(b) 用电液比例调速阀调速

图 6-48　应用比例调速阀的调速回路

四、电液数字控制阀

　　因为计算机具有运算速度快，记忆功能强大，逻辑判断迅速准确等明显的优势，所以，用计算机对液压系统进行控制，是液压技术发展的必然趋势。由于电液比例阀能接收的信号是连续变化的电流或电压，而计算机所输出的控制信号是"1"或"0"的数字信息，因此必须进行"数—模"转换，才能实现控制。这样就导致设备复杂、成本提高、可靠性降低、使用维护困难等一系列问题。为了解决这些问题，20 世纪 80 年代初期出现了电液数字控制阀，它具有与计算机接口容易、可靠性高、重复性好、价格低等优点，在非线性控制、多变量控制以及自适应控制等系统中得到了推广应用。

　　接受计算机数字控制的方法有多种，当今技术比较成熟的元件是增量式数字阀。其对液体进行控制的部分与普通阀相似，工作原理也基本相同，但其调控部分是由步进电机驱动的。增量式数字阀目前有数字流量阀、压力阀、方向阀三大系列产品。计算机发出的脉冲控制信号，经驱动电源放大后驱动步进电机，使其每接收一个脉冲信号便转动一个角度。步进电机的转动又通过凸轮或丝杠等机构转换成直线位移量，从而推动阀芯或压缩弹簧，实现对油液方向、流量或压力的控制。

　　图 6-49 所示为增量式数字流量阀。计算机发出信号后，步进电动机 1 转动，通过滚珠丝杠 2 转化为连杆 5 的轴向位移，带动节流阀芯 3 移动。该阀有两个节流口，阀芯移动时先打开右边非全周节流口，流量较小；继续移动则打开左边的第二个全周节流口，流量较大，可达 360 L/min。零位传感器 6 能使阀芯在每个控制周期完成时回到零位。

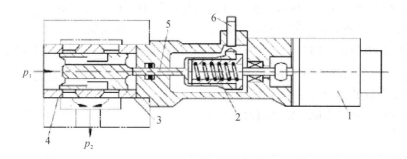

1—步进电动机；2—滚珠丝缸；3—节流阀芯；4—阀套；5—连杆；6—零位传感器
图 6-49　数字流量阀

思 考 题

一、问答题

1. 液压控制阀有哪些共同点？应具备哪些基本要求？

2. 使用液控单向阀时应注意哪些问题？

3. 什么是换向阀的"位"与"通"？各油口在阀体什么位置？

4. 选择三位换向阀的中位机能时应考虑哪些问题？

5. 电液换向阀有何特点？

6. 溢流阀在液压系统中有何功用？

7. 何谓溢流阀的开启压力和调整压力？

8. 使用顺序阀应注意哪些问题？

9. 试比较先导型溢流阀和先导型减压阀的异同点。

10. 影响节流阀的流量稳定性的因素有哪些？

11. 为什么调速阀能够使执行元件的运动速度稳定？

12. 调速阀和旁通型调速阀(溢流节流阀)有何异同点？

13. 若先导型溢流阀主阀芯或导阀的阀座上的阻尼孔被堵死，将会出现什么故障？

14. 把减压阀的进、出口对换会出现什么情况？

15. 阀的铭牌不清楚时，不许拆开，如何判断哪个是溢流阀，哪个是减压阀，哪个是顺序阀。

二、填空题

1. 单向阀的作用是＿＿＿＿＿＿＿＿＿＿。性能要求是：油液通过时＿＿＿＿＿＿；反向截止时＿＿＿＿＿＿。

2. 单向阀中的弹簧用于克服阀芯的＿＿＿＿和＿＿＿＿，使其灵活复位。当其作为背压阀使用时，应改变弹簧的＿＿＿＿。

3. 机动换向阀利用运动部件上的＿＿＿＿，压下阀芯使油路换向，换向时其阀芯＿＿＿＿，故换向平稳，位置精度高。

4. 三位换向阀处于中间位置时，其油口 P、A、B、T 间的通路有各种不同的连接形式，以适应不同的工作要求，将这种位置时的内部通路形式称为三位换向阀的_____。为使单杆卧式液压缸呈"浮动"状态，且泵不卸荷，可选用_____换向阀。

5. 电液换向阀中的先导阀是_____，其中位机能是_____型，意在保证主滑阀换向中的_____；而控制油路中的"可调节流口"是为了调节_____。

6. 液压控制阀按其作用通常可分为_____、_____和_____。

7. 在先导型减压阀工作时，先导阀的作用主要是_____，而主阀的作用主要是_____。

8. 溢流阀的进口压力随流量变化而波动的性能称为_____。

9. 将压力阀的调压弹簧全部放松，阀通过额定流量时，进油腔和回油腔压力的差值称为阀的_____，而溢流阀的_____是指溢流阀达到额定流量时所对应的压力值。

10. 溢流阀应用在定量泵节流调速回路中起_____作用，这时阀口是常_____的；而应用在容积调速回路中起_____作用，这时阀口是常_____的。

11. 顺序阀在原始状态时，阀口_____，由_____口油压力控制阀芯移动。

12. 调速阀是由_____阀和_____串联而成。

13. 旁通型调速阀是由_____节流阀_____而成。

三、判断题

1. 滑阀为间隙密封，锥阀为线密封，后者不仅密封性能好而且开启时无死区。（　　）

2. 定量泵可利用 M 型、H 型、K 型换向阀中位机能来实现卸荷。（　　）

3. 高压大流量液压系统常采用电磁换向阀实现主油路换向。（　　）

4. 大流量的液压系统，应直接采用二位二通电磁换向阀实现泵卸荷。（　　）

5. 一般单向阀不作任何更动，即可作背压阀用。（　　）

6. 因液控单向阀关闭时密封性能好，故常用在保压回路和锁紧回路中。（　　）

7. O 型机能的阀芯是常用的换向阀阀芯，它可以用于中位卸荷。（　　）

8. 当将液控顺序阀的出油口与油箱连通时，其即可当卸荷阀用。（　　）

9. 顺序阀不能作背压阀用。（　　）

10. 压力继电器可以控制两只以上的执行元件实现先后顺序动作。（　　）

11. 将一定差减压阀串联在某一液压支路中，减压阀的出口油压力就能保证此油路的压力为一定值。（　　）

12. 三个压力阀都没有铭牌，可通过在进出口吹气的办法来鉴别，能吹通的是减压阀，不能吹通的是溢流阀、顺序阀。（　　）

13. 先导型溢流阀的远程控制口可以使系统实现远程调压或使系统卸荷。（　　）

14. 节流阀是常用的调速阀，因为它调速稳定。（　　）

15. 通过节流阀的流量与节流阀口的通流截面积成正比，与阀两端的压差大小无关。（　　）

16. 节流阀和调速阀都是用来调节流量及稳定流量的流量控制阀。（　　）

四、选择题

1. 在下列液压阀中，（　　）不能作为背压阀使用。

A. 单向阀　　　　　B. 顺序阀　　　　　C. 减压阀　　　　　D. 溢流阀

2. 若某三位换向阀的阀芯在中间位置，压力油与油缸两腔连通、回油封闭，则此阀的滑阀机能为（　　）。

A. P 型　　　　　B. Y 型　　　　　C. K 型　　　　　D. C 型

3. 以变量泵为油源时，在泵的出口并联溢流阀是为了起到（　　）。

A. 溢流定压作用　　　　　　　　B. 过载保护作用

C. 令油缸稳定运动的作用　　　　D. 控制油路通断的作用

4. 与节流阀相比较，调速阀的显著特点是（　　）。

A. 调节范围大　　　　　　　　　B. 结构简单，成本低

C. 流量稳定性好　　　　　　　　D. 最小压差的限制较小

5. 在液压系统中，减压阀能够（　　）。

A. 用于控制油路的通断　　　　　B. 使油缸运动平稳

C. 保持进油口压力稳定　　　　　D. 保持出油口压力稳定

6. 一水平放置的双伸出杆液压缸，采用三位四通电磁换向阀，要求阀处于中位时，液压泵卸荷，且液压缸浮动，其中位机能应选用（　　）；要求阀处于中位时，液压泵卸荷，且液压缸闭锁不动，其中位机能应选用（　　）。

A. O 型　　　　　B. M 型　　　　　C. Y 型　　　　　D. H 型

7. 有两个调整压力分别为 5 MPa 和 10 MPa 的溢流阀串联在液压泵的出口，泵的出口压力为（　　）；并联在液压泵的出口，泵的出口压力又为（　　）。

A. 5 MPa　　　　B. 10 MPa　　　　C. 15 MPa　　　　D. 20 MPa

8. 顺序阀在系统中作卸荷阀用时，应选用（　　）型，作背压阀时，应选用（　　）型。

A. 内控内泄式　　B. 内控外泄式　　C. 外控内泄式　　D. 外控外泄式

9. 为保证负载变化时，节流阀的前后压力差不变，使通过节流阀的流量基本不变，往往将节流阀与（　　）串联组成调速阀，或将节流阀与（　　）并联组成旁通型调速阀。

A. 减压阀　　　　B. 定差减压阀　　C. 溢流阀　　　　D. 差压式溢流阀

10. 当控制阀的开口一定，阀的进、出口压力差 $\Delta p < (3\sim5)\times10^5$ Pa 时，随着压力差 Δp 变小，通过节流阀的流量（　　），通过调速阀的流量（　　）。

A. 增加　　　　　B. 减少　　　　　C. 基本不变　　　D. 无法判断

11. 当控制阀的开口一定，阀的进、出口压力差 $\Delta p > (3\sim5)\times10^5$ Pa 时，随着压力差 Δp 增加，压力差的变化对节流阀流量变化的影响（　　），对调速阀流量变化的影响（　　）。

A. 越大　　　　　B. 越小　　　　　C. 基本不变　　　D. 无法判断

12. 当控制阀的开口一定，阀的进、出口压力相等时，通过节流阀的流量为（　　），通过调速阀的流量为（　　）。

A. 0　　　　　　B. 某调定值　　　　C. 某变值　　　　D. 无法判断

13. 系统中中位机能为 P 型的三位四通换向阀处于不同位置时，可使单活塞杆液压缸实现"快进—慢进—快退"的动作循环。试分析：液压缸在运动过程中，如突然将换向阀切换到中间位置，此时缸的工况为（　　）；如将单活塞杆缸换成双活塞杆缸，当换向阀切换到中间位置时，缸的工况为（　　）。（不考虑惯性引起的滑移运动）

A. 停止运动　　　B. 慢进　　　　　C. 快退　　　　　D. 快进

五、画出下列元件的图形符号

1. 液控单向阀

2. 双向液压锁

3. 二位二通行程阀

4. 二位三通电磁阀

5. 二位三通行程阀

6. 二位四通电磁换向阀

7. 二位五通电磁换向阀

8. 三位四通 M 型中位机能液动换向阀

9. 三位五通 O 型中位机能电液换向阀

10. 电磁溢流阀

11. 液控顺序阀

12. 卸荷阀

13. 单向顺序阀

14. 液控单向顺序阀

15. 压力继电器

16. 单向节流阀

17. 调速阀

技 能 训 练

1. 常用液压控制阀的认知与分析。

2. 方向控制阀的选用、拆卸、装配、调整及常见故障排除。

3. 压力控制阀的选用、拆卸、装配、调整及常见故障排除。

4. 流量控制阀的选用、拆卸、装配、调整及常见故障排除。

项目七　液压辅助元件的分析、选用与安装

✿ 学习目标

知识目标：

1. 掌握液压辅助元件的类型。
2. 掌握过滤器的作用、主要参数、类型、典型结构及安装位置。
3. 掌握油管和管接头的作用、类型、选用及安装要求。
4. 掌握油箱、热交换器及仪表附件的类型、结构、组成、安装要求与方法。
5. 掌握密封装置的类型、结构与作用。

技能目标：

1. 能分析常用液压辅助元件。
2. 能针对一典型液压系统，分析其中的液压辅助元件的类型、作用、安装方法及要求。
3. 在完成上述任务的过程中，能够自觉遵守安全操作规范。

✿ 教学建议

教师在讲授基本知识后，将学生分组安排，在实验室完成以下两个工作任务：液压辅助元件的认知、典型液压系统中的液压辅助元件的类型、作用、安装方法及要求分析。完成工作任务完成后，由学生自评、学生互评、教师评价三部分汇总组成教学评价。

液压辅助元件包括过滤器、蓄能器、管件、密封件、压力表、油箱和热交换器等，除油箱通常需要自行设计外，其余皆为标准件。液压辅助元件和其他液压元件一样，都是液压系统中不可缺少的组成部分。它们对液压系统的性能、温升、噪声和寿命的影响不亚于液压元件本身。

任务一　过　滤　器

一、过滤器的功用和主要参数

1. 过滤器的功用

液压系统的大多数故障是由于介质被污染造成的，因此，保持工作介质清洁是系统正常工作的必要条件。油液中的污染物会使液压动力元件、液压执行元件和液压控制元件等内部相对运动部分的表面划伤，加速磨损或卡死运动件，堵塞阀口，腐蚀元件，使系统工作可靠性下降，寿命降低。如果杂质将节流阀口或溢流阀阻尼孔堵塞，则会造成系统故障。在适当

的部位上安装过滤器可以截留油液中不可溶的污染物,使油液保持清洁,保证液压系统正常工作。系统中过滤器的功用就在于不断净化油液,将其污染程度控制在允许范围内。

2. 对过滤器的要求

过滤器主要由滤芯(或滤网)和壳体(或骨架)组成,由滤芯上的无数微小间隙或小孔构成油液的通流面积。因此,当混入油液中的杂质的尺寸大于这些微小间隙或小孔时,会被阻隔而从油液中滤除出来。由于不同的液压系统有着不同的要求,而要完全滤除混入的杂质既是不可能的,有时也是不必苛求的。因此,对过滤器的要求,应根据具体情况来定,其基本要求主要包括:

(1) 满足液压系统对过滤精度的要求。

过滤器的过滤精度,是指油液通过过滤器时,滤芯能够滤除的最小的杂质颗粒度的大小,以其直径 d 的公称尺寸(单位为 μm)表示。颗粒度越小,过滤器的过滤精度越高。一般将过滤器分为四类:粗滤($d \geq 100\ \mu m$)、普通滤($10\ \mu m \leq d < 100\ \mu m$)、精滤($5\ \mu m \leq d < 10\ \mu m$)、特精滤($1\ \mu m \leq d < 5\ \mu m$)。不同的液压系统,对过滤器过滤精度的要求如表 7-1 所示。

表 7-1　过滤器的过滤精度

系统类别 参数	润滑系统	传 动 系 统			伺服系统	特殊系统要求
压力/MPa	0~2.5	≤7	>7	≥35	≤21	≤35
颗粒度/μm	≤100	≤25	≤25	≤5	≤5	≤1

(2) 满足液压系统对过滤能力的要求。过滤器的过滤能力,是指在一定压差下,允许通过过滤器的最大流量,一般用过滤器的有效过滤面积(滤芯上能通过油液的总面积)来表示。对过滤器过滤能力的要求,应结合过滤器在系统中的安装位置来考虑。如安装在液压泵吸油管路上的过滤器,其过滤能力应为液压泵流量的两倍以上。

(3) 过滤器材料应具有一定的机械强度,保证在一定的工作压力下不会因液压力的作用而受到破坏。

(4) 在一定的工作温度下,应能保持性能稳定,有足够的耐久性。

(5) 有良好的抗腐蚀能力。

(6) 结构尽量简单,尺寸紧凑。

(7) 便于清洗维护,便于更换滤芯。

(8) 价格便宜。

二、过滤器的种类与典型结构

过滤器按过滤精度分为粗、普通、精、特精四类,其图形符号如图 7-1 所示。按其滤芯材料的过滤机制来分,有表面型过滤器、深度型过滤器和吸附型过滤器三种。

图 7-1　过滤器的图形符号

1. 表面型过滤器

表面型过滤器的整个过滤作用是由一个几何面来实现的。滤下的污染杂质被截留在滤芯元件靠油液上游的一面。在这里，滤芯材料具有均匀的标定小孔，可以滤除比小孔尺寸大的杂质。由于污染杂质积聚在滤芯表面上，因此它很容易被阻塞。网式滤芯、线隙式滤芯属于这种类型。

1）网式过滤器

网式过滤器如图 7-2 所示。液流流经此过滤器时，由滤网（金属网）上的小孔起过滤作用。网式过滤器一般装在液压系统的吸油管路上，用来滤除混入油液中的较大颗粒的杂质（粒径为 0.13～0.4 mm），保护液压泵免遭损坏，过滤精度与网孔大小有关。网式过滤器的压力损失不超过 0.004 MPa，结构简单，通流能力强，清洗方便，但过滤精度低。

2）线隙式过滤器

线隙式过滤器如图 7-3 所示。线隙式过滤器的滤芯由绕在芯架上的一层金属线组成，依靠线间微小间隙来挡住油液中杂质的通过，压力损失为 0.03～0.06 MPa。线隙式过滤器结构简单，通油能力强，过滤精度比网式过滤器高。其缺点是滤芯材料强度低，不易清洗，一般用于低压（<2.5 MPa）回路或辅助油路，当用在液压泵吸油管上时，它的流量规格宜选得比液压泵大。

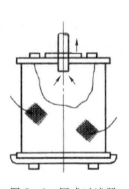

图 7-2　网式过滤器

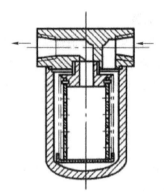

图 7-3　线隙式过滤器

2. 深度型过滤器

深度型过滤器的滤芯材料为多孔可透性材料，内部具有曲折迂回的通道。大于表面孔径的杂质直接被截留在外表面，较小的污染杂质进入滤材内部，撞到通道壁上，由于吸附作用而得到滤除。滤材内部曲折的通道也有利于污染杂质的沉积。纸芯、毛毡、烧结金属、陶瓷和各种纤维制品等属于这种类型。

1）纸质过滤器

纸质过滤器如图 7-4 所示。滤芯为多层酚醛树脂处理过的微孔滤纸，由微孔滤除混入油液中的杂质。纸质过滤器的过滤精度高（0.005～0.03 mm），为了增大过滤面积，纸芯常制成折叠形，因此可使表面积很大的滤纸装入比较小的容器中，结构紧凑，重量轻，通油能力强。它的工作压力可以达到 38 MPa，压力损失为 0.01～0.04 MPa。其缺点是不能清洗，因此需要经常更换滤芯。

　2）烧结式过滤器

　　烧结式过滤器如图7-5所示。滤芯为颗粒状青铜粉等金属粉末压制烧结而成，利用颗粒之间的微孔滤去混入油液中的杂质。烧结式过滤器的压力损失一般为0.03～0.2 MPa，过滤精度较高。它的主要特点是：强度高，承受热应力和冲击性能好，能在较高温度下工作（青铜粉末可达180℃，低碳钢粉末可达400℃，镍铬粉末可达900℃）；有良好的抗腐蚀性，性能稳定，制造简单，再生性好。其主要缺点是易堵塞，堵塞后很难清洗，在使用中烧结颗粒容易脱落。

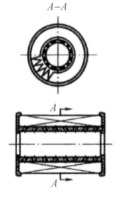

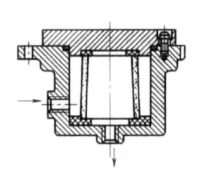

图7-4　纸质过滤器　　　　　　　图7-5　烧结式过滤器

　3. 吸附型过滤器

　　吸附型过滤器的滤芯材料把油液中的有关杂质吸附在其表面上。磁性过滤器依靠永久磁铁，利用磁化原理来滤除混入油液中的铁屑。磁性过滤器用来滤除混入油液中的能磁化的杂质效果很好，特别适用于经常加工铸件的机床液压系统。此种过滤器常与其他种类的过滤器配合使用。

三、过滤器在液压系统中的安装位置

　　过滤器的连接形式有板式、管式和法兰式三种，可以安装于以下位置：

　　（1）安装在液压泵的吸油管路上，如图7-6(a)所示。将粗过滤器（一般为网式或线隙式过滤器）装在液压泵的吸油管路上，主要目的是保护液压泵免遭较大颗粒的杂质的直接伤害。为了不至影响液压泵的吸油能力，装在吸油管路上的过滤器的通油能力应大于液压泵流量的两倍。过滤器应经常清洗，以免过多增加液压泵的吸油阻力。

　　（2）安装在压油管路上，如图7-6(b)所示。在压油管路上可以安装各种形式的精过滤器，用来保护除液压泵以外的其他液压元件。这样安装的过滤器，因为在高压下工作，因此有以下几点要求：过滤器要有一定的强度，过滤器的最大压降不能超过0.35 MPa；过滤器要装在溢流阀之后或者与一安全阀并联（图7-6(b)），有时还装有堵塞状态发信装置。安全阀的开启压力应略低于过滤器的最大允许压差。

　　（3）安装在回油管路上，如图7-6(c)所示。安装在回油管路的精过滤器可以保证流回油箱的油液是清洁的。它既不会在主油路造成压降，又不承受系统的工作压力。因此，回油管路用的过滤器的强度可以较低，体积和重量也可以小一些。为了防止堵塞，要并联一个溢流阀或单向阀（溢流阀或单向阀的开启压力应略低于过滤器的最大允许压降）和堵塞状态发信装置。

（4）安装在辅助泵的输油路上。在一些闭式液压系统的辅助油路上，辅助液压泵工作压力不高，一般只有 0.5～0.6 MPa，因此可将精过滤器装在辅助液压泵的输油管上，从而保证杂质不会进入主油路的各液压元件中。

（5）安装在支流管路上，如图 7-6(d)所示。对于开式系统，当液压泵的流量较大时，如果仍然采用压油管或回油管过滤，过滤器的体积将需要很大，为了避免这种情况，可将过滤器安装在只有 20%～30%左右的泵流量通过的支流管路上，如图 7-6(d)所示的溢流阀或旁路调速的节流阀之后。这样也能起到滤除混入油液中的杂质的作用，不过在重要的液压元件（如伺服阀）之前要装辅助的精过滤器。

（6）单独过滤，如图 7-6(e)所示。在一些大型液压系统中，可采用单独过滤系统液压油的办法，即用单独的液压泵和过滤器来滤除混入油液中的杂质。这种方法对滤除油液中的全部杂质很有利，但需要增加一套液压泵和过滤器。

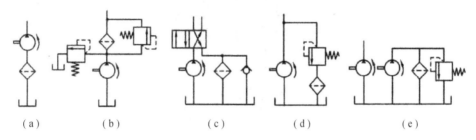

（a）　　　　　（b）　　　　　（c）　　　　　（d）　　　　　（e）

图 7-6　过滤器的安装位置

任务二　蓄能器

蓄能器是液压系统中的储能元件，它储存多余的压力油液，并在需要时释放出来供给系统补充流量和压力。它是一种特殊的容器，当系统有多余能量时，压力油液以一定的体积克服外力充入蓄能器，这些外力可以是重力、弹簧力或气体压力。

一、蓄能器的类型和图形符号

如图 7-7 所示，蓄能器的结构形式主要有重力式、弹簧式和充气式（活塞式、气囊式、气瓶式）三种类型。

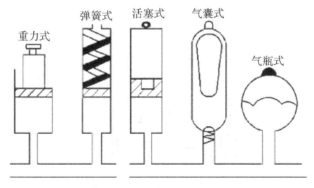

图 7-7　各种形式的蓄能器

1. 重力式蓄能器

这种蓄能器的结构如图 7-8 所示。它利用重物的势能来储存、释放液压能量。当压力油充入蓄能器时，油液推动柱塞 2 上升，在重物 1 的作用下以一定压力储存起来。重力式蓄能器的特点是结构简单，压力恒定，能提供大容量、高压力的油液，但体积大，笨重，运动惯性大，反应不灵敏，密封处易泄漏，摩擦损失大，因此，常用于大型固定设备。其最高工作压力可达 45 MPa。

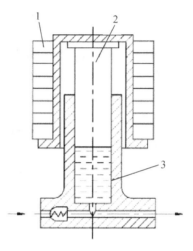

1—重物；2—柱塞；3—缸体

图 7-8　重力式蓄能器

2. 弹簧式蓄能器

弹簧式蓄能器的结构如图 7-9 所示。它利用弹簧的压缩和伸长来储存和释放压力能，弹簧 2 和压力油之间由活塞 3 隔开。弹簧式蓄能器结构简单，反应比较灵敏。其缺点是容量小，有噪声，易内泄漏并有压力损失，不适合于高压和高频动作的场合，一般可用于小容量、低压(低于12 MPa)系统，或用来缓冲。

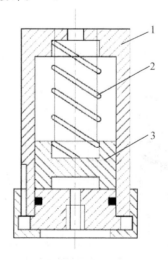

1—壳体；2—弹簧；3—活塞

图 7-9　弹簧式蓄能器

3. 充气式蓄能器

充气式蓄能器利用压缩空气来储存能量。考虑安全因素，所充气体应采用惰性气体（一般为氮气）。按蓄能器的结构可分为直接接触式和隔离式两类。隔离式又分为活塞式和气囊式两种。

1）气瓶式蓄能器

气瓶式蓄能器如图 7-10 所示，它是一种直接接触式蓄能器。在壳体下部有一个进、出油口与液压系统相连，顶部有一个进气孔，安装有充气阀，用于充入压缩空气。这种蓄能器结构简单、容量大、体积小、惯性小、反应灵敏、占地面积小。其缺点是：气体与液压油直接接触，气体容易被液体吸收，引起系统工作不稳定和导致其他不利影响；气体消耗量大，必须经常充气；只能垂直安放，以确保气体被封在壳体上部。因此，这种蓄能器只适用于要求不高的中、低压大流量系统。

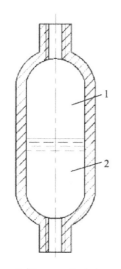

1—气体；2—液压油
图 7-10 气瓶式蓄能器

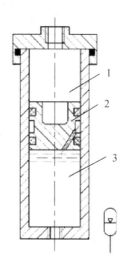

1—气体；2—活塞；3—液压油
图 7-11 活塞式蓄能器

2）活塞式蓄能器

活塞式蓄能器如图 7-11 所示，它是一种隔离式蓄能器。它利用活塞 2 将气体 1 与液压油 3 隔离，以减少气体渗入油液的可能性。活塞随着下部油压的增减在气缸体内上、下移动，活塞向上移动，气体受到压缩从而储能；向下移动就释放能量。充气压力为液压系统最低工作压力的 80%～90%。这种蓄能器结构简单、工作可靠、安装容易、维修方便、寿命长。但活塞惯性和摩擦阻力较大，反应灵敏性差，容量较小。又由于缸体与活塞之间有密封性能要求，因此制造费用较高。此外，密封件磨损后，会使气液混合，影响系统工作的平稳性，不适宜用于缓和液压冲击、脉动以及低压系统。一般用于蓄能或供中、高压系统吸收压力的脉动。

3）气囊式蓄能器

气囊式蓄能器也是一种隔离式蓄能器，如图 7-12 所示。气囊式蓄能器主要由壳体 2、气囊 3、充气阀 1 和提升阀 4 等组成。壳体 2 中有一个用耐油橡胶制成的气囊 3，气囊出口上有气门（充气阀）1，气门只有在气囊充气时才打开，平时关闭。充气压力一般要求为液压系统最高工作压力的 25% 到最低工作压力的 65%~85%，以延长气囊的使用寿命。壳体下部有一个受弹簧力作用的提升阀 4。在工作状态时，压力油液经过提升阀进入，当油液排空时提升阀可以防止气囊被挤出。另外，充气时一定要打开螺塞 5，以便把壳体中的气体放掉。充完气后再拧紧螺塞 5。

这种蓄能器中气体和液体完全隔开，而且重量轻、惯性小、反应灵敏、结构紧凑、容易维护，是当前应用最广泛的一种蓄能器。其缺点是气囊和壳体制造比较困难，气囊的使用寿命也较短。气囊有折合型和波纹型两种，前者容量大，适于储能；后者容量较小，适于吸收液压冲击和脉动。

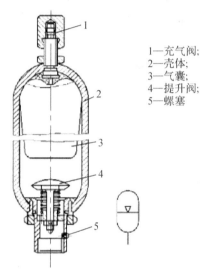

1—充气阀；
2—壳体；
3—气囊；
4—提升阀；
5—螺塞

图 7-12　气囊式蓄能器

4. 蓄能器的图形符号

蓄能器的图形符号如图 7-13 所示。

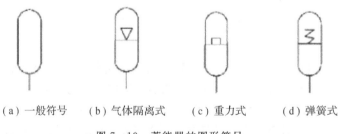

　（a）一般符号　　（b）气体隔离式　　（c）重力式　　（d）弹簧式

图 7-13　蓄能器的图形符号

二、蓄能器的功用

蓄能器在液压系统中的应用很多，主要有辅助动力源、漏损补偿、应急动力源、系统保压、脉动阻尼器及液压冲击吸收器等。

1. 辅助动力源

蓄能器最常见的用途是作为辅助动力源。如果液压系统在一个工作循环中，只在很短时内需要大流量，可采用蓄能器作辅助动力源，以减小泵的规格和采用功率较小的电动机，系统中能量利用更为合理，同时可以提高效率，减少发热。图 7－14 所示为蓄能器作辅助动力源的压力机液压系统。在工作循环中，当液压缸慢进和保压时，蓄能器把液压泵输出的压力油储存起来，达到设定压力以后，卸荷阀打开，泵卸荷；当液压缸在快速进、退时，蓄能器与泵一起向液压缸供油，完成一个工作循环。这里，蓄能器的容量所提供的流量加上液压泵的流量应该能够满足工作循环的流量要求，并能在循环之间重新充够油液。因此，在系统设计时可按平均流量选用较小流量规格的泵。

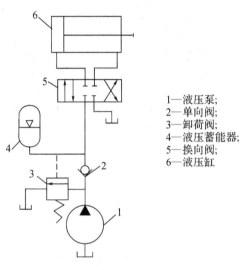

1—液压泵；
2—单向阀；
3—卸荷阀；
4—液压蓄能器；
5—换向阀；
6—液压缸

图 7－14　蓄能器作辅助动力源

2. 应急动力源

当液压系统工作时，由于泵或电源的故障，液压泵突然停止供油，会引起事故。对于重要的系统，为了确保工作安全，就需要用一适当容量的蓄能器作为应急动力源。图 7－15 所示为蓄能器作为应急动力源的液压系统，当液压泵突然停止供油时，蓄能器便将其储存的压

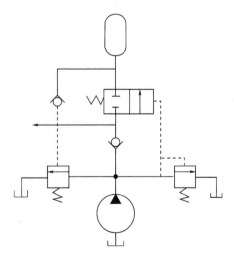

图 7－15　蓄能器作应急动力源

力油放出，使系统继续在一段时间内获得压力油。

3. 系统保压

应用蓄能器使液压系统保持压力，从而使液压泵卸荷以降低功率的消耗。图 7-16 所示为液压夹紧装置。当液压泵停止向夹紧装置供油时，卸荷阀 3 打开，泵卸荷，而由蓄能器 4 补偿系统泄漏，使系统在一段时间内保持系统压力，使工作装置夹紧。

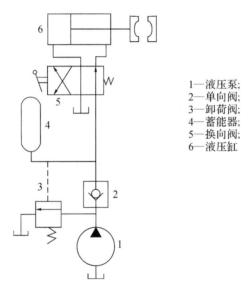

1—液压泵;
2—单向阀;
3—卸荷阀;
4—蓄能器;
5—换向阀;
6—液压缸

图 7-16　液压夹紧装置

4. 吸收压力脉动和液压冲击

在液压系统中安装蓄能器，可以吸收和减少压力脉动峰值，这是防止振动与噪声的措施之一。图 7-17 所示即为吸收压力脉动时使用蓄能器的回路。液压泵的流量脉动会使执行元件运动速度不均匀，并引起系统压力脉动。在液压泵附近安装蓄能器，便可吸收压力脉动，减小流量或压力脉动的幅值。图 7-18 所示为蓄能器用作吸收液压冲击时的回路。当液压缸突然停止运动，换向阀突然关闭或换向，液压泵突然启动或停转时，都会引起液压冲击，采用蓄能器可使冲击压力得到缓和，从而消除系统中的管路和工作元件遭受损坏的危险。

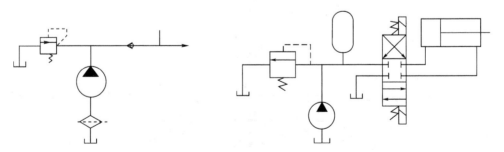

图 7-17　蓄能器用作吸收压力脉动的回路　　　图 7-18　蓄能器用作吸收冲击的回路

5. 回收能量

蓄能器在液压系统节能中的一个有效应用是将运动部件的动能和下落质量的位能以压力

能的形式加以回收和利用，从而减小系统能量损失和由此引起的发热。如为了防止行走车辆在频繁制动中将动能全部经制动器转化为热能，可在车辆行走系统的机械传动链中加入蓄能器，将动能以压力能的形式回收利用。

三、蓄能器的安装与使用

蓄能器安装的位置除应考虑便于检修外，对用于保压回路的蓄能器，应尽可能安装在执行元件的附近；而用于吸收压力脉动、缓和液压冲击的蓄能器，应装在冲击源或脉动源的附近。选择蓄能器时，需进行蓄能器容量的计算。

蓄能器安装、使用时还应注意以下问题：

（1）在安装蓄能器时，应将油口朝下垂直安装。

（2）装在管路上的蓄能器必须用支板或支架固定。

（3）充气式蓄能器中应使用惰性气体(一般为氮气)，允许工作压力根据蓄能器结构形式而定。

（4）蓄能器是压力容器，搬运和拆装时应先排除内部的气体，工作要注意安全。

（5）不同蓄能器适用工作范围不同。例如气囊强度不高，则不能承受很大的压力波动，而且只能在$-2℃\sim+70℃$的温度范围内工作。

（6）蓄能器与管路之间应安装截止阀，供充气和检修时使用。蓄能器与液压泵之间应安装单向阀，防止液压泵停运时蓄能器内压力油倒流。

任务三　油管及管接头

管件包括油管、管接头和法兰等。油管的作用是保证液压系统工作液体的循环和能量的传输，管接头用以把油管与油管或油管与元件连接起来而构成管路系统。油管和管接头应有足够的强度，良好的密封，较小的压力损失，并便于拆卸和安装。

一、油管

1. 油管的种类

在液压传动系统中，油管主要采用无缝钢管、耐油橡胶软管，有时也用一些紫铜管和尼龙管。油管材料的选择是依据液压系统各部位的工作压力、工作要求和部件间的位置关系等。各种材料的油管及其适用范围如下：

（1）无缝钢管。无缝钢管的耐油性、抗腐蚀性较好，耐高压、变形小，装配时不易弯曲，装配后能长久地保持原形，在中、高压液压系统中得到广泛应用。无缝钢管有冷拔和热轧两种。冷拔管的外径尺寸精确，质地均匀，强度高。一般多选用10号、15号冷拔无缝钢管。吸油管和回油管等低压管路允许采用有缝钢管。

（2）橡胶软管。橡胶软管用于有相对运动的部件的连接，能吸收液压系统的冲击和振动，装配方便，但制造困难，寿命短，成本高，固定连接时一般不采用。橡胶软管用夹有钢丝的耐油橡胶制成，钢丝有交叉编织和缠绕两种，一般有$2\sim3$层。钢丝层数越多，耐压越高(见表$7-2$)，压力可达39.2 MPa。

表 7 – 2　钢丝编织胶管的尺寸及工作压力

内径/mm	一层钢丝编织层			二层钢丝编织层			三层钢丝编织层		
	外径/mm	工作压力/MPa	最小弯曲半径/mm	外径/mm	工作压力/MPa	最小弯曲半径/mm	外径/mm	工作压力/MPa	最小弯曲半径/mm
4	13	19.6	90						
6	15	17.64	100	17	27.44	120	19	39.2	140
8	17	16.66	110	19	24.5	140	21	32.34	160
10	19	14.7	130	21	22.34	160	23	27.44	180
13	23	13.72	190	25	21.78	190	27	24.5	240
16	26	10.78	220	28	16.66	240	30	20.58	300
19	29	9.8	260	31	14.7	300	33	17.64	330
22	32	8.82	320	34	12.74	350	36	15.68	380
25	36	7.84	350	37.5	10.78	380	39	13.72	400
32	43.5	5.88	420	45	8.82	450	47	10.78	450
38	49.5	4.9	500	51	7.84	500	53	9.8	500
45				58	7.84	550	60	8.8	550
51				64	5.88	600	66	7.84	600

（3）紫铜管。紫铜管容易弯曲成所需的形状，安装方便，且管壁光滑，摩擦阻力小，但耐压能力低，抗震能力弱，只适用于中、低压油路。

（4）尼龙管。尼龙管能够替代部分紫铜管，价格低廉，弯曲方便，但寿命短。

2. 管道尺寸的确定

液压系统管道的选择与计算主要是计算管道的内径和壁厚。

1）液压管道内径的确定

管道的内径是根据管内允许流速和所通过的流量来确定的，即

$$d = \sqrt{\frac{4q}{\pi v}} \qquad (7-1)$$

式中：d 为管道内径；q 为通过管道的最大流量；v 为管道内的允许流速，对吸油管路取 0.6～1.5 m/s(流量大时取大值)，对压油管路取 2.5～5 m/s(压力高、流量大、管路短时取大值)，对回油管路取 1.5～2.5 m/s。

计算出管道内径后，应按标准管径尺寸相近的油管进行圆整。

2）液压管道壁厚的计算

管道的壁厚可按下式计算：

$$\delta = \frac{pd}{2[\sigma]} \qquad (7-2)$$

式中：p 为管内油液的最大工作压力；d 为管道内径；$[\sigma]$ 为许用应力。

对钢管，有

$$[\sigma]=\frac{\sigma_b}{n} \tag{7-3}$$

式中：σ_b 为材料抗拉强度；n 为安全系数。当 $p<7$ MPa 时，取 $n=8$；$p<17.5$ MPa 时，取 $n=6$；$p>17.5$ MPa 时，取 $n=4$。

对铜管，有 $[\sigma]<25$ MPa。

选择管道壁厚时，还应该考虑加工螺纹对强度的影响。

3. 管道安装的要求

安装管道时，要注意以下要求：

(1) 管道在安装前要进行清洗。一般先用 20% 的硫酸和盐酸进行酸洗。然后用 10% 的苏打水中和，再用温水洗净，做 2 倍于工作压力的预压试验，确认合格后才能安装。

(2) 管路应尽量短，横平竖直，转弯少。为避免管路折皱，以减少压力损失，硬管装配时的弯曲半径要足够大，符合表 7-3 的要求。管路悬伸较长时，要适当设置管夹(是标准件)。

表 7-3　硬管装配时允许的弯曲半径

管子外径 D/mm	10	14	18	22	28	34	42	50	63
弯曲半径 R/mm	50	70	75	80	90	100	130	150	190

(3) 管路应在水平和垂直两个方向上布置，尽量避免交叉，平行管间距要大于 10 mm，以防止接触振动并便于安装管接头。

(4) 管路的布置应便于拆装。

(5) 软管直线安装时要有 30% 左右的余量，以适应油温变化、受拉和振动的需要。弯曲半径要大于软管外径的 9 倍，弯曲处到管接头的距离至少等于外径的 6 倍。

图 7-19 是软管安装时常见到的几种情况，图中的 3、6、7、8、10、12、14 是正确的安装，1、4、9、11、13、15 是不正确的安装，2、5 为使用异径接头的简化安装。

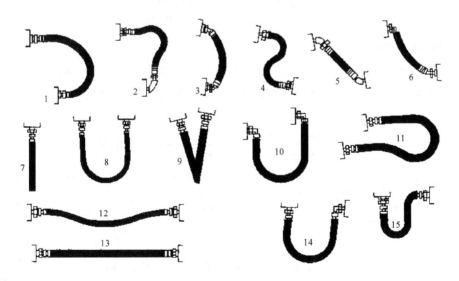

图 7-19　高压软管的安装

二、管接头

管接头是油管与油管、油管与液压元件之间的连接件。当前常采用的管接头形式有卡套式、焊接式、扩口式、中心回转接头、快速接头、钢丝编织胶管接头。下面分别介绍上述几种管接头的结构和特点。

1. 卡套式管接头

图 7-20 为卡套式管接头的构成和工作原理。它由接头体 1、卡套 4 和螺母 3 这三个基本零件组成，卡套 4 左端内圆带有刃口，两端外圆均带有锥面。装配时，首先将被连接的管子 2 垂直切断，再将螺母 3 和卡套套在管子上，然后将管子插入接头体 1 的内孔。卡套卡进接头体内锥孔与管子之间的空隙内，再将螺母旋在接头体上，使其内锥面与卡套的外锥面靠紧。将管子与接头体止推面 a 靠紧后旋紧螺母，使卡套作轴向移动时，卡套的刃口端 b 径向收缩并切入管子，其外圆同时与接头体、内锥面 c 靠紧形成良好的密封。装好的管接头卡套中部稍有拱形凸起，尾部(右端)也径向收缩抱住管子。卡套因中部拱起具有一定弹性，有利于密封和防止螺母松动。

卡套式管接头有许多种接头体，使用时可查阅卡套式管接头的有关标准。该种接头的特点是拆装方便，能承受大的冲击和振动，使用寿命长，但对卡套的制造质量和钢管外径尺寸精度要求较高。

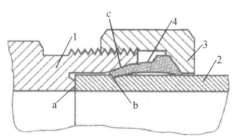

1—接头体；2—管子；3—螺母；4—卡套
图 7-20　卡套式管接头工作原理

2. 焊接式管接头

焊接式管接头结构如图 7-21 所示。把螺母 3 套在接管 2 上，油管端部焊接上一个接管 2，靠旋紧螺母 3 把接管 2 与接头体 1 连接起来。接头体 1 的另一端可与另一油管或元件连接。

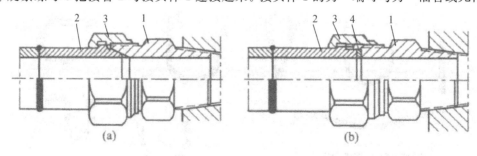

1—接头体；2—接管；3—螺母；4—O 形密封圈
图 7-21　焊接式管接头结构

接管 2 与接头体 1 结合处加 O 形密封圈 4 或其他密封垫圈以防漏油。也可采用图 7-21(a)所示球面压紧或图 7-20(b)所示加金属垫圈的方法密封。球面压紧密封加工精度要求高，使用压力较低。当与元件连接时，接头体 1 与元件连接的一端可以做成圆柱螺纹或圆锥螺纹。

焊接管接头制造工艺简单，工作可靠，拆装方便，对被连接的油管尺寸精度要求不高，工作压力较高，是目前常用的一种连接形式。其缺点是对焊接质量要求较高，O 形橡胶圈易老化、损坏，影响密封性能。

3. 扩口式管接头

扩口式管接头结构如图 7-22 所示。这种管接头适用于壁厚不大于 1.5 mm 的钢管、铜管和尼龙管连接。扩口式管接头分为 A 型、B 型两种，都由接头体 2、螺母 3、密封垫圈 1、导套 4 等组成。使用时，将油管做成喇叭口，A 型接头靠螺母 3 通过导套 4 将油管压紧在接头体上，B 型接头是靠螺母 3 的内锥面直接将油管压紧在接头体上。扩口式管接头工作压力较低，多用于低压液压系统中。

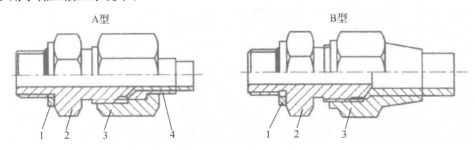

1—密封垫圈；2—接头体；3—螺母；4—导套

图 7-22　扩口式管接头结构

4. 中心回转接头

有些工程机械如全液压挖掘机和汽车起重机等，需要把装在回转平台上的液压泵的压力油输往固定不动的(相对于回转平台)下部行走机构，或者需要把装在底盘上的液压泵的压力油输往装于回转平台上的工作机构。这时可采用中心回转接头。

图 7-23 是中心回转接头结构示意图，由旋转芯子 1、外壳 2 和密封件 3 构成。旋转芯子

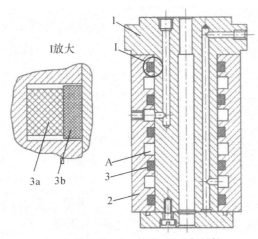

1—旋转芯子；2—外壳；3—密封件

图 7-23　中心回转接头结构示意图

与回转平台固连，跟随回转平台回转；外壳与底盘连接，相对于回转平台为固定不动。上部油管安装在旋转芯子上端的小孔上，这些小孔经过轴线方向的内孔和径向孔与外壳上的径向孔相通，而外壳上的径向孔与下部油管相连。为了使旋转芯子在回转时，其上的油孔仍能保持与外壳上的相应油孔相通，在外壳的内圆柱面上与径向小孔相对应处，各开有环形油槽A，这些油槽保证了外壳与旋转芯子上的对应油孔始终相通。

　　为了防止各条油路之间的内漏和外漏，在各环形油槽之间还开有环形密封槽装以密封件3，密封件可以采用方形橡胶圈和尼龙环，见图7-23中3a、3b，也可用O形密封圈（当压力较低时）或其他的密封件。

5. 快速接头

　　当管路的某一处需经常接通和断开时，可以采用快速接头。图7-24是快速接头的结构示意图。图中各零件的位置为油路接通时的位置（外套8把钢球7压入槽底，使接管9和接管3连接起来，锥阀2和5互相挤紧，使油路接通）。

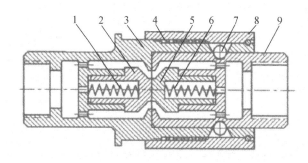

1、4、6—弹簧；2、5—锥阀；3、9—接管；7—钢球；8—外套
图7-24　快速接头的结构示意图

　　当需要断开油路时，可用力把外套8向左推，同时拉出接管9，油路即可断开。此时，弹簧4使外套8回位，锥阀2和5分别在各自的弹簧1和6的作用下外伸，顶在接管3和接管9的阀座上而关闭油路，使两边管中的油都不会流出。

　　当需要接通油路时，仍用力把外套向左一推，同进插入接管9，此时锥阀2和5互相挤紧而压缩各自的弹簧1和6，并缩入图示位置，离开了阀座，使油路接通。

6. 胶管接头

　　钢丝编织胶管接头的结构如图7-25所示，分为扣压式（见图7-25(a)和可拆式（见图7-25(b)）两种。

　　扣压式胶管接头由螺母1、接头芯2和外套3组成。装配前外套外圆无台肩，直径为D；装配时将胶管端部剥去外层胶，然后装上接头芯（带螺母1与外套，再滚压与胶管套装部分的外套外圆，使其直径收缩至点D'）。

　　可拆式胶管接头由螺母1、钢丝2、接头芯3以及外套4组成。接头芯尾部外圆为锥形，将胶管剥去外层胶装进接头芯和外套之间，拧紧接头芯即可。

　　两类胶管分为A、B、C型，分别用以和焊接式、卡套式和扩口式管接头的接头体连接使用。

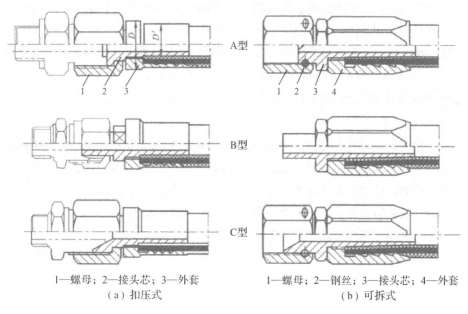

1—螺母；2—接头芯；3—外套　　　　　　1—螺母；2—钢丝；3—接头芯；4—外套
（a）扣压式　　　　　　　　　　　　　　（b）可拆式

图 7 - 25　钢丝编织胶管接头

任务四　油箱、热交换器及仪表附件

一、油箱

1. 油箱的作用和容积

1）油箱的作用

油箱的作用主要是储存油液，此外还起着散热、分离油液中的气体及沉淀污染物等作用。油箱的设计与选用将直接影响液压系统工作的可靠性，尤其对液压泵的寿命有重要的影响。因此，合理选用油箱是液压系统设计过程中的一个重要问题。

液压系统中的油箱可分为开式和闭式两种。开式油箱中的油液液面与大气相通，而闭式油箱中的油液液面与大气隔绝。其中，开式油箱的应用较为广泛，它又有整体式和分离式两种。整体式油箱是利用主机的内腔作为油箱（如压铸机、注塑机等），结构紧凑，各处漏油易于回收，但维修不便、散热条件不好，且会使主机产生热变形。分离式油箱是指单独设置一个油箱，与主机分开，这样减少了油箱发热，减轻了液压源振动对主机工作精度的影响。

2）油箱的容积

液压系统中的各种能量的损失，主要是节流损失、容积损失和机械损失，都转化成为热能。此热能除一部分通过液压元件和管路的外壁向空气散发外，大部分将使油温升高。油温升至某一温度后，系统达到热平衡，系统即保持一定的温度不再上升，此时的温度称为热平衡温度。事实上，在开式液压系统中主要用来散热的是油箱的四壁，因此合理地选择油箱的容积可以降低液压系统的热平衡温度，使介质能在正常的温度下工作。

另外，油箱的容积，即油面高度为油箱高度80%时的油箱有效容积，必须保证在设备停止运转时，液压系统的油液在自重作用下能全部返回油箱。为了更好地沉积杂质和分离空气，油箱的有效容积一般取为液压泵每分钟排出的油液的体积的2～7倍，当系统为低压系统时取2～4倍，当系统为中、高压系统时取5～7倍，对于行走机械一般取2倍。

2. 油箱的基本要求与主要组成部分

1）油箱的基本要求

液压泵过早损坏的部位都是在泵的吸入段。控制好流回油箱的回流、泵从油箱吸油的流动及油液在油箱内的流动，可以显著减少空气的混入和气蚀的发生。因此，对于油箱的设计应给予足够的重视。对油箱的要求如下：

（1）能储存足够的油液，以满足液压系统正常工作的需要。

（2）应有较大的表面积，能散发工作时产生的热量。

（3）应使油液在油箱中平缓地流动，以利于油液中空气的分离和污垢的沉淀。

（4）应能防止外部污染物的侵入，保证液压泵正常吸油。

（5）应为油箱内元件的维修与装拆提供方便，并便于注油和放油。

（6）根据需要，提供安装液压元件的面积。

2）油箱的主要组成部分

油箱的形状可依主机的总体布置而定。为了便于清洗油箱，油箱的盖板一般都是可拆开的。图7-26所示为油箱结构简图，以此为例介绍油箱的各组成部分。

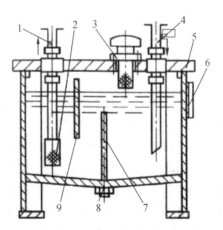

1—吸油管；2—吸油口；3—空气过滤器；4—回油管；
5—上盖；6—液位计；7、9—隔板；8—放油塞

图7-26　油箱结构简图

（1）吸油管和回油管。

图7-26中1为吸油管，4为回油管，吸油管口和回油管口应尽量远离。吸油口2要装设有足够通流能力的过滤器，其底面距箱底要有一定的距离，以便四面进油，过滤器的通油能力应大于泵流量的2倍。回油管口距箱底的距离应不小于管径的3倍，管端为45°斜口，以增大出油口截面积，减慢出口处油流速度。此外，应使回油管斜切口面对箱壁，以利

油液散热。当回油管排回的油量很大时，宜使它出口处高出油面，向一个带孔或不带孔的斜槽（倾角为 $5°\sim15°$）排油，使油流散开，一方面减慢流速，另一方面排走油液中空气。要保证过滤器与回油管管端在油面最低时仍应没在油中，防止吸油时吸入空气或回油冲入油箱时搅动油面而混入气泡，系统中的泄漏油管应尽量单独接入油箱。其中，各类控制阀的泄漏油管端部应在油面之上，以免产生背压；液压泵和液压马达的外泄漏油管应引入油面之下，以免吸入空气。

（2）隔板。

油箱内部吸油区和回油区要用图 7-26 所示的隔板 7 和 9 分开，以增大油液循环的路程，减少油液的循环速度，便于分离回油带来的空气和污物，提高散热效果。隔板的高度一般为液面高度的 3/4，以利于杂质沉淀和循环导热。若油箱较大，还可采用上、下两块隔板的结构。

（3）放油塞。

油箱的底板应做成适当的斜度，并在最低位置装放油塞 8。油箱的底面斜度可做成如图 7-26 所示的双斜面，也可做成向回油侧倾斜的单斜面，放油孔开在回油侧的最低处。为了便于清洗，中间隔板下部应开有缺口，使吸油侧的油液沉淀物可以经此缺口至回油侧，然后可由放油口放出。

（4）空气过滤器。

空气过滤器是液压系统必备的辅件，其结构由空气过滤和加油过滤两部分组成，直接安装在油箱盖板上，既可以滤除液压系统工作时由空气中带入箱内的灰尘，又可以滤除加油过程中带入的颗粒杂物，从而简化了油箱的结构。有利于油液的净化空气过滤器 3 设在回油管一侧的上盖 5 上，有加油和通气的作用。对于有一定预压要求的压力油箱，可使用预压式空气过滤器。这种空气过滤器的作用是在设定的压力范围内只允许空气单向进入，因此当油面下降，吸入的空气在油面上升时无法排出就形成了预压。空气过滤器的过流能力一般为液压泵流量的两倍，其过滤精度应与液压系统中最细的过滤器的精度相同。

（5）液位液温显示与控制装置。

液位计多利用连通器原理显示油箱内液面的位置，在观察窗口往往还同时设有温度计显示油液温度。液位计的安装位置和量程范围应该能够显示出最高和最低允许液面的位置，其中液温显示只有在油箱内液面高于最低允许液面，即温度计头部完全浸入油液时才为准确读数。在一些对液位传感器和液温有严格要求的场合，需要采用液位传感器和温度传感器配合进出油阀门以及热交换器构成液位和液温的控制闭环。

（6）油箱清洗盖。

一般油箱可以通过拆卸上盖进行清洗，但对大容量的油箱，多采用在油箱侧壁设清洗口的方法。清洗窗口平时用侧板密封，清洗时再取下。油箱清洗盖要保证人手及工具从该窗口伸入至油箱内部后，能彻底清除有关污染；根据需要还可在该清洗盖上安置注油口或液位计等附件。

（7）油箱壁。

分离式油箱一般用 $2.5\sim4$ mm 厚的钢板焊成。油箱壁越薄，散热越快。为了易于散热和便于对油箱进行搬移及维护保养,箱底离地至少应在 150 mm 以上。大尺寸油箱要加焊角板、筋条,以增加刚性。当液压泵及其驱动电动机和其他液压件都要装在油箱上时,油箱顶盖要相应地加厚。应防止油箱内壁的腐蚀,新油箱经喷丸、酸洗和表面清洗后,内壁可涂一层与工作液相容的耐油油漆。

二、热交换器

液压系统工作时,各种能量损失转化为热量。一部分热量通过油箱和各部分装置的表面散发到周围空间,大部分导致油液温度升高。液压系统的油温一般希望保持在 30℃～50℃ 范围内,最高不超过 65℃;当环境温度低时,油温最低应不低于 15℃。对某些液压装置(如行走机械等),由于受结构限制,油箱容积较小,不能充分散热来控制油温的升高。此外,有的液压装置还要求能够自动控制油液温度。对以上这些场合,必须采取强制冷却的方法,通过冷却器来限制油液温升,使之符合液压系统工作要求。相反,液压系统工作前,如果油液温度低于 15℃,将因油液黏度较大,不利于液压泵的吸入和启动。有时需设置加热器,通过外界加热的方法来提高油液温度。

综上所述,冷却器和加热器的作用在于控制液压系统油液温度处于正常工作范围内(15℃～65℃),保证液压系统工作可靠。冷却器和加热器总称为热交换器,它们的图形符号如图 7-27 所示。

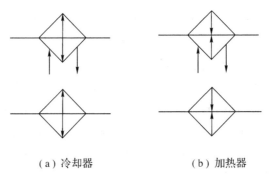

　　　　　(a) 冷却器　　　　　　　　　　(b) 加热器

图 7-27　冷却器和加热器的图形符号

1. 冷却器

1) 对冷却器的基本要求

冷却器除通过管道散热面积直接吸收油液中的热量外,还使油液流动出现湍流,通过破坏边界层来增加油液的传热系数。对冷却器的基本要求是:在保证散热面积足够大、散热效率高和压力损失小等前提下,要求结构紧凑、坚固、体积小、重量轻,最好有自动控制油温装置,以保证油温控制的准确性。

2) 冷却器的种类

根据冷却介质的不同,冷却器分为水冷式和风冷式。

(1) 水冷式冷却器。

① 蛇管式冷却器。对液压油进行冷却时,最简单的方法是安放蛇管式冷却器。如图 7-28所示,它直接装在油箱内,蛇形管内通以冷却水,用以带走油液中的热量。蛇管式冷却

器制造简单、装设方便，但冷却依靠自然对流，因而效率低，耗水量大，运转费用高。

② 多管式冷却器。多管式冷却器也称列管式或排管式冷却器。图 7-29 所示为多管式冷却器的结构。油液从进油口 5 流入，从出油口 3 流出；而冷却水从进水口 7 流入，通过多根水管后由出水口 1 流出。冷却器内设置了隔板 4，在水管外部流动的油液的行进路线因隔板 4 的上下布置变得迂回曲折，从而增强了热交换效果。这种冷却器的冷却效果较好。

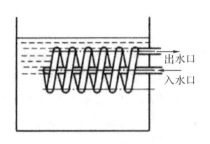

图 7-28 蛇管式冷却器

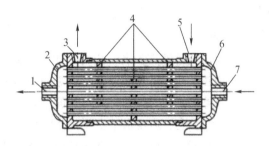

1—出水口；2—端盖；3—出油口；4—隔板；
5—进油口；6—端盖；7—进水口

图 7-29 多管式冷却器的结构

（2）风冷式冷却器。

风冷式冷却器用于缺水或不便用水冷却的设备，如行走机械。冷却方式除采用风扇强制吹风冷却外，多采用自然通风冷却。自然通风冷却的冷却器有管式、板式、翅片式等形式。一般管式和板式冷却器因传热系数小、冷却效果较差而很少采用。

图 7-30 所示为翅片式风冷却器，每两层通油板之间设有波浪形的翅片板，因此可以大大提高传热系数。如果加上强制通风，冷却效果更好。翅片式风冷却器结构紧凑、体积小、强度高，但易堵塞、难清洗。

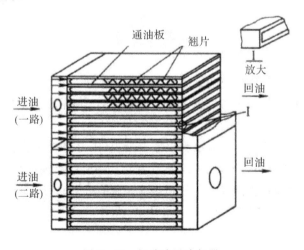

图 7-30 翅片式风冷却器

3）冷却器的安装及选用

冷却器有多种安装形式，一般应安装在回油路或溢流阀的溢流管路上，因为这里油温较高，冷却效果好。冷却器在系统中造成的压力损失一般为 0.1 MPa 左右。

一般应按照系统的工作环境、技术要求、经济性、可靠性和寿命方面的要求，选择合适的冷却器，以适应系统的工作要求。系统的工作环境包括环境温度和安装条件，如可提供冷却介质的种类及温度（即冷却器冷却介质的入口温度）等，若用水冷却，要了解水质情况以及可供冷却器占用的空间等；技术要求包括液压系统的工作液体进入冷却器的温度，冷却器必须带走的热量，通过冷却器的油液的流量和压力等；经济性包括购置费用和维护费用等。

2. 加热器

在严寒地区使用液压设备，开始工作时油温低，启动困难，效率也低，所以必须将油箱中的液压油加热。对于需要油温保持稳定的液压实验设备、精密机床等液压设备，也必须在开始工作之前把油加热。一般采用结构简单，能按需要自动调节最高、最低温度的电加热器，如图7-31所示。电加热器水平安装，发热部分应全部浸入油中，安装位置应使油箱内的油液有良好的自然对流。单个加热器的功率不能太大，以避免其周围油液过度受热而变质，一般表面功率密度不应大于 3 W/cm^2。

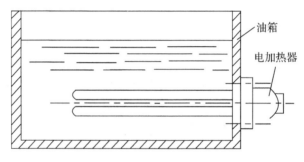

图 7-31 加热器安装示意图

三、仪表附件

仪表附件主要包括压力表和压力表开关。

1. 压力表

液压系统中各工作点的压力可以通过压力表来观测，最常见的是机械弹簧式和数显式压力表。

压力表精度等级的数位是压力计最大误差占量程（压力表的测量范围）的百分数。一般机床上的压力表用2.5~4级精度即可。选用压力表时，一般取系统压力为量程的2/3~3/4（系统最高压力不超过压力表量程的3/4），压力表必须垂直安装。为了防止压力冲击而损坏压力表，常在压力表的通道上设阻尼小孔。

2. 压力表开关

压力表开关用于接通或断开压力表与测量点油路的通道，开关中过油通道很小，对压力的波动和冲击起阻尼作用，防止压力表指针的剧烈摆动。

多点压力表开关可根据需要使一个压力表和系统中多个被测的压力油路相通，以分别测量各个油路的压力。压力表开关按其测量点数分为一点、三点及六点几种，按连接方式又可分为管式和板式两种。下面仅介绍 K-6B 型压力表开关，如图 7-32 所示。这种 K 系列压力表开关为板式连接，有六个测压点。图示位置为非测量位置，此时压力表油管经沟槽 a、小孔 b 与油箱接通。若将手柄推进去，沟槽 a 将把测量点与压力表连通，并将压力表通往油箱的通路切断，这时便可测出一个点的压力。如将手柄转到另一位置，便可测出另一点的压力。依次转动，共有六个位置，便可测量六个点的压力。

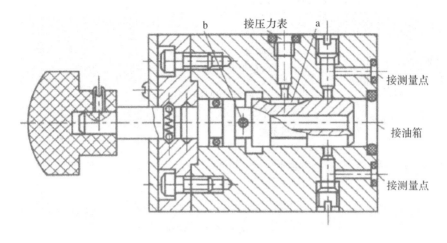

图 7-32 K-6B 压力表开关

任务五 密 封 装 置

密封装置的作用是用来防止压力工作介质的泄漏和阻止外界灰尘、污垢和异物的侵入，是解决液压系统泄漏问题最关键、最有效的手段。液压系统如果密封不良，可能出现不允许的内、外泄漏。内泄漏会迅速降低容积效率，泄漏严重时，会导致工作压力达不到要求值；外泄漏会导致工作介质的浪费，污染环境，还可能使空气进入吸油腔，影响液压泵的工作性能和液压执行元件运动的平稳性（爬行）。污染异物侵入系统中，会加剧运动副的磨损，会增加系统中的内、外泄漏。若密封过度，虽可防止泄漏，但会造成密封部分的剧烈磨损，缩短密封件的使用寿命，增大液压元件内的运动摩擦阻力，降低系统的机械效率。因此，合理地选用和设计密封装置在液压系统的设计中十分重要。

一、对密封装置的要求

（1）在工作压力和一定的温度范围内，应具有良好的密封性能，并随着压力的增加能自动提高密封性能。

（2）密封装置和运动件之间的摩擦力要小，摩擦因数要稳定。

（3）抗腐蚀能力强，不易老化，工作寿命长，耐磨性好，磨损后在一定程度上能自动补偿。

（4）结构简单，使用、维护方便，价格低廉。

二、密封装置的类型和特点

密封装置分为静密封和动密封两大类，图 7-33 所示为密封装置的分类。

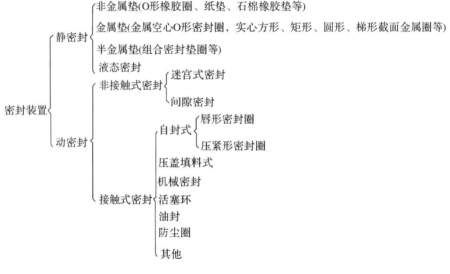

图 7-33　密封装置的分类

1. 间隙密封

间隙密封是靠相对运动件配合面之间的微小间隙来进行密封的，常用于柱塞、活塞或阀的圆柱配合副中。一般在阀芯的外表面开有几条等距离的均压槽，它的主要作用是使径向压力分布均匀，减少液压卡紧力，同时使阀芯在孔中对中性好，以减小间隙的方法来减少泄漏，同时槽所形成的阻力对减少泄漏也有一定的作用。均压槽一般宽 0.3～0.5 mm，深 0.5～1.0 mm。圆柱面配合间隙与直径大小有关，对于阀芯与阀孔一般取 0.005～0.017 mm。这种密封的优点是摩擦力小，缺点是磨损后不能自动补偿。

2. O 形密封圈

O 形密封圈一般用耐油橡胶制成，其横截面呈圆形，具有良好的密封性能，内外侧和端面都能起密封作用，结构紧凑，运动件的摩擦阻力小，制造容易，装拆方便，成本低且高低压均可以用，所以在液压系统中应用广泛。

图 7-34 所示为 O 形密封圈的结构和工作情况。图 7-34(a)所示为其外形，图 7-34(b)所示为装入密封沟槽的情况，δ_1、δ_2 为 O 形密封圈装配后的预压缩量，通常用压缩率 W 表示，对于固定密封、往复运动密封和回转运动密封，压缩率应分别达到 15%～20%、10%～20% 和 5%～10%，才能取得满意的密封效果。当油液工作压力超过 10 MPa 时，O 形密封圈在往复运动中容易被油液压力挤入间隙而提早损坏，如图 7-34(c)所示。为此要在它的侧面安放 1.2～1.5 mm 厚的聚四氟乙烯挡圈，单向受力时在受力侧的对面安放一个挡圈，如图 7-34(d)所示；双向受力时则在两侧各放一个，如图 7-34(e)所示。

O 形密封圈的安装沟槽除矩形外，也有 V 形、燕尾形、半圆形及二角形等，实际应用时可查阅有关手册及国家标准。

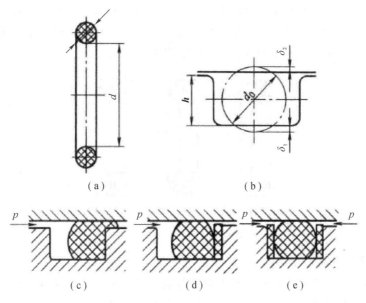

图 7 - 34　O 形密封圈的结构和工作情况

3. 唇形密封圈

唇形密封圈根据截面的形状可分为 Y 形、V 形、U 形及 L 形等，其工作原理如图 7 - 35 所示。液压力将密封圈的两唇边压向形成间隙的两个零件的表面。这种密封作用的特点是能随着工作压力的变化自动调整密封性能，压力越高则唇边被压得越紧，密封性越好；当压力降低时唇边压紧程度也随之降低，从而减小了摩擦阻力和功率消耗，除此之外，还能自动补偿唇边的磨损，保持密封性能不降低。安装唇形密封圈时应使其唇边开口面对压力油，使两唇张开，分别贴紧在机件的表面上。

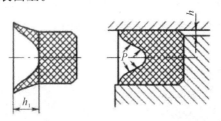

图 7 - 35　唇形密封圈的工作原理

目前，液压缸中普遍使用图 7 - 36 所示的小 Y 形密封圈作为活塞杆和活塞的密封。其中图 7 - 36(a)所示为轴用密封圈，图 7 - 36(b)所示为孔用密封圈。这种小 Y 形密封圈的特点是截面宽度和高度的比值大，增加了底部支承宽度，可以避免摩擦力造成密封圈的翻转和扭曲。

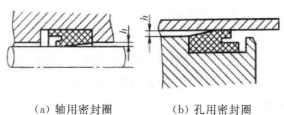

（a）轴用密封圈　　　　（b）孔用密封圈

图 7 - 36　小 Y 形密封圈

　　V形密封圈如图7-37所示，它由多层涂胶织物压制而成，通常由压环、密封环和支承环三个圈叠在一起使用，此时已能保证良好的密封性，当压力更高时，可以增加中间密封环的数量。这种密封圈在安装时要预压紧，所以摩擦阻力较大。

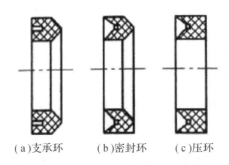

(a)支承环　　　(b)密封环　　　(c)压环

图7-37　V形密封圈

4. 组合式密封装置

　　随着液压技术的应用日益广泛，系统对密封的要求越来越高，普通的密封圈单独使用已不能很好地满足密封性能的要求，特别是使用寿命和可靠性方面的要求。因此，出现了由包括橡胶密封圈在内的两个以上元件组成的组合式密封装置。

　　图7-38(a)所示为由O形密封圈与截面为矩形的聚四氟乙烯塑料滑环组成的组合密封装置。其中，滑环2紧贴密封面，O形密封圈1为滑环提供弹性预压力，在介质压力等于零时构成密封。由于密封间隙靠滑环，而不是O形密封圈，因此摩擦阻力小而且稳定，可以用于40 MPa的高压。往复运动密封时，速度可达15 m/s；往复摆动与螺旋运动密封时，速度可达5 m/s。矩形滑环组合密封的缺点是抗侧倾能力稍差，在高低压交变的场合下工作容易漏油。图7-38(b)所示为由支撑环3和O形密封圈1组成的轴用组合密封，支撑环3与被密封件之间为线密封，其工作原理类似于唇边密封。支撑环3采用一种经特别处理的化合物，具有极佳的耐磨性、低摩擦和保形性，不存在橡胶密封低速时易产生的"爬行"现象，工作压力可达80 MPa。

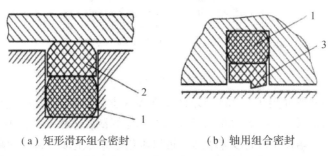

(a)矩形滑环组合密封　　　　　(b)轴用组合密封

1—O形密封圈；2—滑环；3—支撑环

图7-38　组合密封装置

　　组合式密封装置由于充分发挥了橡胶密封圈和滑环(支撑环)的长处，因此不仅工作可靠、摩擦力低而稳定，而且使用寿命比普通橡胶密封提高近百倍，在工程上的应用日益广泛。

5. 回转轴的密封装置

　　回转轴的密封装置形式很多，图7-39所示是一种由耐油橡胶制成的回转轴用密封圈。

它的内部由直角形圆环铁骨架支撑,密封圈的内边围着一条螺旋弹簧,把内边收紧在轴上来进行密封。这种密封圈主要用作液压泵、液压马达和回转式液压缸的伸出轴的密封,以防止油液漏到壳体外部。它的工作压力一般不超过 0.1 MPa,最大允许线速度为 4~8 m/s,须在有润滑情况下工作。

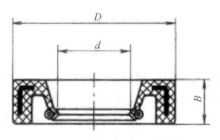

图 7-39　回转轴用密封圈

6. 防尘圈

在灰尘较多的环境中工作的液压缸,其活塞杆与缸盖之间除装密封圈外一般还要装设防尘圈,用以刮除活塞杆上的灰尘,以防灰尘进入液压件内部。防尘圈的形式很多,分为骨架式和无骨架式两种。图 7-40 所示为骨架式防尘圈,图中 1 为防尘圈,2 为与 1 结合在一起的骨架,用以增强防尘圈的强度和刚度,3 为活塞杆或轴。

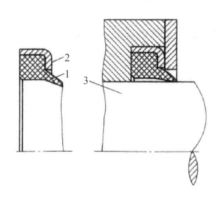

1—防尘圈;　2—骨架;　3—活塞杆(轴)

图 7-40　骨架式防尘圈

7. 组合密封垫圈

组合密封垫圈是将高硬度耐油橡胶与钢质外圈通过加温、硫化、压合组成为一体的一种适用于油类工作介质的密封垫圈,它适用于以油、水为介质的管路系统,供焊接式、卡套式、扩口式接头及螺塞、机械装置的压力系统密封时采用,以防油液、燃料、水等泄漏。

思 考 题

一、问答题

1. 蓄能器有哪些功用?安装和使用蓄能器应注意哪些问题?

2. 常用的滤油器有哪几种类型?它们各适用于什么场合?一般应安装在什么位置?

3. 常用的油管有哪几种？它们的适用范围有何不同？

4. 常用的管接头有哪几种？它们各适用于什么场合？

5. 油箱的功用是什么？设计油箱时应注意哪些问题？

6. 说明 O 形密封圈的密封原理，使用时如何保证其密封效果？

二、填空题

1. 蓄能器是液压系统中用以储存_____的装置，当前应用最广泛的一种是_____式蓄能器。

2. 为了便于检修，蓄能器与管路之间应安装_____，为了防止液压泵停车或泄载时蓄能器内的压力油倒流，蓄能器与液压泵之间应安装_____。

3. 选用过滤器应考虑_____、_____、_____和其他功能，它在系统中可安装在_____、_____、_____和单独的过滤系统中。

三、判断题

1. 油箱在液压系统中的功用是储存液压系统所需的足够油液。　　　（　　）

2. 液压泵吸油口处的过滤器一般采用过滤精度较高的精过滤器。　　　（　　）

技 能 训 练

1. 液压辅助元件的认知。

2. 典型液压系统中的液压辅助元件的类型、作用、安装方法及要求分析。

项目八　基本液压回路的分析

知识目标：

1. 掌握压力控制回路的作用。

2. 掌握调压、减压、增压、卸荷、保压和平衡等压力控制回路的工作原理及工作过程。

3. 掌握速度控制回路的类型及作用。

4. 掌握节流调速回路、容积调速回路、容积节流调速回路的工作原理、工作过程及特性。

5. 掌握快速运动回路、速度换接回路的工作原理、工作过程及特性。

6. 掌握方向控制回路的类型和作用，掌握换向回路及锁紧回路的工作原理、工作过程及特性。

7. 掌握顺序动作回路、同步回路和互不干扰回路的工作原理及工作过程。

8. 掌握液压控制回路中液压元件的选择方法。

技能目标：

1. 能分析常用的基本液压回路。

2. 能根据控制要求绘制基本液压回路。

3. 能根据基本液压回路选择液压元件，对液压回路进行连接、组装与调试。

4. 在完成上述任务的过程中，能够自觉遵守安全操作规范。

教师在讲授基本知识后，将学生分组安排，在实验室完成以下六个工作任务：常用基本液压回路的认识；压力控制回路的连接、组装与调试；节流调速回路的连接、组装与调试；快速运动回路的连接、组装与调试；方向控制回路的连接、组装与调试；顺序动作回路的连接、组装与调试。工作任务完成后，由学生自评、学生互评、教师评价三部分汇总组成教学评价。

一个液压系统不管多么复杂，总是由一些简单的基本回路组成。所谓基本回路是指由几个元件组成的用来完成特定功能的典型回路。按功能的不同可以分为压力控制回路、速度控制回路、方向控制回路和多缸工作控制回路。

任务一　压力控制回路

压力控制回路是利用压力控制阀来控制系统整体或某一部分的压力，以满足液压执行元件对力或转矩要求的回路，这类回路包括调压、减压、增压、卸荷、保压和平衡等多种回路。

一、调压回路

调压回路的功用是使液压系统整体或部分的压力保持恒定或不超过某个数值。在定量泵系统中，液压泵的供油压力可以通过溢流阀来调节。在变量泵系统中，用安全阀来限定系统的最高压力，防止系统过载。若系统中需要两种以上的压力，则可采用多级调压回路。

1. 单级调压回路

如图 8-1(a)所示，通过液压泵 1 和溢流阀 2 的并联连接，即可组成单级调压回路。通过调节溢流阀的压力，可以改变泵的输出压力。当溢流阀的调定压力确定后，液压泵就在溢流阀的调定压力下工作，从而实现了对液压系统进行调压和稳压控制。如果将液压泵 1 改换为变量泵，这时溢流阀将作为安全阀来使用。液压泵的工作压力低于溢流阀的调定压力时，溢流阀不工作；当系统出现故障，液压泵的工作压力上升时，一旦压力达到溢流阀的调定压力，溢流阀将开启，并将液压泵的工作压力限制在溢流阀的调定压力下，使液压系统不致因压力过载而受到破坏，从而保护了液压系统。

2. 二级调压回路

图 8-1(b)所示为二级调压回路，该回路可实现两种不同的系统压力控制。分别由先导型溢流阀 2 和直动型溢流阀 4 各调一级，当二位二通电磁阀 3 处于图示位置时系统压力由阀 2 调定，当阀 3 得电后处于右位时，系统压力由阀 4 调定，但要注意：阀 4 的调定压力一定要小于阀 2 的调定压力，否则不能实现。当系统压力由阀 4 调定时，先导型溢流阀 2 的先导阀口关闭，但主阀开启，液压泵的溢流流量经主阀回油箱，这时阀 4 亦处于工作状态，并有油液通过。应当指出：若将阀 3 与阀 4 对换位置，则仍可进行二级调压。

3. 多级调压回路

图 8-1(c)所示为三级调压回路，三级压力分别由溢流阀 1、2、3 调定。当电磁铁 1YA、2YA 断电时，系统压力由主溢流阀 1 调定；当 1YA 通电、2YA 断电时，系统压力由溢流阀 2 调定；当 2YA 通电、1YA 断电时，系统压力由溢流阀 3 调定。在这种调压回路中，溢流阀 2 和溢流阀 3 的调定压力要低于主溢流阀 1 的调定压力，而溢流阀 2 和溢流阀 3 的调定压力之间没有什么一定的关系。当溢流阀 2 或溢流阀 3 工作时，它们相当于主溢流阀 1 上的另一个先导阀。

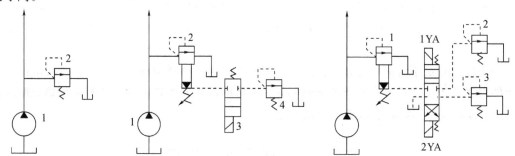

1—液压泵； 2—先导型溢流阀； 3—电磁阀； 4—直动型溢流阀； 1、2、3—溢流阀

(a) 单级调压回路   (b) 二级调压回路   (c) 多级调压回路

图 8-1 调压回路

二、减压回路

当泵的输出压力是高压而局部回路或支路要求低压时，可以采用减压回路，如机床液压系统中的定位、夹紧以及液压元件的控制油路等，它们往往要求比主油路较低的压力。减压回路较为简单，一般是在所需低压的支路上串接减压阀。采用减压回路虽能方便地获得某支路稳定的低压，但压力油经减压阀口时要产生压力损失，这是它的缺点。

1. 单级减压回路

图 8-2(a) 所示是最常见的单级减压回路。通过定值减压阀与主油路相连使支路获得一个稳定的低压，回路中的单向阀供主油路压力降低（低于减压阀调整压力）时防止油液倒流，起短时保压作用。

2. 多级减压回路

减压回路中也可以采用类似两级或多级调压的方法获得两级或多级减压。图 8-2(b) 所示为利用先导型减压阀 1 的远控口接一远控溢流阀 2，则可由阀 1、阀 2 各调得一种低压。但要注意，阀 2 的调定压力值一定要低于阀 1 的调定压力值。

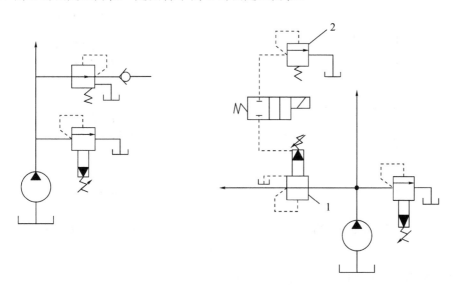

1—先导型减压阀；2—远控溢流阀

（a）单级减压回路　　　　　　　　　（b）多级减压回路

图 8-2　减压回路

在图示状态下，当先导型减压阀 1 的远控口连接的二位二通电磁换向阀断电时，压力由先导型减压阀 1 调定。当先导型减压阀 1 的远控口连接的二位二通电磁换向阀通电时，压力由远控溢流阀 2 调定。为了使减压回路工作可靠，减压阀的最低调整压力不应小于 0.5 MPa，最高调整压力至少应比系统压力小 0.5 MPa。当减压回路中的执行元件需要调速时，调速元件应放在减压阀的后面，以避免减压阀泄漏（指由减压阀泄油口流回油箱的油液）对执行元件的速度发生影响。

三、增压回路

如果系统或系统的某一支油路需要压力较高但流量又不大的压力油，而采用高压泵又不经济，或者根本就没有必要增设高压力的液压泵时，常采用增压回路。这样不仅易于选择液压泵，而且系统工作较可靠，噪声小。增压回路中提高压力的主要元件是增压缸或增压器。

1. 单作用增压缸的增压回路

图 8-3(a) 所示为利用增压缸的单作用增压回路。当系统在图示位置工作时，系统的供油压力 p_1 进入增压缸的大活塞腔，此时在小活塞腔即可得到所需较高压力 p_2；当二位四通电磁换向阀右位接入系统时，增压返回，辅助油箱中的油液经单向阀补入小活塞腔。该回路只能间歇增压，所以称之为单作用增压回路。

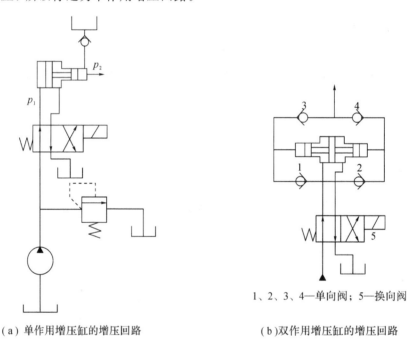

1、2、3、4—单向阀；5—换向阀

（a）单作用增压缸的增压回路　　　　　　　　（b）双作用增压缸的增压回路

图 8-3　增压回路

2. 双作用增压缸增压回路

图 8-3(b) 所示为采用双作用增压缸的增压回路，能连续输出高压油。双作用增压缸中有大活塞一个，小活塞两个，并由一根活塞杆连接在一起。在图示位置，液压泵输出的压力油经换向阀 5 和单向阀 1 进入增压缸左端大、小活塞腔，右端大活塞腔的回油通油箱，右端的小活塞腔增压后的高压油经单向阀 4 输出，此时单向阀 2、3 被关闭。当增压缸活塞移到右端时，换向阀通电换向，增压缸活塞向左移动。同理，左端小活塞腔输出的高压油经单向阀 3 输出。这样，增压缸的活塞不断往复运动，两端便交替输出高压油，从而实现了连续增压。

四、卸荷回路

当液压系统的执行元件在工作循环过程中短时间停止工作时，为了节省功耗，减少发热量，减轻油泵和电机的负荷及延长寿命，一般采用电机不停、油泵在接近零油压状态下工作的方式。通常电机功率在 3 kW 以内的液压系统都应该设有卸荷回路。卸荷回路有两大类，即压力卸荷回路(泵的全部或绝大部分流量在接近于零压下流回油箱)和流量卸荷回路(泵维持原有压力，而流量在近于零的情况下运转)。

1. 不需要保压的卸荷回路

不需要保压的卸荷回路一般直接采用液压元件实现卸荷，具有 M、H、K 型中位机能的三位换向阀都能实现卸荷功能。

图 8-4 为采用 H 型中位机能的三位换向阀的卸荷回路。当换向阀处于中位时，工作部件停止运动，液压泵输出的油液通过三位换向阀的中位通道直接流回油箱，泵的出口压力仅为油液流经管路和换向阀所产生的压力损失。这种回路适应于小流量的液压系统。

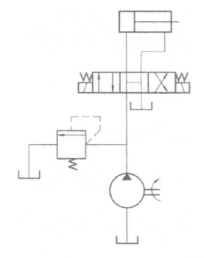

图 8-4　H 型中位机能的三位换向阀的卸荷回路

图 8-5 为二位二通电磁换向阀和溢流阀并联组成的卸荷回路。卸荷时，二位二通电磁换向阀通电，液压泵输出的油液通过电磁换向阀直接流回油箱，二位二通电磁换向阀的规格要和泵的排量相适应。这种回路不适应于大流量的液压系统。

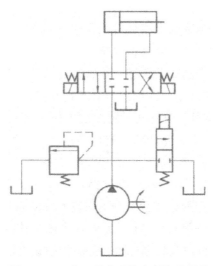

图 8-5　二位二通电磁换向阀卸荷回路

　　图 8-6 为采用二位二通电磁换向阀串接在先导型溢流阀的外控油路上组成的卸荷回路。卸荷时二位二通电磁换向阀得电，溢流阀导通卸荷，液压泵输出的油液通过溢流阀直接流回油箱。二位二通电磁换向阀用在控制油路上，所以只需要较小通径的电磁阀。卸荷时溢流阀处于全开状态，其通径规格应与液压泵的排量相适应。这种回路适应于高压、大流量的液压系统。

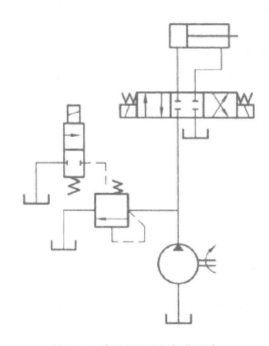

图 8-6　先导型溢流阀卸荷回路

　　还可以在系统中直接采用具有卸荷和溢流组合功能的电磁卸荷溢流阀（如力士乐的DAW 系列）进行卸荷，由卸荷溢流阀组成的卸荷回路具有回路简单的优点。

2. 需要保压的卸荷回路

　　有些液压系统在执行元件短时间停止工作时，整个系统或部分系统（如控制系统）的压力不允许为零，这时可以采用能够保压的卸荷回路。

　　图 8-7 为采用蓄能器保压的卸荷回路。开始时液压泵 1 向蓄能器 5 和液压缸 6 供油，液压缸 6 的活塞杆压头接触工件后，系统压力升高达到卸荷阀 2 的设定值时，卸荷阀 2 动作，液压泵 1 卸荷。然后蓄能器 5 维持液压缸 6 的工作压力，保压时间由蓄能器 5 的容量和系统的泄漏等因素决定。当压力降低到一定数值后，卸荷阀 2 关闭，液压泵 1 继续向系统供油。

　　图 8-8 为采用限压式变量泵保压的卸荷回路，利用限压式变量泵的输出压力来控制泵输出流量的原理进行卸荷。当液压缸 4 活塞杆压头快速运动趋向工件时，限压式变量泵 1 的输出压力很低但流量最大，压头接触工件后，系统压力随负荷的增大而增大。当压力超过预先设定值后，限压式变量泵 1 的流量自动减少，最后泵的输出流量少到只需要维持泄漏为止。这时液压缸 4 上腔的压力由限压式变量泵 1 保持基本不变，系统进入了保压状态。

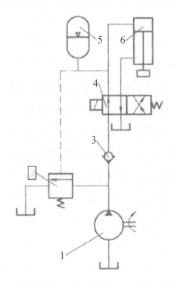

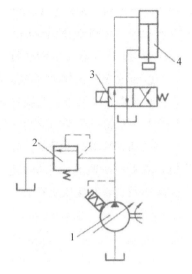

1—液压泵；2—卸荷阀；3—单向阀；
4—换向阀；5—蓄能器；6—液压缸
图 8-7 蓄能器保压的卸荷回路

1—限压式变量泵；2—溢流阀；
3—换向阀；4—液压缸
图 8-8 限压式变量泵保压的卸荷回路

五、保压回路

在液压系统中，常要求液压执行机构在一定的行程位置上停止运动或在有微小的位移时稳定地维持住一定的压力，这就要采用保压回路。最简单的保压回路是密封性能较好的液控单向阀的回路，但是，阀类元件处的泄漏使得这种回路的保压时间不能维持太久。

常用的保压方式有蓄能器保压回路、限压式变量泵保压回路和自动补油的保压回路。

图 8-9 所示为蓄能器保压回路，由进给回路和夹紧回路组成。当泵卸荷或进给执行件快速运动时，单向阀把夹紧回路与进给回路隔开，蓄能器中的压力油用于补偿夹紧回路中油液的泄漏，使其压力基本保持不变。蓄能器的容量取决于油路的泄漏程度和所要求的保压时间长短。

图 8-10 所示为限压式变量泵的保压回路。当系统进入保压状态时，由限压式变量泵向系统供油，维持系统压力稳定。由于只需补充保压回路的泄漏量，所以配备的限压式变量泵

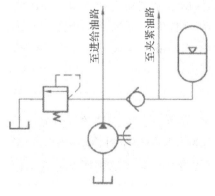

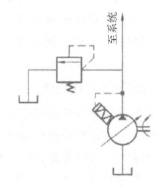

图 8-9 蓄能器保压回路   图 8-10 限压式变量泵的保压回路

输出的流量很小，因此功率消耗也非常小。

图 8-11 所示为压力机液压系统的自动补油保压回路。其工作原理是当三位四通电磁换向阀 3 的左位工作时，液压泵 1 向液压缸 7 上腔供油，活塞前进，当接触工件后，液压缸 7 上腔压力上升。当达到设定压力位时，电接触点压力表 6 发出信号，使三位四通电磁换向阀 3 切换到中位，这时液压泵 1 卸荷，系统进入保压状态。当液压缸 7 上腔压力降到某一压力值时，电接触点压力表 6 就发出信号，使三位四通电磁换向阀 3 又切换到左位，液压泵 1 重新向液压缸 7 上腔供油，使压力上升。如此反复，实现自动补油保压。当三位四通电磁换向阀 3 的右位工作时，活塞便快速退回原位。这种回路的保压时间长，压力稳定性好，适合于保压性能要求高的高压系统，如液压机等。

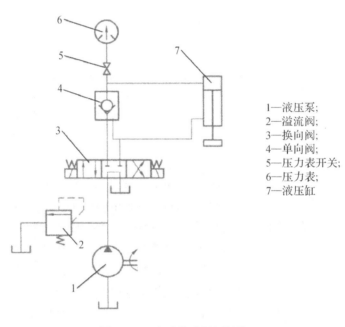

1—液压泵；
2—溢流阀；
3—换向阀；
4—单向阀；
5—压力表开关；
6—压力表；
7—液压缸

图 8-11　自动补油保压回路

六、平衡回路

为了防止立式液压缸或垂直运动的工作部件由于自重而自行下滑，可在液压系统中设置平衡回路，即在立式液压缸或垂直运动的工作部件的下行回路上设置适当的阻力，使其回油腔产生一定的背压，以平衡其自重和负载并提高液压缸或垂直运动工作部件的运动稳定性。

1. 用单向顺序阀的平衡回路

图 8-12 所示为由单向顺序阀组成的平衡回路，顺序阀 4 的调整压力应该稍微大于工作部件的重量在液压缸 5 下腔形成的压力。当换向阀 3 处于中位时，液压缸 5 就停止运动，但由于顺序阀 4 和换向阀 3 的泄漏，运动部件仍然会缓慢下降。这种回路适合工作载荷固定但位置精度要求不高的场合。

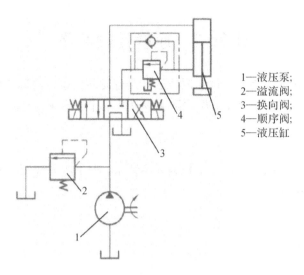

图 8 - 12　单向顺序阀平衡回路

1—液压泵;
2—溢流阀;
3—换向阀;
4—顺序阀;
5—液压缸

2. 用液控单向阀的平衡回路

图 8 - 13 所示为由液控单向阀组成的平衡回路,是将图 8 - 12 中的单向顺序阀换成液控单向阀。当换向阀左位动作时,压力油进入液压缸上腔,同时打开液控单向阀,活塞和工作部件向下运动。当换向阀处于中位时,液压缸上腔失压,关闭液控单向阀,活塞和工作部件停止运动。液控单向阀的密封性好,可以很好地防止活塞和工作部件因泄漏而造成的缓慢下降。在活塞和工作部件向下运动时,回油油路的背压小,因此功率损耗小。

如图 8 - 14 所示,在图 8 - 12 中的单向顺序阀 4 的后面再串联一个液控单向阀组成单向顺序阀加液控单向阀的平衡回路。液控单向阀可以防止因为单向顺序阀的泄漏而造成的工作部件缓慢下滑,而单向顺序阀可以提高回油腔的背压和油路的工作压力,使液控单向阀在工作部件下行时始终处于开启状态,提高工作部件的运动平稳性。另外还有采用单向节流阀和液控单向阀组成的平衡回路。

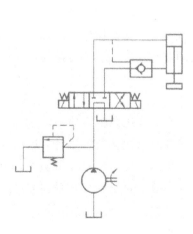

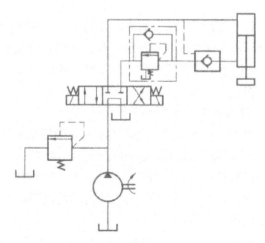

图 8 - 13　液控单向阀平衡回路　　　　　图 8 - 14　单向顺序阀加液控单向阀的平衡回路

任务二　速度控制回路

液压传动系统中速度控制回路包括调节液压执行元件的速度的调速回路、使之获得快速运动的快速运动回路、快速运动和工作进给速度以及工作进给速度之间的速度换接回路。

一、调速回路

调速是为了满足液压执行元件对工作速度的要求，在不考虑液压油的压缩性和泄漏的情况下，液压缸的运动速度为

$$v = \frac{q}{A} \tag{8-1}$$

液压马达的转速为

$$n = \frac{q}{V_M} \tag{8-2}$$

式中 q 为输入液压执行元件的流量；A 为液压缸的有效面积；V_M 为液压马达的排量。

由以上两式可知，改变输入液压执行元件的流量 q 或改变液压缸的有效面积 A（或液压马达的排量 V_M）均可以达到改变速度的目的。但改变液压缸工作面积的方法在实际中是不现实的，因此，只能用改变进入液压执行元件的流量或用改变变量液压马达排量的方法来调速。为了改变进入液压执行元件的流量，可采用变量液压泵来供油，也可采用定量泵和流量控制阀，以改变通过流量阀的流量。用定量泵和流量阀来调速时，称为节流调速；用改变变量泵或变量液压马达的排量来调速时，称为容积调速；用变量泵和流量阀来达到调速目的时，则称为容积节流调速。

1. 节流调速回路

节流调速回路的工作原理是通过改变回路中流量控制元件（节流阀和调速阀）通流截面积的大小来控制流入执行元件或自执行元件流出的流量，以调节其运动速度。根据流量阀在回路中的位置不同，分为进油路节流调速、回油路节流调速和旁油路节流调速三种回路。前两种调速回路由于在工作中回路的供油压力不随负载变化而变化，又被称为定压式节流调速回路，而旁油路节流调速回路由于回路的供油压力随负载的变化而变化，又被称为变压式节流调速回路。

1）进油路节流调速回路

如图 8-15(a)所示，节流阀串联在液压泵和液压缸之间。液压泵输出的油液一部分经节流阀进入液压缸工作腔，推动活塞运动，液压泵多余的油液经溢流阀排回油箱，这是这种调速回路能够正常工作的必要条件。由于溢流阀有溢流，泵的出口压力 p_p 就是溢流阀的调整压力并基本保持恒定（定压）。调节节流阀的流通面积，即可调节通过节流阀的流量，从而调节液压缸的运动速度。

（1）速度负载特性。缸在稳定工作时，其受力平衡方程式为

$$p_1 A_1 = F + p_2 A_2$$

式中，p_1 为进油腔压力；p_2 为出油腔压力，由于回油腔通油箱，$p_2 \approx 0$；F 为液压缸的负载；

A_1 为液压缸无杆腔有效面积；A_2 为液压缸有杆腔有效面积。

$$p_1 = \frac{F}{A_1}$$

因为液压泵的供油压力 p_p 为定值，则节流阀两端的压差为

$$\Delta p = p_p - p_1 = p_p - \frac{F}{A_1}$$

经节流阀进入液压缸的流量为

$$q_1 = KA_T \Delta p^m = KA_T \left(p_p - \frac{F}{A_1} \right)^m$$

故液压缸的运动速度为

$$v = \frac{q_1}{A_1} = \frac{KA_T}{A_1} \left(p_p - \frac{F}{A_1} \right)^m \tag{8-3}$$

式(8-3)即为进油路节流调速回路的负载特性方程。由该式可知，液压缸的运动速度 v 和节流阀通流面积 A_T 成正比。调节 A_T 可实现无级调速，这种调速回路的调速范围较大(速比最高可达 100)。当 A_T 调定后，速度随着负载的增大而减小，故这种调速回路的速度负载特性较"软"。

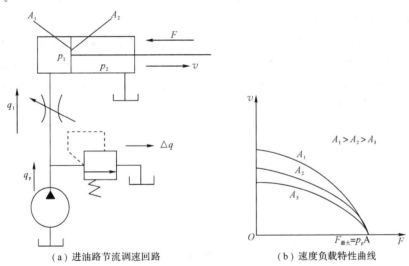

（a）进油路节流调速回路　　　　　（b）速度负载特性曲线

图 8-15　进油路节流调速回路

若按式(8-3)选用不同的 A_T 值绘制 $V \sim F$ 坐标曲线，可得一组曲线，即为该回路的速度负载特性曲线，如图 8-15(b)所示。速度负载特性曲线表明液压缸运动速度随负载变化的规律，曲线越陡，说明负载变化对速度的影响越大，即速度刚性差。由式(8-3)和图 8-15(b)还可看出，当节流阀通流面积 A_T 一定时，重载区域比轻载区域的速度刚性差；在相同负载条件下，节流阀通流面积大的比小的速度刚性差，即速度高时刚性差。所以这种调速回路适用于低速、轻载的场合。

（2）最大承载能力。由式(8-3)可知，无论节流阀的通流面积 A_T 为何值，当 $F = p_p A_1$ 时，节流阀两端压差 Δp 为零，活塞运动也就停止，此时液泵输出的流量全部经溢流阀流回油箱。所以该点的 F 值即为该回路的最大承载值，即 $F_{max} = p_p A_1$。

（3）功率和效率。在节流阀进油路节流调速回路中，液压泵的输出功率为 $P_p = p_p q_p =$ 常量，而液压缸的输出功率为

$$P_1 = Fv = F\frac{q_1}{A_1} = p_1 q_1$$

所以该回路的功率损失为

$$\Delta P = P_p - P_1 = p_p q_p - p_1 q_1 = p_p(q_1 + q_y) - (p_p - \Delta p)q_1 = p_p q_y + \Delta p q_1$$

式中，q_y 为通过溢流阀的溢流量，$q_y = q_p - q_1$。

由上式可知，这种调速回路的功率损失由两部分组成，即溢流损失功率 $\Delta p_y = p_p q_y$ 和节流损失功率 $\Delta p_T = \Delta p q_1$。

回路效率为

$$\eta = \frac{P_1}{P_p} = \frac{Fv}{p_p q_p} = \frac{p_1 q_1}{p_p q_p} \tag{8-4}$$

由于存在两部分的功率损失，故这种调速回路的效率较低。当负载恒定或变化很小时，η 可达 $0.2 \sim 0.6$；当负载变化时，回路的最大效率为 $\eta_{max} = 0.385$。机械加工设备常有快进→工进→快退的工作循环，工进时泵的大部分流量溢流，所以回路效率极低，而低效率导致温升和泄漏增加，进一步影响了速度稳定性和效率。回路功率越大，问题越严重。

2）回油路节流调速回路

图 8-16 所示的节流阀串联在液压缸的回油路上，借助于节流阀控制液压缸的排油量 q_2 来实现速度调节。由于进入液压缸的流量 q_1 受到回油路上排油量 q_2 的限制，因此用节流阀来调节液压缸的排油量 q_2 也就调节了进油量 q_1，定量泵多余的油液仍经溢流阀流回油箱，溢流阀调整压力（p_p）基本稳定。

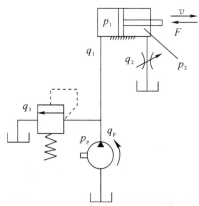

图 8-16　回油路节流调速回路

（1）速度负载特性。回油路节流调速和进油路节流调速的负载特性以及负载的刚性基本相同，若液压缸两腔有效面积相同（双出杆液压缸），那么两种节流调速的速度负载特性和速度刚性就完全一样。因此对进油路节流调速回路的一些分析对回油路节流调速回路完全适用。

（2）最大承载能力。回油路节流调速的最大承载能力与进油路节流调速相同，即 $F_{max} = p_p A_1$。

（3）功率和效率。液压泵的输出功率与进油路节流调速相同，即 $P_p = p_p q_p$，且等于常数；液压缸的输出功率与进油路节流调速回路的功率相同，进油节流调速回路的效率和回油节流

调速回路的效率相同。但是，应当指出，在回油节流调速回路中，液压缸工作腔和回油腔的压力都比进油节流调速回路高，特别是负载变化大，尤其是当 $F=0$ 时，回油腔的背压有可能比液压泵的供油压力还高，这样会使节流功率损失大大提高，且加大泄漏，因而其效率实际上比进油调速回路要低。

从以上分析可知，进油路节流调速回路与回油路节流调速回路有许多相同之处，但是，它们也有不同之处：

(1) 承受负值负载的能力。回油节流调速回路的节流阀使液压缸回油腔形成一定的背压，在负值负载时，背压能阻止工作部件的前冲，即能在负值负载下工作，而进油节流调速回路由于回油腔没有背压力，因而不能在负值负载下工作。

(2) 停车后的启动性能。长期停车后液压缸回油腔内的油液会流回油箱，当液压泵重新向液压缸供油时，在回油节流调速回路中，由于进油路上没有节流阀控制流量，会使流量前冲；而在进油节流调速回路中，由于进油路上有节流阀控制流量，故活塞前冲很少，甚至没有前冲。

(3) 实现压力控制的方便性。进油节流调速回路中，进油缸的压力将随负载而变化，当工作部件碰到止挡块而停止后，其压力将升到溢流阀的调定压力，利用这一压力变化来实现压力控制是很方便的；但在回油节流调速回路中，只有回油腔的压力才会随负载而变化，当工作部件碰到止挡块后，其压力将降至零，虽然也可以利用这一压力变化来实现压力控制，但其可靠性差，一般均不采用。

(4) 发热及泄漏的影响。在进油节流调速回路中，经过节流阀发热后的液压油将直接进入液压缸的进油腔；而在回油节流调速回路中，经过节流阀发热后的液压油将直接流回油箱冷却。因此，发热和泄漏对进油节流调速的影响均大于对回油节流调速的影响。

(5) 运动平稳性。在回油节流调速回路中，有背压力存在，它可以起到阻尼作用，同时空气也不易渗入，而在进油节流调速回路中则没有背压力存在，因此，可以认为回油节流调速回路的运动平稳性好一些；但是，从另一个方面讲，在使用单出杆液压缸的场合，无杆腔的进油量大于有杆腔的回油量。故在缸径、缸速均相同的情况下，进油节流调速回路的节流阀通流面积较大，低速时不易堵塞。因此，进油节流调速回路能获得更低的稳定速度。

为了提高回路的综合性能，一般常采用进油节流调速，并在回路上加背压阀的回路，使其兼具两者的优点。

3) 旁油路节流调速回路

图 8-17(a) 所示为采用节流阀的旁油路节流调速回路。节流阀调节了液压泵溢流回油箱的流量，从而控制了进入液压缸的流量，调节节流阀的通流面积，即可实现调速。由于溢流已由节流阀承担，故溢流阀实际上是安全阀，常态时关闭，过载时打开，其调定压力为最大工作压力的 1.1～1.2 倍，故液压泵工作过程中的压力完全取决于负载而不恒定，所以这种调速方式又称变压式流调速。

(1) 速度负载特性。按照式 (8-3) 的推导过程，可得到旁油路节流调速回路的速度负载特性方程。与前述不同之处主要是进入液压缸的流量 q_1 为泵的流量 q_p 与节流阀溢走的流量 q_T 之差。由于在回路中泵的工作压力随负载而变化，泄漏正比于压力也是变量（前两种回路中为常量），对速度产生了附加影响，因而泵的流量中要计入泵的泄漏量 Δq_p，所以有

$$q_1 = q_p - q_T = (q_2 - \Delta q_p) - KA_T \Delta p^m = q_t - k_1 \left(\frac{F}{A_1} \right) - KA_T \left(\frac{F}{A_1} \right)^m$$

式中，q_t 为泵的理论流量；k_1 为泵的泄漏系数，其他符号意义同前。所以液压缸的速度负载特性为

$$v = \frac{q_1}{A_1} = \frac{q_t - k_1 \left(\frac{F}{A_1} \right) - KA_T \left(\frac{F}{A_1} \right)^m}{A_1} \tag{8-5}$$

根据式(8-5)，选取不同的 A_T 值可绘制出一组速度负载特性曲线，如图 8-17(b)所示。由曲线可见，当节流阀通流面积一定而负载增加时，速度显著下降，即特性很软；但当节流阀通流面积一定时，负载越大，速度刚度越大；当负载一定时，节流阀通流面积 A_T 越小(即活塞运动速度高)，速度刚度越大，因而该回路适用于高速、重载的场合。

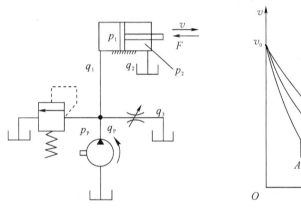

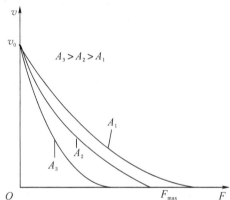

（a）旁油路节流调速回路　　　　　　　　（b）速度负载特性曲线

图 8-17　旁油路节流调速回路

（2）最大承载能力。由图 8-17(b)可知，速度负载特性曲线在横坐标上并不汇交，其最大承载能力也随节流阀通流面积 A_T 的增加而减小，即旁路节流调速回路的低速承载能力很差，调速范围也小。

（3）功率与效率。旁路节流调速回路只有节流损失而无溢流损失，泵的输出压力随负载而变化，即节流损失和输入功率随负载而变化，所以比前两种调速回路效率高。

旁油路节流调速回路负载特性很软，低速承载能力又差，故其应用比前两种回路少，只用于高速、重载、对速度平稳要求不高的较大功率系统中，如牛头刨床主运动系统、输送机械液压系统等。

　　4）采用调速阀的节流调速回路

使用节流阀的节流调速回路，速度负载性都比较差，为了克服这个缺点，回路中的节流阀可用调速阀来代替。由于调速阀本身能在负载变化的条件下保证节流阀进出油口间的压差基本不变，因而使用调速阀后，节流调速回路的速度负载特性将得到改善，如前面所示的进油路和回油路节流调速回路的速度负载特性曲线所示，旁油路节流调速回路的承载能力亦不因活塞速度降低而减小，但所有性能上的改进都是以加大整个流量控制阀的工作压差为代价的。调速阀的工作压差一般最小需 0.5 MPa，高压调速阀需 1.0 MPa 左右。

2. 容积调速回路

容积调速回路是用改变泵或马达的排量来实现调速的。容积调速回路的主要优点是没有节流损失和溢流损失，因而效率高，油液温升小，适用于高速、大功率调速系统。缺点是变量泵和变量马达的结构较复杂，成本较高。

根据油路的循环方式，容积调速回路可以分为开式回路和闭式回路。在开式回路中液压泵从油箱吸油，液压执行元件的回油直接回油箱，这种回路结构简单，油液在油箱中能得到充分冷却，但油箱体积较大，空气和脏物易进入回路。在闭式回路中，执行元件的回油直接与泵的吸油腔相连，结构紧凑，只需很小的补油箱，空气和脏物不易进入回路，但油液的冷却条件差，需附设辅助泵补油、冷却和换油。补油泵的流量一般为主泵流量的 $10\% \sim 15\%$，压力通常为 $0.3 \sim 1.0$ MPa 左右。

容积调速回路通常有三种基本形式：变量泵和定量液压执行元件组成的容积调速回路；定量泵和变量马达组成的容积调速回路；变量泵和变量马达组成的容积调速回路。

1) 变量泵和定量液压执行元件的容积调速回路

图 8-18 所示为变量泵和定量液压执行元件组成的容积调速回路，其中图 8-18(a)中的执行元件为液压缸，图 8-18(b)中的执行元件为液压马达，该回路为闭式回路。溢流阀 2 起安全作用，用以防止系统过载，为了补充泵和液压马达的泄漏，增加了补油泵 4 和溢流阀 5，溢流阀 5 用来调节补油泵的补油压力，同时置换部分已发热的油液，降低系统的温升。

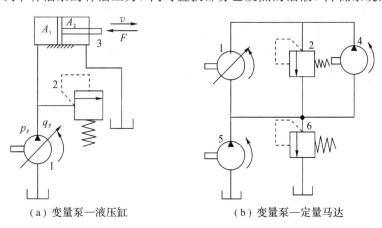

（a）变量泵—液压缸   （b）变量泵—定量马达

1—变量泵；2—安全阀；3—液压缸；4—定量马达；5—补油泵；6—溢流阀

图 8-18 变量泵—定量执行元件容积调速回路

在图 8-18(a)中，改变变量泵的排量即可调节活塞的运动速度 v，2 为安全阀，限制回路中的最大压力。若不考虑液压泵以外的元件和管道的泄漏，这种回路的活塞运动速度为

$$v = \frac{q_P}{A_1} = \frac{q_t - k_1 \dfrac{F}{A_1}}{A_1} \tag{8-6}$$

式中 q_t 为变量泵的理论流量；k_1 为变量泵的泄漏系数，其余符号意义同前。

将式(8-6)按不同的 q_t 值作图，可得一组平行直线，如图 8-19(a)所示。由于变量泵有泄漏，因此活塞运动速度会随负载的加大而减小。负载增大至某值时，在低速下会出现活塞停止运动的现象，这时变量泵的理论流量等于泄漏量，可见这种回路在低速下的承载能力是很差的。

在图 8-18(b)所示的变量泵—定量液压马达的调速回路中，若不计损失，马达的转速 $n_M = q_p/V_M$。因液压马达排量为定值，故调节变量泵的流量 q_p 即可对马达的转速 n_M 进行调节。同样当负载转矩恒定时，马达的输出转矩 $T = \Delta p_M V_M/2\pi$ 和回路工作压力 p 都恒定不变，所以马达的输出功率 $P = \Delta p_M V_M n_M$ 与转速 n_M 成正比关系变化，故本回路的调速方式又称为恒转矩调速，回路的调速特性如图 8-19(b)所示。

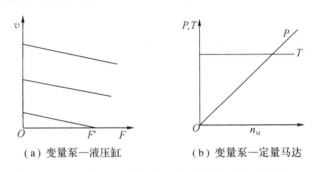

（a）变量泵—液压缸　　　　　　　（b）变量泵—定量马达

图 8-19　变量泵—定量执行元件容积调速回路调速特性

2) 定量泵和变量马达的容积调速回路

图 8-20(a)所示为定量泵和变量马达组成的容积调速回路。定量泵 1 输出流量不变，改变液压马达的排量 V_M 就可以改变液压马达的转速。2 是安全阀，3 是变量马达，4 是用以向系统补油的辅助泵，5 为调节补油压力的溢流阀。在这种调速回路中，由于液压泵的转速和排量均为常数，当负载功率恒定时，马达输出功率 p_M 和回路工作压力 p 都恒定不变，因为马达的输出转矩($T = \Delta p_M V_M/2\pi$)与马达的排量 V_M 成正比，马达的转速($n_M = q_p/V_M$)则与 V_M 正反比，所以这种回路称为恒功率调速回路。其调速特性如图 8-20(b)所示。

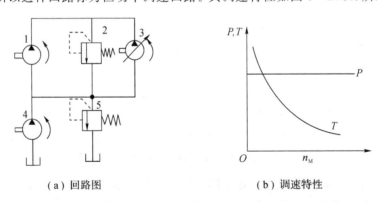

（a）回路图　　　　　　　　　　（b）调速特性

1—定量泵；2—安全阀；3—变量马达；4—补油泵；5—溢流阀

图 8-20　定量泵—变量马达容积调速回路

当马达排量降到一定程度后，其输出转矩不能驱动负载，故这种回路调速范围很小，且不能用来使马达实现平稳的反向，所以这种回路很少单独使用。

3) 变量泵和变量马达容积调速回路

图 8-21(a)所示为采用双向变量泵和双向变量马达的容积调速回路。变量泵 1 正向或反向供油，马达即正向或反向旋转。单向阀 6 和 8 用于使辅助泵 4 能双向补油，单向阀 7 和 9

使安全阀 3 在两个方向都能起过载保护作用。这种调速回路是上述两种调速回路的组合，由于泵和马达的排量均可改变，故扩大了调速范围，并扩大了液压马达转矩和功率输出的选择余地。其调速特性曲线如图 8-21(b)所示。

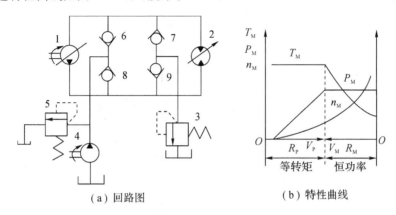

（a）回路图　　　　　　　　　（b）特性曲线

1—变量泵；2—变量马达；3—安全阀；4—补油泵；5—溢流阀；6、7、8、9—单向阀

图 8-21　变量泵—变量马达容积调速回路

　　一般工作部件在低速时都要求有较大转矩，因此，这种系统在低速范围内调速时，先将液压马达的排量调为最大(使马达能获得最大输出转矩)，然后改变泵的输油量，当变量泵的排量由小变大，直至达到最大输油量时，液压马达转速亦随之升高，输出功率随之线性增加，此时液压马达处于恒转矩状态；若要进一步加大液压马达转速，则可将变量马达的排量由大变小，此时输出转矩随之降低，而泵则处于最大功率输出状态不变，故液压马达亦处于恒功率输出状态。

3. 容积节流调速回路

　　容积调速回路有着效率高、发热少的优点，但是泄漏较严重，因此导致了速度—负载特性差的问题。特别是低速时，问题更加突出，不能满足使用需要。与采用调速阀的节流回路相比，容积式调速回路的低速稳定性较差。对于要求效率高、低速稳定性好的场合，可以采用容积节流调速方式。容积节流调速回路的工作原理是采用压力补偿型变量泵供油，用流量控制阀调定进入液压缸或由液压缸流出的流量，从而调节液压缸的运动速度，并使变量泵的输油量自动地与液压缸所需的流量相适应。这种调速回路没有溢流损失，效率较高，速度稳定性也比单纯的容积调速回路好，常用在速度范围大、中小功率的场合，例如组合机床的进给系统等。常用的容积节流调速回路有限压式变量泵与调速阀等组成的容积节流调速回路、差压式变量泵与节流阀等组成的容积调速回路。

　　1）限压式变量泵和调速阀的容积节流调速回路

　　图 8-22 所示为限压式变量泵与调速阀组成的调速回路。在图示位置，变量泵 1 输出的压力油经调速阀 2 进入液压缸 3 工作腔，回油经背压阀 4 返回油箱。改变调速阀中节流阀的通流截面面积大小，就可以调节液压缸的运动速度，泵的输出流量 q_p 和通过调速阀进入液压缸的流量 q_1 自动适应。例如，将通流截面积减小到某一值，在关小节流开口瞬间，泵的输出流量还未来得及改变，出现 $q_1 < q_p$，导致泵的出油口压力增大，其反馈作用使变量泵的流量自动减小到与通流截面积对应的流量 q_1；反之，将通流截面积增大到某一值，将出现 $q_1 > q_p$，

会使泵的出油口压力降低，反馈作用使其输出流量自动增大到 $q_p \approx q_1$。由此可见，调速阀不仅能调节进入液压缸的流量，而且可以作为反馈元件将通过阀口的流量转换成压力信号反馈到泵的变量机构，使泵的输出流量自动和阀的开口大小相适应。

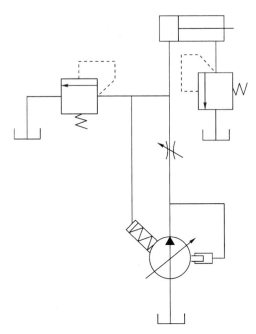

1—变量泵；2—调速阀；3—液压缸；4—背压阀；5—安全阀

图 8-22　限压式变量泵和调速阀的容积节流调速回路

　　这种调速回路的运动稳定性、速度负载特性、承载能力和调速范围均与采用调速阀的节流调速回路相同。此回路只有节流损失而无溢流损失。综上所述，限压式变量泵与调速阀等组成的容积节流调速回路具有效率较高、调速较稳定、结构较简单等优点，所以已广泛应用于负载变化不大的中、小功率组合机床的液压系统中。

　　2) 差压式变量泵和节流阀的容积节流调速回路

　　图 8-23 所示为差压式变量泵和节流阀组成的容积节流调速回路。其工作原理与图 8-22 所示回路基本相似：节流阀控制进入液压缸的流量 q_1，并使变量泵输出流量 q_p 自动和 q_1 相适应。当 $q_p > q_1$ 时，泵的供油压力上升，泵内左右两个控制柱塞便进一步压缩弹簧，推动定子向右移动，减小泵的偏心距，使泵的供油量下降到 $q_p = q_1$。反之，当 $q_p < q_1$ 时，泵的供油压力下降，弹簧推动定子和左、右柱塞向左，加大泵的偏心距，使泵的供油量增大到 $q_p \approx q_1$。所以通过节流阀的流量就不会随负载而变化。

　　此调速回路的性能和图 8-22 所示回路不相上下，它的调速范围也是只受节流阀调节范围的限制。此外，它因能补偿由负载变化引起的泵的泄漏变化，因此在低速、小流量的场合使用性能尤佳。在这种调速回路中，不但没有溢流损失，而且泵的供油压力随负载而变化，回路中的功率损失也只有节流处压降 Δp 所造成的节流损失一项，因而它的效率较限压式变量泵和调速阀的调速回路要高，且发热少，宜用在负载变化大、速度低的中、小功率场合，如某些组合机床的进给系统中。

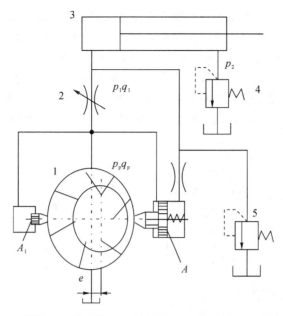

1—变量泵；2—节流阀；3—液压缸；4—背压阀；5—安全阀

图 8-23　差压式变量泵和节流阀组成的容积节流调速回路

4. 调速回路的选用

选择调速方案时，首先应考虑满足使用性能需要，同时还应使结构简单、工作可靠、成本低。调速回路选用时主要考虑以下问题。

（1）执行机构的负载性质、运动速度、速度稳定性等要求。负载小且工作中负载变化也小的系统，可采用节流阀节流调速；工作中负载变化较大且要求低速稳定性好的系统，宜采用调速阀节流调速或容积节流调速；负载大、运动速度高、油的温升要求小的系统，宜采用容积调速回路。一般来说，功率在 3 kW 以下的液压系统宜采用节流调速；功率在 3~5 kW 之间的宜采用容积节流调速；功率在 5 kW 以上的宜采用容积调速回路。

（2）工作环境要求。处于温度较高的环境下工作，且要求整个液压装置体积小、质量轻的情况，宜采用闭式回路的容积调速。

（3）经济性要求。节流调速回路的成本低，功率损失大，效率也低；容积调速回路因变量泵、变量马达的结构较复杂，所以成本高，但其效率高、功率损失小；容积节流调速则介于两者之间。需综合分析选用哪种回路。

二、快速运动回路

快速运动回路又称增速回路，快速运动回路的功能在于使执行元件获得必要（如空行程）的高速，以提高系统的工作效率或充分利用功率。实现快速运动的方法一般有：增加输入执行元件的流量；减小执行元件在快速运动时的有效面积；以上两种方法联合使用。几种常见的增速回路有差动连接快速运动回路、双泵供油快速运动回路、采用增速缸的快速运动回路、采用蓄能器的快速运动回路。

1. 液压缸差动连接快速运动回路

图 8-24 所示为利用二位三通电磁换向阀实现液压缸差动连接快速运动的回路。当三位

四通电磁换向阀 3 和二位三通电磁换向阀 5 左位接入时，液压缸差动连接作快进运动。当二位三通电磁换向阀 5 电磁铁得电时，差动连接即被切断，液压缸回油经过单向调速阀 6 实现工进。三位四通电磁换向阀 3 右位接入后，液压缸快退。这种连接方式可在不增加液压泵流量的情况下提高执行元件的运动速度。但是，液压泵的流量和有杆腔排出的流量合在一起流过的阀和管路应按合成流量来选择规格，否则会使压力损失增大，液压泵的供油压力过高，致使液压泵的部分压力油从溢流阀溢回油箱，从而达不到差动快进的目的。

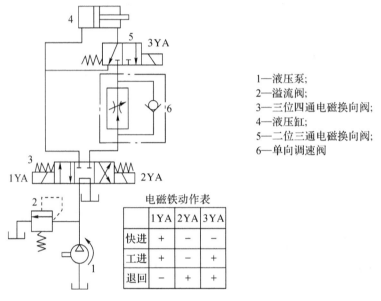

1—液压泵；
2—溢流阀；
3—三位四通电磁换向阀；
4—液压缸；
5—二位三通电磁换向阀；
6—单向调速阀

电磁铁动作表

	1YA	2YA	3YA
快进	+	-	-
工进	+	-	+
退回	-	+	+

图 8-24　液压缸差动连接快速运动回路

　　该回路结构简单，价格低廉，但是只能实现一个方向的增速，而且增速比受液压缸两腔有效面积的限制，增速的同时液压缸的推力减小。

2. 双泵供油快速运动回路

　　图 8-25 所示为采用双泵供油的快速运动回路。图中 1 为大流量泵，2 为小流量泵。在快速运动时，大流量泵 1 输出的油液经单向阀 4 与小流量泵 2 输出的油液共同向系统供油；工作行程时，系统压力升高，打开顺序阀 3 使大流量泵 1 卸荷，由小流量泵 2 单独向系统供油，系统的工作压力由溢流阀 5 调定。单向阀 4 在系统工进时关闭。

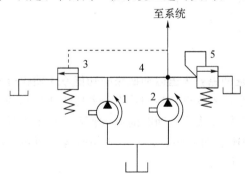

1—大流量泵；2—小流量泵；3—顺序阀；4—单向阀；5—溢流阀
图 8-25　采用双泵供油的增速回路

该回路的优点是功率损耗小，系统效率高，因而应用较为普遍。

3. 增速缸增速回路

图 8-26 所示为采用增速缸的增速回路。当三位四通换向阀 2 左位接入系统时，压力油经增速缸 1 中柱塞上的通孔进入 B 腔，使活塞快速伸出，速度为 $v = 4q_p / \pi d^2$（d 为柱塞外径），A 腔中所需油液经液控单向阀 3 从辅助油箱吸入。活塞伸出到工作位置时，负载加大，压力升高，打开顺序阀 4，高压油进入 A 腔，同时关闭单向阀 3。此时活塞杆 B 在压力油作用下继续外伸，但因有效面积加大，速度变慢而推力加大。

该回路功率利用合理，但是也只能实现一个方向的增速，增速比受增速缸的尺寸限制，而且执行元件部分的结构复杂，常应用于液压机的系统中。

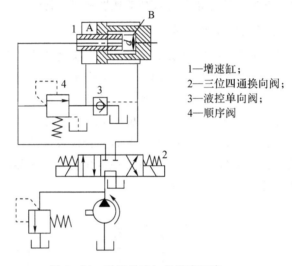

1—增速缸；
2—三位四通换向阀；
3—液控单向阀；
4—顺序阀

图 8-26　采用增速缸的增速回路

4. 蓄能器增速回路

图 8-27 所示为采用蓄能器的快速运动回路，采用蓄能器的目的是可以用流量较小的液

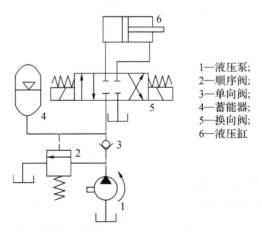

1—液压泵；
2—顺序阀；
3—单向阀；
4—蓄能器；
5—换向阀；
6—液压缸

图 8-27　采用蓄能器的增速回路

压泵。当系统中短期需要大流量时，液压泵 1 和蓄能器 4 共同向液压缸 6 供油；当系统停止工作时，换向阀 5 处在中位，液压泵输出压力油经单向阀 3 向蓄能器供油，蓄能器压力升高后，控制顺序阀 2，使液压泵卸荷。

该回路功率利用合理，但是工作中必须有足够长的时间为蓄能器充压。此回路适用于短期要求大速度的场合。

三、速度换接回路

速度换接回路的功能是使液压执行机构在一个工作循环中从一种运动速度变换到另一种运动速度，因而这个转换不仅包括液压执行元件快速到慢速的换接，而且也包括两个慢速之间的换接。实现这些功能的回路应该具有较高的速度换接平稳性。

1. 快进速度与工进速度的换接回路

图 8-28 所示为采用行程阀的速度换接回路，可以实现快进和工进速度的换接。在图示状态下，液压缸 7 快进。当活塞所连接的挡块压下行程阀 6 时，行程阀关闭，液压缸右腔的油液必须通过节流阀 5 才能流回油箱，活塞运动速度转变为工进速度。当换向阀 2 左位接入回路时，压力油经单向阀 4 进入液压缸右腔，活塞快速向左返回。

该回路的快慢速换接过程比较平稳，换接点的位置比较准确，缺点是行程阀的安装位置不能任意布置，管路连接较为复杂。若将行程阀改为电磁阀，安装连接比较方便，但速度换接的平稳性、可靠性以及换向精度都较差。

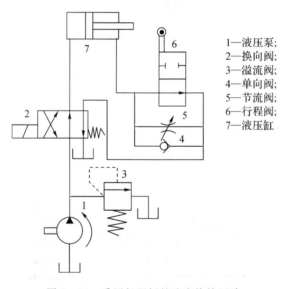

1—液压泵；
2—换向阀；
3—溢流阀；
4—单向阀；
5—节流阀；
6—行程阀；
7—液压缸

图 8-28　采用行程阀的速度换接回路

2. 两种慢速工进速度之间的换接回路

1）调速阀并联的速度换接回路

图 8-29 所示为采用两个调速阀的换接回路，可以实现不同工进速度的换接。图 8-29（a）所示回路中的两个调速阀并联，由二位三通电磁换向阀 3 实现换接。图示位置输入液压缸 4 的流量由调速阀 1 调节，二位三通电磁换向阀 3 右位接入时，则由调速阀 2 调节，两个调速

阀的调节互不影响。但是，一个调速阀工作时另一个调速阀内无油通过，它的减压阀处于最大开口位置，速度换接时大量油液通过该处将使工作部件产生突然前冲现象。因此它不宜用于工作过程中的速度换接，只可用在速度预选的场合。

2）调速阀串联的速度换接回路

图 8 - 29(b)所示为两调速阀串联的速度换接回路。当三位四通电磁换向阀 6 左位接入回路时，调速阀 2 被二位二通电磁换向阀 5 短接，输入液压缸 4 的流量由调速阀 1 控制。当二位二通电磁换向阀 5 右位接入回路时，由于调速阀 2 的开口面积调得比调速阀 1 的小，所以输入液压缸的流量由调速阀 2 控制。

该回路中调速阀 1 一直处于工作状态，它在速度换接时限制了进入调速阀 2 的流量，因此它的速度换接平稳性较好。但由于油液经过两个调速阀，所以能量损失较大。

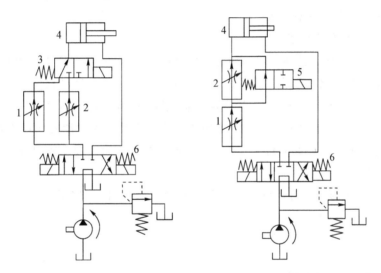

阀；3—二位三通电磁换向阀；4—液压缸；5—二位二通电磁换向阀；6—三位四通电磁换向阀

（a）两个调速阀并联　　　　　　　（b）两个调速阀串联

图 8 - 29　采用两个调速阀的速度换接回路

任务三　方向控制回路

在液压系统中，能够实现控制执行元件的启动、停止和换向作用的回路，称为方向控制回路。方向控制回路有换向回路和锁紧回路。

一、换向回路

换向回路是用来变换执行元件运动方向的。运动部件的换向，一般可采用各种换向阀来实现。在容积调速的闭式回路中，也可以利用双向变量泵控制油液的流动方向来实现液压缸（或液压马达）的换向。

1. 采用换向阀的换向回路

采用二位四通、二位五通、三位四通或三位五通换向阀都可以使执行元件换向。其中，二位阀可以使执行元件在正反两个方向运动，但不能在任意位置停止。三位阀有中位，可以使执行元件在行程中任意位置停止，而且利用滑阀的中位机能还可以使系统获得不同的性能。五位阀有两个回油口，执行元件正反两个方向运动时，在两个回油路上设置不同的背压即可获得不同的速度。

1）由电磁换向阀组成的换向回路

图 8-30 所示为利用行程开关控制三位四通电磁换向阀动作的换向回路。按下启动按钮，1YA 通电，电磁阀左位工作，液压缸左腔进油，活塞右移；当活塞杆上的挡铁触动行程开关 2ST 时，1YA 断电、2YA 通电，电磁阀右位工作，液压缸右腔进油，活塞左移；当活塞杆上的挡铁触动行程开关 1ST 时，1YA 通电、2YA 断电，电磁阀又左位工作，液压缸又左腔进油，活塞又向右移。这样往复变换换向阀的工作位置，就可自动改变活塞的移动方向。1YA 和 2YA 都断电时，活塞停止运动。

2）由电液换向阀组成的换向回路

图 8-31 所示为由电液换向阀组成的换向回路。当 1YA 通电、2YA 断电时，三位四通电磁阀左位工作，控制油路的压力油推动液动换向阀的阀芯右移，液动换向阀左位工作，液压泵输出的液压油经液动换向阀的左位进入液压缸左腔，推动活塞右移。

当 1YA 断电、2YA 通电时，三位四通电磁阀右位工作，控制油路的压力油推动液动换向阀的阀芯左移，液动换向阀右位工作，液压泵输出的液压油经液动换向阀的右位进入液压缸右腔，推动活塞左移。

当 1YA 和 2YA 都断电时，电磁阀中位工作，液动换向阀中位工作，液压泵卸荷，活塞停止运动。

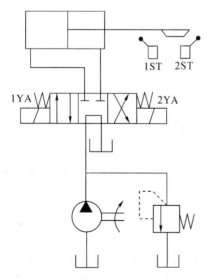

图 8-30　由电磁换向阀组成的换向回路

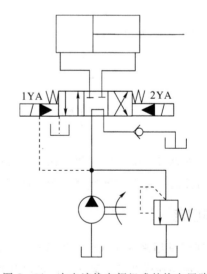

图 8-31　由电液换向阀组成的换向回路

2. 由双向变量泵组成的换向回路

图 8-32 所示为由双向变量泵组成的换向回路。利用双向变量泵直接改变输油方向，以

实现液压缸和液压马达的换向。这种换向回路比普通换向阀组成的换向回路的换向更平稳，多用于大功率的液压系统中，如龙门刨床、拉床等液压系统。

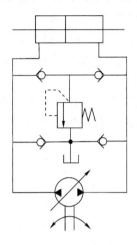

图 8-32　双向变量泵组成的换向回路

电液阀的换向时间可以调整，换向较平稳，适合大流量的液压系统。采用变量泵来换向时，换向平稳，但不适合换向频率较高的需求场合，而且构造复杂。对于要求换向平稳可靠和换向精度高的场合，可以采用特殊设计的换向阀。

二、锁紧回路

锁紧回路的功用是通过切断执行元件的进油、出油通道来使它停在规定位置上。锁紧回路应能满足可靠、迅速、持久等要求。

1. 利用三位换向阀的中位机能的锁紧回路

如图 8-33 所示，利用三位换向阀的中位机能（O 型或 M 型）封闭液压缸左右两腔的进、出油口使液压缸锁紧。

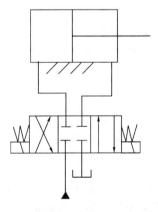

图 8-33　利用三位换向阀的中位机能的锁紧回路

该回路结构简单，不需要其他装置即可实现液压缸的锁紧。由于换向阀的泄漏，锁紧精度较差，所以经常用于锁紧精度要求不高、停留时间不长的液压系统。

2. 采用液控单向阀的锁紧回路

图 8-34 所示为采用液控单向阀的锁紧回路，即俗称"液压锁"的回路。当换向阀处于中位时，换向阀的中位机能是 H 型，液压泵卸荷，两个液控单向阀均关闭，液压缸双向锁紧。

由于液控单向阀的密封性好，泄漏少，所以锁紧精度高。这种回路经常用于锁紧精度要求高且长时间锁紧的液压系统中。采用液控单向阀的锁紧回路，换向阀的中位机能应使液控单向阀的控制油液卸压(换向阀采用 H 型或 Y 型)，此时，液控单向阀便立即关闭，活塞停止运动。若采用 O 型机能，在换向阀中位时，由于液控单向阀的控制腔压力油被闭死而不能立即关闭，直至由换向阀的内泄漏使控制腔泄压后，液控单向阀才能关闭，影响其锁紧精度。

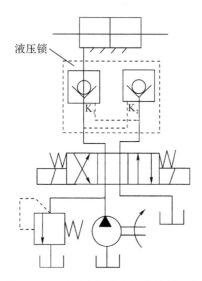

图 8-34　采用液控单向阀的锁紧回路

任务四　多缸工作控制回路

在大型液压设备中，多个执行元件或者按照一定的顺序动作，或者同时动作，以实现规定的运动和速度。实现这些动作的回路有顺序动作回路、同步回路和互不干扰回路。

一、多缸顺序动作回路

顺序动作回路的功用是使多缸液压系统中的各个液压缸严格地按规定的顺序动作。按控制方式不同，可分为行程控制和压力控制两大类。

1. 行程控制的顺序动作回路

行程控制顺序动作回路是利用一个液压缸移动一段规定行程后，由机械或电气元件发出信号，改变油液的流动方向来使下一个液压缸动作的回路。

图 8-35 是用行程阀控制的顺序回路。图示位置两液压缸活塞均退至左端点，电磁阀 3 左位接通，缸 1 活塞先向右运动，同时活塞杆挡块压下行程阀 4 后，缸 2 活塞才向右运动；当电磁阀 3 右位复位后，缸 1 活塞先退回，其挡块离开行程阀 4 后，缸 2 活塞随即退回。这种回

路动作可靠，但要改变动作顺序较难。

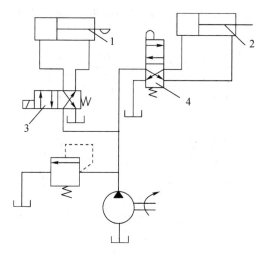

1、2—液压缸；3—电磁阀；4—行程阀

图 8-35　行程阀控制的顺序回路

图 8-36 是用行程开关控制电磁换向阀的顺序回路。按下启动按钮后，电磁铁 1YA 通电，缸 1 活塞先向右运动，当活塞杆上的挡块压下行程开关 2S 后，使电磁铁 2YA 通电，缸 2 活塞才向右运动，直至压下行程开关 3S 后 1YA 断电，缸 1 活塞向左退回。而后压下行程开关 1S，使 2YA 断电，缸 2 活塞再退回。在这种回路中，调整挡块位置可调整液压缸的行程，通过电气控制系统可改变动作顺序，方便灵活，应用广泛。

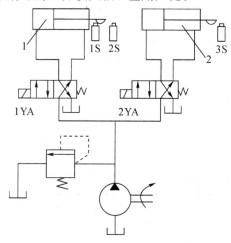

图 8-36　行程开关控制的顺序回路

2. 压力控制的顺序动作回路

利用液压系统工作过程中压力的变化来使执行元件按顺序先后动作，是液压系统一个独具的控制特性。

图 8-37 是钻床液压系统用顺序阀控制的顺序回路，实现对工件的夹紧和钻孔。1 为夹紧液压缸，2 为钻头进给液压缸。动作顺序为：夹紧工件；钻头进给；钻头退回；松开工件。当换向阀 5 左位接通，夹紧缸活塞向右运动。夹紧工件后回路压力升高到顺序阀 3 的设定压

力，顺序阀 3 开启，缸 2 活塞随即向右运动进行钻孔。钻孔完毕，换向阀 5 右位接通，钻孔缸 2 活塞先退到左端点，随后回路压力升高，打开顺序阀 4，再使夹紧缸 1 活塞退回原位，完成了一个工作循环。

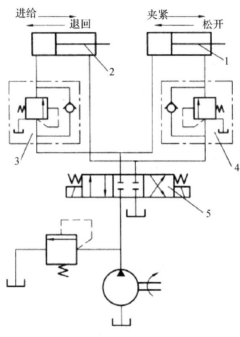

1—夹紧液压缸；2—钻头进给液压缸；3、4—顺序阀；5—换向阀

图 8 - 37　顺序阀控制的顺序回路

图 8 - 38 是钻床液压系统用压力继电器控制电磁换向阀来实现顺序动作的回路。按启动按钮后，电磁铁 1YA 得电，缸 1 活塞前进实施对工件夹紧。夹紧后，回路压力升高，压力继

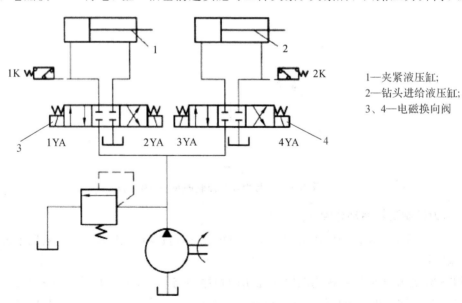

1—夹紧液压缸；
2—钻头进给液压缸；
3、4—电磁换向阀

图 8 - 38　压力继电器控制的顺序回路

电器 1K 动作，使电磁铁 3YA 得电，缸 2 活塞前进进行钻孔，钻孔完毕后，按返回按钮，1YA、3YA 断电，4YA 得电，缸 2 活塞带动钻头退回至原位后，回路压力升高，压力继电器 2K 动作使 2YA 得电，缸 1 活塞后退松开工件。

　　压力继电器控制的顺序动作回路中，顺序阀或压力继电器的设定压力应该大于前一动作执行元件的最高工作压力的 10%～15%，否则在管路中的压力冲击或波动及振动下会造成液压元件误动作，引起事故。这种回路适用于系统中执行元件数目不多、负载变化不大的场合。

二、多缸同步动作回路

　　同步回路的功用是使系统中多个执行元件克服负载、摩擦阻力、泄漏、制造质量和结构变形上的差异，保证在运动上的同步。同步回路一般分为速度同步和位置同步两类，速度同步是指各执行元件的运动速度相等，而位置同步是指各执行元件在运动中或停止时都保持相同的位移量。如果液压系统中要求同步的多个执行元件做到每瞬间速度同步，则也能保持位置同步。衡量同步回路精度的指标有位置的绝对误差和相对误差。影响误差的因素有负载的不均衡、摩擦力不等、液压缸泄漏量不同、空气的混入量、系统元件的制造误差等。

1. 采用流量控制阀的同步回路

　　图 8 - 39 中，在两个并联液压缸的进(回)油路上分别串接一个调速阀，通过调整两个调速阀的开口大小，控制进入两个液压缸或自两液压缸流出的流量，可使它们在一个方向上实现速度同步。这种回路结构简单，但调整比较麻烦，同步精度不高，不宜用于偏载或负载变化频繁的场合。如果采用分流集流阀(同步阀)代替调速阀，可控制两液压缸流入或流出的流量，使两液压缸在承受不同负载的状态下仍能实现较高精度的速度同步。

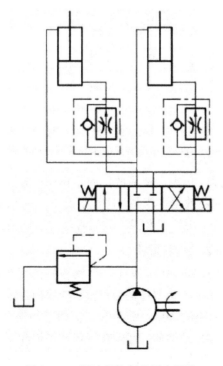

图 8 - 39　调速阀控制的同步回路

2. 采用串联液压缸的同步回路

当两个液压缸的有效工作面积相等时，两个液压缸的油路串联起来便可实现两缸同步运动，如图 8-40 所示。当电磁铁 1YA 得电时，缸 5 上腔进油，活塞下行，缸 5 下腔的油进入缸 6 上腔推动缸 6 活塞运动，实现两缸同步下行。在两缸活塞同时下行时若存在误差，假设缸 5 活塞先到达行程端点，则挡块压下行程开关 1S，电磁铁 3YA 得电，换向阀 3 左位接入回路，压力油经换向阀 3 和液控单向阀 4 进入缸 6 上腔，进行补油，使其活塞继续下行到达行程端点。假设缸 6 活塞先到达端点，行程开关 2S 使电磁铁 4YA 得电，换向阀 3 右位接入回路，压力油进入液控单向阀 4 的控制腔，打开阀 4，缸 5 下腔与油箱接通，使其活塞继续下行到达行程端点，从而消除积累误差。

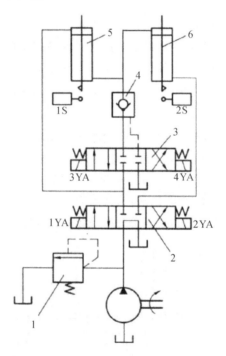

1—溢流阀；2、3—三位四通电磁换向阀；4—液控单向阀；5、6—液压缸

图 8-40　带补油装置的串联液压缸同步回路

这种回路允许较大的偏载，因偏载造成的压差不影响流量的改变，只导致微量的压缩和泄漏，因此同步精度较高，回路效率也较高。这种情况下泵的供油压力至少是两缸工作压力之和，并可消除由于制造误差、内泄漏及混入空气等因素造成两缸显著的位置差异。

3. 采用同步缸或同步马达的同步回路

图 8-41 是采用同步缸的同步回路，两个工作液压缸的同腔面积相等。同步缸是两个尺寸相同的缸体和两个活塞共用一个活塞杆的液压缸，活塞向左或向右运动时输出或接受相等容积的油液，在回路中起着配流的作用，使有效面积相等的两个液压缸实现双向同步运动。同步缸的两个活塞上装有双作用单向阀，可以在行程端点消除误差。

和同步缸一样，用两个同轴等排量双向液压马达作配流环节，输出相同流量的油液亦可实现两缸双向同步，如图 8-42 所示。图中节流阀用于行程端点消除两缸位置误差，这种回路的同步精度比采用流量控制阀的同步回路高,但专用的配流元件带来了系统复杂、制作成本高的缺点。

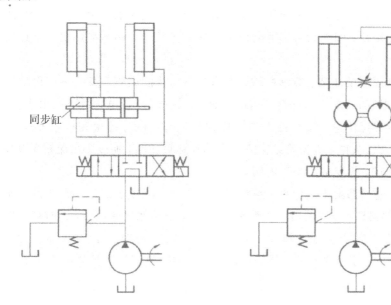

图 8-41 采用同步缸的同步回路   图 8-42 采用同步马达的同步回路

4. 采用比例阀或伺服阀的同步回路

当液压系统有很高的同步精度要求时,必须采用比例阀或伺服阀的同步回路,如图 8-43所示。伺服阀根据装在需要同步运动液压缸活塞头部的两个位移传感器的反馈信号,持续不断调整伺服阀的阀口开度,控制两个液压缸输入或输出油液的流量,使两个液压缸获得双向同步运动。

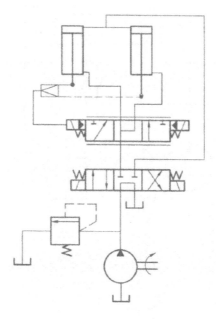

图 8-43 采用伺服阀的液压缸同步回路

三、多缸快、慢速互不干扰回路

在一缸多泵的液压系统中，一个液压缸快速运动会造成系统的压力下降，影响其他液压缸慢速工作进给的稳定性，因而为保证各液压缸工作进给稳定，必须采用快、慢速互不干扰回路。

图 8-44 是通过双泵供油来实现多缸快、慢速互不干扰的回路。液压缸 1 和 2 各自要完成"快进—工进—快退"的自动工作循环。当电磁铁 1YA、2YA 得电，两缸均由大流量泵 10 供油，并作差动连接实现快进。如果缸 1 先完成快进动作，通过挡块和行程开关使电磁铁 3YA 得电，电磁铁 1YA 失电，大流量泵进入缸 1 的油路被切断，而改为小流量泵 9 供油，由调速阀 7 获得慢速工进，不受缸 2 快进的影响。

当两缸均转为工进，都由小流量泵 9 供油后，若缸 1 先完成了工进，挡块和行程开关使电磁铁 1YA、3YA 都得电，缸 1 改由大流量泵 10 供油，使活塞快速返回，这时缸 2 仍由小流量泵 9 供油继续完成工进，不受缸 1 影响。当所有电磁铁都失电时，两缸才停止运动。此回路采用快、慢速运动由大、小流量泵分别供油，并由相应的电磁阀进行控制的方案来保证两缸快、慢速运动互不干涉。

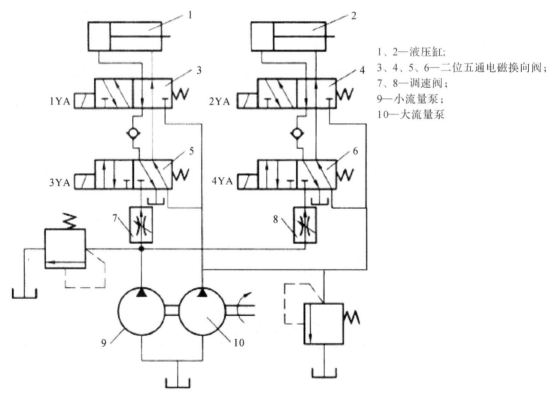

1、2—液压缸；
3、4、5、6—二位五通电磁换向阀；
7、8—调速阀；
9—小流量泵；
10—大流量泵

图 8-44　多缸快、慢速互不干扰的回路

思 考 题

一、填空题

1. 压力控制回路是利用_____来控制系统整体或某一部分的压力,以满足液压执行元件对力或转矩要求的回路,这类回路包括_____、_____、_____、_____、_____和_____等多种回路。

2. 调压回路的功用是使液压系统整体或部分的_____保持恒定或不超过某个数值。在定量泵系统中,液压泵的供油压力可以通过_____来调节。在变量泵系统中,用安全阀来限定系统的最高压力,防止系统过载。

3. 减压回路较为简单,一般是在所需低压的支路上串接_____。

4. 增压回路中提高压力的主要元件是_____或_____。

5. 卸荷回路有两大类,即_____和_____。

6. 为了防止立式液压缸或垂直运动的工作部件由于自重而自行下滑,可在液压系统中设置_____,即在立式液压缸或垂直运动的工作部件的下行回路上设置适当的阻力,使其回油腔产生一定的_____,以平衡其自重和负载并提高液压缸或垂直运动工作部件的运动稳定性。

7. 节流调速回路根据流量控制阀在回路中安放位置的不同可分为三种:_____、_____、_____。

8. 在定量泵供油的三种节流调速回路中,_____节流调速回路能在有负切削力的状态下工作,且速度平稳性最好,该回路中溢流阀起_____作用,回路承载能力决定于_____;而_____节流调速回路速度刚性差,低速时承载能力低,该回路中溢流阀起_____作用。

9. "变量泵和定量马达"、"定量泵和变量马达"构成的两种容积调速回路分别是恒_____和恒_____调速回路;且前者调速范围较_____,后者调速范围较_____。

10. 在用调速阀并联、串联的两个调速回路中,_____调速稳定性较好,而_____调速回路会引起_____现象。

11. 液压系统实现执行机构快速运动的回路主要有_____的快速回路、_____的快速回路和_____的快速回路。

12. 顺序动作回路的功用在于使几个执行元件严格按预定顺序动作,按控制方式不同,分为_____控制和_____控制。同步回路的功用是使相同尺寸的执行元件在运动上同步,同步运动分为_____同步和_____同步两大类。

二、判断题

1. 旁路节流调速回路中,泵出口的溢流阀起稳压溢流作用,是常开的。 ( )

2. 容积调速回路中,其主油路中的溢流阀起安全保护作用。 ( )

3. 在节流调速回路中,大量油液由溢流阀溢回油箱,是其能量损失大、温升高、效率低的主要原因。 ( )

4. 定量泵—变量液压马达组成的容积调速回路,将液压马达的排量由零调至最大时,马达的转速即可由最大调至零。 ( )

5. 容积调速回路的效率较节流调速回路的效率高。　　　　　　　　　　　（　　）

6. 采用双泵供油的液压系统，工作进给时常由高压小流量泵供油，而大泵卸荷，因此其效率比单泵供油系统的效率低得多。　　　　　　　　　　　　　　　　　（　　）

7. 专用机床或组合机床的液压系统，若要求其运动部件的快慢速转换平稳时，应采用串联调速阀的速度换接回路。　　　　　　　　　　　　　　　　　　　　　　　（　　）

8. 液控顺序阀能代替液控单向阀构成锁紧回路。　　　　　　　　　　　　（　　）

9. 采用顺序阀的顺序动作回路，适用于液压缸数量多，且各缸负载差值比较小的场合。
　　　　　　　　　　　　　　　　　　　　　　　　　　　　　　　　　（　　）

10. 采用顺序阀的多缸顺序动作回路，其顺序阀的调整压力应低于先动作液压缸的最大工作压力。　　　　　　　　　　　　　　　　　　　　　　　　　　　　　（　　）

11. 利用顺序阀、压力继电器都可以控制油缸动作的先后顺序，这种回路称为"压力控制"顺序动作回路。　　　　　　　　　　　　　　　　　　　　　　　　　　　（　　）

12. 旁通型调速阀（溢流节流阀）只能安装在执行元件的进油路上，而调速阀还可安装在执行元件的回油路和旁油路上。　　　　　　　　　　　　　　　　　　　　（　　）

13. 同步运动分速度同步和位置同步，位置同步必定速度同步；而速度同步未必位置同步。　　　　　　　　　　　　　　　　　　　　　　　　　　　　　　　　（　　）

14. 压力控制的顺序动作回路中，顺序阀和压力继电器的调定压力应为前一动作执行元件的最高工作压力。　　　　　　　　　　　　　　　　　　　　　　　　　（　　）

三、选择题

1. 在下面几种调速回路中，（　　）中的溢流阀是安全阀，（　　）中的溢流阀是稳压阀。

A. 定量泵和调速阀的进油节流调速回路

B. 定量泵和旁通型调速阀的节流调速回路

C. 定量泵和节流阀的旁路节流调速回路

D. 定量泵和变量马达的闭式调速回路

2. 为平衡重力负载，使运动部件不会因自重而自行下落，在恒重力负载情况下，采用（　　）顺序阀作平衡阀，而在变重力负载情况下，采用（　　）顺序阀作限速锁。

A. 内控内泄式　　　　B. 内控外泄式　　　　C. 外控内泄式　　　　D. 外控外泄式

3. 对于速度大、换向频率高、定位精度要求不高的平面磨床，采用（　　）液压操纵箱；对于速度低、换向次数不多、定位精度高的外圆磨床，则采用（　　）液压操纵箱。

A. 时间制动控制式　　　　　　　　　　B. 行程制动控制式

C. 时间、行程混合控制式　　　　　　　D. 其他

4. 容积调速回路中，（　　）的调速方式为恒转矩调节；（　　）的调节方式为恒功率调节。

A. 变量泵—变量马达　　　　　　　　　B. 变量泵—定量马达

C. 定量泵—变量马达

5. 用同样的定量泵、节流阀、溢流阀和液压缸组成下列几种节流调速回路，（　　）能够承受负值负载，（　　）的速度刚性最差而回路效率最高。

A. 进油节流调速回路　　　　　　　　　B. 回油节流调速回路

C. 旁路节流调速回路

6. 在定量泵节流调速回路中，调速阀可以安放在回路的（　　），而旁通型调速回路只能安放在回路的（　　）。

　A. 进油路　　　　　　B. 回油路　　　　　　C. 旁油路

7. 差压式变量泵和（　　）组成的容积节流调速回路与限压式变量泵和（　　）组成的调速回路相比较，回路效率更高。

　A. 节流阀　　　　　　B. 调速阀　　　　　　C. 旁通型调速阀

8. 在回油路节流调速回路中，节流阀处于节流调速工况，系统的泄漏损失及溢流阀调压偏差均忽略不计。当负载 F 增加时，泵的输入功率（　　），缸的输出功率（　　）。

　A. 增加　　　　　　　　　　　　B. 减少

　C. 基本不变　　　　　　　　　　D. 可能增加也可能减少

9. 在调速阀旁路节流调速回路中，调速阀的节流开口一定，当负载从 F_1 降到 F_2 时，若考虑泵内泄漏变化因素，液压缸的运动速度 v（　　）；若不考虑泵内泄漏变化的因素，缸运动速度 v 可视为（　　）。

　A. 增加　　　　　B. 减少　　　　　C. 不变　　　　　D. 无法判断

四、计算题

1. 如图 8-45 所示系统中：$A_1 = 2A_2 = 100\ \text{cm}^2$；泵工作时，当压力 $p_1 = 2$ MPa 时，其流量 $q_1 = 12$ L/min；当压力 $p_2 = 3$ MPa 时，其流量 $q_2 = 8$ L/min。在活塞升到一定高度后停止，装重物 G。此时 2DT 得电，欲使活塞上升，却无法实现，但也不自行下滑。试求此时：

(1) 重物 G 是多少吨？

(2)（推论）p_y 预调值有何条件限制？（解题时不计活塞自重）

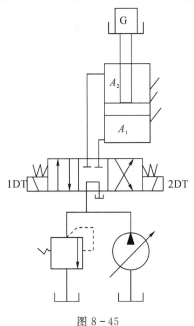

图 8-45

2. 在图 8-46 所示的液压系统中，液压缸活塞直径 $D = 100$ mm，活塞杆直径 $d = 70$ mm，活塞及负载的总重量 $F_G = 15\ 000$ N，提升时要求在 0.15 s 内均匀地达到稳定上升速度 $v = 6$ m/min，且停止时活塞不会自行下滑（不计管路损失）。试计算：

（1）溢流阀、顺序阀的预调压力 p_y 和 p_x 各是多少？

（2）泵的输出流量 q_p 应是多少？

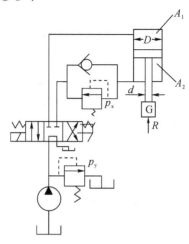

图 8 - 46

3. 在图 8 - 46 所示系统中，$A_1 = 80 \text{ cm}^2$，$A_2 = 40 \text{ cm}^2$，立式缸活塞与运动部件自重 $F_G = 6000 \text{ N}$，活塞在运动时摩擦阻力 $F_f = 2000 \text{ N}$，向下工作进给时工件负载 $R = 24\,000 \text{ N}$，系统停止工作时保证活塞不因自重而下滑。试求：

（1）顺序阀的最小调定压力为多少？

（2）溢流阀的最小调定压力为多少？

技 能 训 练

1. 常用基本液压回路的认识。

2. 压力控制回路的连接、组装与调试。

3. 节流调速回路的连接、组装与调试。

4. 快速运动回路的连接、组装与调试。

5. 方向控制回路的连接、组装与调试。

6. 顺序动作回路的连接、组装与调试。

项目九　典型液压传动系统的分析

学习目标

知识目标：

1. YT4543 型动力滑台液压系统的组成、工作原理、工作过程及特点。
2. Q2 - 8 型汽车起重机液压系统的组成、工作原理、工作过程及特点。
3. YA32 - 200 型液压机液压系统的组成、工作原理、工作过程及特点。

技能目标：

1. 能分析 YT4543 型动力滑台液压系统各液压元件的作用及工作过程。
2. 能分析 Q2 - 8 型汽车起重机液压系统各液压元件的作用及工作过程。
3. 能分析 YA32 - 200 型液压机液压系统各液压元件的作用及工作过程。
4. 能对上述回路进行装调与故障分析。
5. 在完成上述任务的过程中，能够自觉遵守安全操作规范。

教学建议

教师在讲授基本知识后，将学生分组安排，在实验室完成以下三个工作任务：YT4543 型动力滑台液压系统的装调与分析、Q2 - 8 型汽车起重机液压系统的装调与分析、YA32 - 200 型液压机液压系统的装调与分析。工作任务完成后，由学生自评、学生互评、教师评价三部分汇总组成教学评价。

任务一　组合机床动力滑台液压系统分析

一、YT4543 型动力滑台液压系统

组合机床是由通用部件和部分专用部件组成的高效、专用、自动化程度较高的机床，它能完成钻、扩、铰、镗、铣、攻丝等加工工序，组合机床整体结构如图 9 - 1 所示。组合机床的

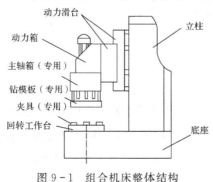

图 9 - 1　组合机床整体结构

主轴旋转运动采用机械传动方式,完成进给运动的滑台、工件的定位夹紧、回转工作台的分度或零件的输送转位以及各种辅助装置的移动等,多采用液压传动。

动力滑台是组合机床上用来完成直线运动的通用部件,它上面常安装有各种旋转刀具,通过液压或机械装置使滑台按一定的动作循环完成进给运动。

1. YT4543 型动力滑台液压系统原理

YT4543 型动力滑台采用液压驱动(进给),其台面尺寸为 450 mm×800 mm,进给速度范围为 6.6~660 mm/min,最大快进速度为 7.3 m/min,最大进给推力为 45 kN。图 9-2 是 YT4543 型动力滑台液压系统原理图,它能完成多种自动工作循环,其最高工作压力为 6.3 MPa。

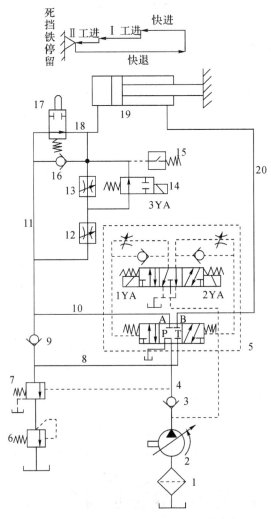

1—过滤器;2—变量泵;3、9、16—单向阀;4、8、10、11、18、20—管路;5—电液换向阀;
6—背压阀;7—顺序阀;12、13—调速阀;14—电磁阀;15—压力继电器;17—行程阀;19—液压缸

图 9-2 YT4543 型组合机床动力滑台液压系统原理图

YT4543 型组合机床动力滑台液压系统采用限压式变量叶片泵供油,用电液换向阀换向,用行程控制的机动换向阀实现快进速度与工作进给时速度的换接,用电磁换向阀实现两种工作进给(以下简称工进)速度的转换,用调速阀构成的节流调速回路保持速度的稳定。该系统

可以实现多种不同的工作循环,其中比较典型的工作循环是:快进—Ⅰ工进—Ⅱ工进—死挡铁停留—快退—原位停止。

2. 工作过程分析

图 9-2 只有一个执行元件,实现工作循环的工作过程如下:

(1)快进。

按下启动按钮,电磁铁 1YA 得电,电液换向阀 5 的左位工作,油路情况如下:

进油路:过滤器 1→变量泵 2→单向阀 3→管路 4→电液换向阀 5 的 P 口到 A 口→管路 10、11→行程阀 17→管路 18→液压缸 19 左腔。

回油路:液压缸 19 右腔→管路 20→电液换向阀 5 的 B 口到 T 口→管路 8→单向阀 9→管路 11→行程阀 17→管路 18→液压缸 19 左腔。

因为快进时滑台的载荷较小,所以回油可以经单向阀 9、行程阀 17 直通液压缸左腔,形成差动连接回路。此时变量泵 2 输出最大流量,动力滑台快速前进,实现快进。

(2)Ⅰ工进。

滑台运动到快进结束位置时,滑台上的挡铁压下行程阀 17 的阀芯,使阀的上位工作,管路 11 和 18 断开,而电磁阀 14 的电磁铁处于失电状态,油液必须经调速阀 12 进入液压缸左腔,与此同时,系统压力升高,将顺序阀 7 打开,并关闭单向阀 9,液压缸右腔的油液经顺序阀 7 和背压阀 6 回到油箱。

进油路:过滤器 1→变量泵 2→单向阀 3→电液换向阀 5 的 P 口到 A 口→管路 10→调速阀 12→电磁阀 14→管路 18→液压缸 19 左腔。

回油路:液压缸 19 右腔→管路 20→电液换向阀 5 的 B 口到 T 口→管路 8→顺序阀 7→背压阀 6→油箱。

因为工作进给时油压升高,所以变量泵 2 的流量自动减小,动力滑台向前作第一次工作进给,进给速度的大小可以用调速阀 12 调节。

(3)Ⅱ工进。

当滑台以Ⅰ工进速度前进到预定位置时,滑台的行程挡铁压下行程开关,使电磁阀 14 的电磁铁 3YA 得电,电磁阀 14 右位工作,切断了该阀所在的油路,经调速阀 12 的油液必须经过调速阀 13 进入液压缸的左腔,其他油路不变。由于调速阀 13 的开口量小于调速阀 12,所以进给速度降低,进给速度的大小可由调速阀 13 进行调节。

(4)死挡铁停留。

当动力滑台Ⅱ工进碰上死挡铁后,液压缸停止运动,系统的压力升至最大值,液压泵的流量减少到只能补偿泵和系统的泄漏,当压力达到压力继电器 15 的调定值时,经时间继电器的延时,滑台停留在死挡铁限定的位置上。

(5)快退。

当时间继电器发出电信号后,2YA 得电,1YA、3YA 失电,电液换向阀 5 右位工作,液压缸退回。

进油路:过滤器 1→变量泵 2→单向阀 3→管路 4→电液换向阀 5 的 P 口到 B 口→管路 20→液压缸 19 的右腔。

回油路:液压缸 19 的左腔→管路 18→单向阀 16→管路 11→电液换向阀 5 的 A 口到 T

口→油箱。

这时系统的压力较低，变量泵 2 输出流量大，油液进入液压缸的有杆腔，滑台快速退回。

（6）原位停止。

当动力滑台退回到原始位置时，挡块压下原位行程开关，这时电磁铁 1YA、2YA、3YA 均失电，电液换向阀 5 处于中位，液压缸 19 两腔封闭，动力滑台停止运动。变量泵 2 通过电液换向阀 5 中位实现卸荷。电磁铁和行程阀的动作顺序见表 9-1。

表 9-1　YT4543 型组合机床动力滑台液压系统电磁铁和行程阀的动作顺序

元件 / 动作	1YA	2YA	3YA	压力继电器	行程阀 17
快进（差动）	+	—	—	—	接通
Ⅰ工进	+	—	—	—	切断
Ⅱ工进	+	—	+	—	切断
死挡铁停留	+	—	+	+	切断
快退	—	+	—	—	切断→接通
原位停止	—	—	—	—	接通

二、动力滑台液压系统的特点

通过分析，动力滑台液压系统的特点如下：

（1）调速回路采用了由限压式变量泵和调速阀组成的进油节流调速回路，回油经过背压阀回油箱。

（2）快速运动回路应用限压式变量泵在低压时输出流量大的特点，并采用差动连接来实现快速前进。

（3）换向回路应用电液换向阀实现换向，工作平稳、可靠，并由压力继电器与时间继电器发出的电信号控制换向信号。

（4）快速运动与工作进给的换接回路采用行程阀实现速度的换接，换接性能较好。同时利用换向后系统中的压力升高使液控顺序阀接通，系统由快速运动的差动连接转换为使回油排回油箱。

（5）两种工作进给的换接回路采用了两个调速阀串联的回路。

任务二　汽车起重机液压系统分析

汽车起重机属于工程机械，通常情况下执行机构完成的动作较为简单，对位置精度要求不高，因此采用手动控制。由于是起重机械，设计中对其液压系统的安全性十分重视。

一、Q2-8型汽车起重机液压系统

1. 概述

Q2-8型汽车起重机最大起重量为80 kN(幅度3 m时)，最大起重高度为11.5 m，起重装置可连续回转。汽车起重机具有较高的行走速度，可与装运工具的车辆编队行驶，机动性好。当装上附加吊臂后，可用于建筑工地吊装预制件，吊装的最大高度为6 m。液压起重机承载能力大，可在有冲击、振动、温度变化大和环境较差的条件下工作。其执行元件要求完成的动作比较简单，位置精度较低，并全部采用手动操纵，其液压系统工作压力较高。

Q2-8型汽车起重机结构示意图如图9-3所示。

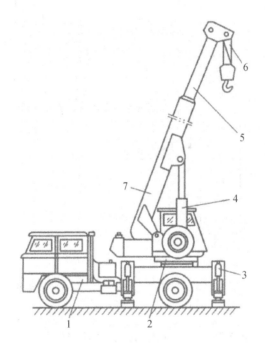

1—载重汽车；2—回转机构；3—支腿；4—吊臂变幅缸；5—吊臂伸缩缸；6—起升机构；7—基本臂

图9-3　Q2-8型汽车起重机结构示意图

2. Q2-8型汽车起重机液压系统工作原理

Q2-8型汽车起重机的液压系统如图9-4所示。

该系统属于中高压系统，用一个轴向柱塞泵作动力源，由汽车发动机通过传动装置驱动工作。整个系统由支腿收放、转台回转、吊重起升、吊臂伸缩和吊臂变幅五个工作支路所组成。其中，前、后支腿收放支路的换向阀A、B组成一个阀组(双联多路阀)，其余四支路的换向阀C、D、E、F组成另一阀组(四联多路阀)。各换向阀均为M型中位机能三位四通手动阀，相互串联组合，可实现多缸卸荷。根据起重工作的具体要求，操纵各阀不仅可以分别控制各个执行元件的运动方向，还可以通过控制阀芯的位移量来实现节流调速。因为整个油路分上下两部分布置，上部分随转台回转，故两部分之间的管路采用回转接头7连接。

1）支腿收放支路

由于汽车轮胎支承能力有限，且为弹性变形体，作业时很不安全，故在起重工作前必须放下前、后支腿，使汽车轮胎架空，用支腿承重。在行驶时又必须将支腿收起，轮胎着地。为此在汽车的前、后端各设置两条支腿，每条支腿均配置有液压缸。前支腿两个液压缸同时用一个手动换向阀 A（见图 9 - 4）控制其收放动作，后支腿两个液压缸用阀 B 来控制其收放动作。为确保支腿停放在任意位置并能可靠地锁住，在每一个支腿液压缸的油路中设置一个由两个液控单向阀组成的双向液压锁。

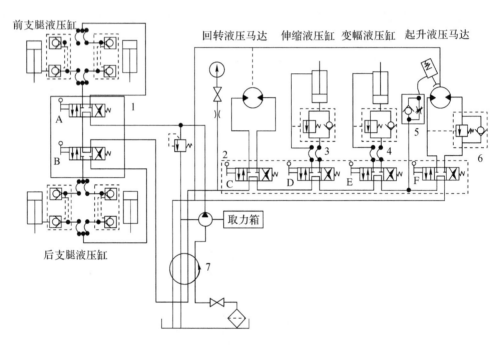

1—双联多路阀；2—四联多路阀；3、4、6—平衡阀；5—单向节流阀；7—回转接头

图 9 - 4　Q2 - 8 型汽车起重机液压系统

当阀 A 在左位工作时，前支腿放下，其进油路和回油路线如下。

进油路：液压泵→换向阀 A→液控单向阀→前支腿液压缸无杆腔。

回油路：前支腿液压缸有杆腔→液控单向阀→阀 A→阀 B→阀 C→阀 D→阀 E→阀 F→油箱。

后支腿液压缸用阀 B 控制，其油流路线与前支腿支路相同。

2）转台回转支路

该机构中采用液压马达作为执行元件。液压马达通过蜗杆、蜗轮减速箱和开式小齿轮（与转盘上的内齿轮啮合）来驱动转盘。转盘转速较低，一般每分钟为 1～3 转。驱动转盘的液压马达转速也不高，故不必设置马达制动回路。马达由手动换向阀 C 控制正、反转，其油路为：

进油路：液压泵→阀 A→阀 B→阀 C→回转液压马达。

回油路：回转液压马达→阀 C→阀 D→阀 E→阀 F→油箱。

3）吊重起升支路

起升机构是起重机的主要执行机构，它是一个由大转矩液压马达带动的卷扬机。马达的正、反转由一个手动三位四通阀 F 控制。马达的转速即起吊速度可通过改变发动机的转速来调节。在马达下降的回油路上有平衡阀 6，用以防止重物自由下落。平衡阀 6 由经过改进的液控顺序阀和单向阀组成。由于设置了平衡阀，所以液压马达只有在进油路上有压力的情况下才能旋转。改进后的平衡阀使重物下降时不会产生"点头"现象。由于液压马达的泄漏比液压缸的大得多，当负载吊在空中时，尽管油路中设有平衡阀，仍有可能产生"溜车"现象。为此，在液压马达上设有制动缸，以便在液压马达停转时，用制动器锁住起升液压马达。单向节流阀 5 的作用是使制动器上闸快、松闸慢。前者是为使马达迅速制动，重物迅速停止下降，而后者则是当负载在半空中再次起升的过程中，避免重物自重将液压马达拖动反转而产生瞬时滑降现象。

4）吊臂伸缩支路

吊臂由基本吊臂和伸缩吊臂组成，伸缩吊臂套在基本吊臂中。吊臂的伸缩是由一伸缩液压缸控制的。为防止吊臂在自重作用下下落，伸缩回路中装有平衡阀 3。吊臂的伸缩由换向阀 D 控制，使伸缩臂具有伸出、缩回和停止三种工况。例如，当换向阀 D 在右位工作时，吊臂伸出，其油流路线为：

进油路：液压泵→阀 A→阀 B→阀 C→阀 D→阀 3 中的单向阀→伸缩液压缸无杆腔。

回油路：伸缩液压缸有杆腔→阀 D→阀 E→阀 F→油箱。

5）吊臂变幅支路

吊臂变幅是用液压缸来改变吊臂的起落角度。变幅要求工作平稳可靠，故在油路中也设置了平衡阀 4。增幅或减幅运动由换向阀 E 控制，其油流路线与吊臂伸缩支路的相似。

二、Q2-8 型汽车起重机液压系统的特点

（1）液压系统中各部分相互独立，可根据需要使任一部分单独动作，也可在执行元件不满载时，各串联的执行元件任意组合、同时动作。

（2）支腿回路中采用双向液压锁，将前后支腿锁定在一定位置，防止出现"软腿"现象或支腿自由下落的现象。

（3）吊重起升支路、吊臂伸缩支路、吊臂变幅支路均设置平衡阀，以防止重物在自重作用下下滑。

（4）为了防止由于马达泄漏而产生的"溜车"现象，起升液压马达上设有制动阀，并且松阀用液压力，紧阀用弹簧力，以保持在突然失去动力时液压马达仍能锁住，确保安全。

任务三　四柱万能液压机液压系统分析

一、YA32-200 型四柱万能液压机

1. 概述

液压机是一种用静压来工作的机械设备，在锻压、冲压、冷挤、校直、弯曲、粉末冶金、

成型等压力加工工艺中广泛应用。液压机按机体的结构不同分为单臂式、柱式和框架式等，其中以柱式液压机应用最为广泛。

YA32－200 液压压力机是一种典型的三梁四柱式压力加工设备，如图 9－5 所示，由横梁(上梁)、滑块(中梁)、工作台(下梁)及四根立柱构成。它的执行元件是安置在四个立柱之间的上、下两个液压缸。上液压缸(又称主缸)用于加压驱动滑块运动，实现"快速下行→慢速加压→保压→卸压→快速返回→原位停止"的工作循环；下液压缸(又称顶出缸)用于成型件的顶出，实现"向上顶出→停留→向下退回→原位停止"的工作循环；上下液压缸联合工作，用于薄板的拉伸和拉伸过程中的压边。

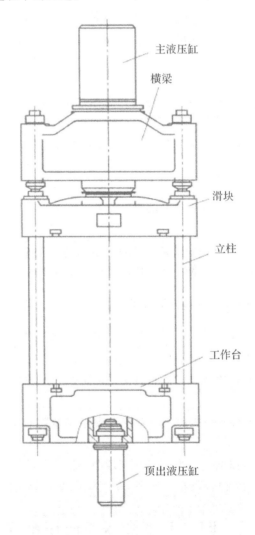

图 9－5　三梁四柱式液压机结构

2. YA32－200 型万能液压机液压系统工作原理

YA32－200 型液压机液压系统工作原理如图 9－6 所示。该系统中有两个液压泵 4 和 5，液压泵 5 为大流量恒功率变量泵，最高工作压力为 32 MPa，压力由先导型溢流阀 10 和远程调压阀 3 调定。远程调压阀 3 的作用是根据不同的工作要求改变系统的调定压力。辅助泵 4

为低压、小流量的定量泵，它为控制油路提供压力油，由溢流阀 9 调定控制压力。

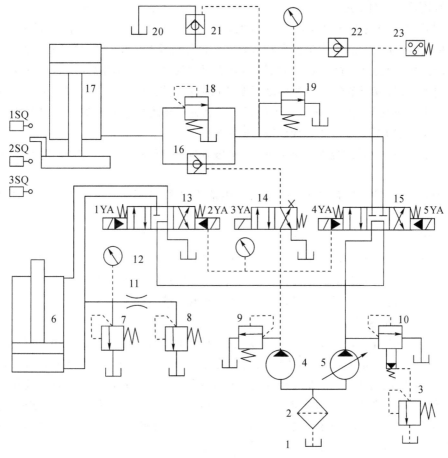

1—油箱；2—过滤器；3—远程调压阀；4—辅助泵；5—恒功率变量泵；6—顶出缸；7—安全阀；
8—背压阀；9—溢流阀；10—先导型溢流阀；11—节流阀；12—压力表；13、15—电液换向阀；
14—电磁换向阀；16—液控单向阀；17—主缸；18—背压阀；19—卸荷阀；20—充液箱；21—充液阀；
22—单向阀；23—压力继电器

图 9 - 6　YA32 - 200 型四柱万能液压机液压系统工作原理图

1）主缸的运动

（1）快速下行。

按下启动按钮，电磁铁 3YA、4YA 得电，电磁换向阀 14 和电液换向阀 15 切换至左位，这时油液进入主液压缸 17 上腔，同时控制压力油经换向阀 14 使液控单向阀 16 导通，主液压缸 17 下腔回油到油箱。此时上滑块在自重作用下迅速下降，液压泵的供油不足以补充主液压缸 17 上腔空出的容积，上腔的油液存在一定的真空度。在大气压力的作用下，液压缸顶部的充液箱 20 中的油液经充液阀 21 流入液压缸 17 上腔。

主油路油液流动线路如下：

进油路：油箱 1→过滤器 2→液压泵 5→电液换向阀 15（左位）→单向阀 22→主液压缸 17 上腔→充液箱 20→充液阀 21→主液压缸 17 上腔。

回油路：主液压缸 17 下腔→液控单向阀 16→电液换向阀 15（左位）→电液换向阀 13（中

位)→油箱 1。

（2）慢速接近工件、加压。

当上滑块上的挡块压下行程开关 2SQ 时，电磁铁 3YA 失电，电磁换向阀 14 切换至右位，液控单向阀 16 因控制压力油卸压而关闭，主液压缸下腔的回油须打开背压阀 18 流回油箱，使下降速度减慢。此时液压泵的供油能够满足主液压缸运动的需要，因此压力升高，充液阀 21 关闭。来自液压泵的压力油推动活塞使滑块慢速接近工件，当滑块抵住工件后，阻力急剧增加，主液压缸上腔内油压进一步提高，变量液压泵的排量自动减小，主液压缸活塞以极慢的速度对工件加压。此时的油液流动线路如下：

进油路：油箱 1→过滤器 2→液压泵 5→电液换向阀 15（左位）→单向阀 22→主液压缸 17 上腔。

回油路：主液压缸 17 下腔→背压阀 18→电液换向阀 15（左位）→电液换向阀 13（中位）→油箱 1。

（3）保压。

当主液压缸上腔压力升高到预定值时，压力继电器 23 发出信号，使电磁铁 4YA 失电，电液换向阀 15 回中位，液压泵 5 卸荷。充液阀 21、单向阀 22 具有良好的锥面密封性，使主液压缸上腔保持压力，保压时间可通过调节时间继电器进行设定。

（4）卸压、快速返回。

保压过程结束时，时间继电器发出信号，使电磁铁 5YA 得电，电液换向阀 15 右位接通。由于主液压缸 17 上腔保持着高压，且主液压缸直径大、行程长，因此液压缸内油液在加压过程中受到压缩，存储的能量相当大。如果此时上腔立即接回油，液压缸内液体积蓄的能量突然释放就会产生液压冲击，造成振动和发出很大的噪声，所以必须先卸压，然后再让活塞返回。

在卸压完成之前，由于主液压缸上腔的压力较高，电液换向阀 15 右位接通后，卸荷阀 19 呈打开状态。液压泵 5 输出的油液经卸荷阀 19 回油箱，由于卸荷阀 19 带有阻尼孔，所以液压泵 5 未完全卸荷，而是以较低的压力输出油液。此压力可以打开充液阀 21 内部的小阀芯，但尚不足以打开它的主阀芯，所以主液压缸上腔的高压油只能以极小的流量经此小阀芯的开口泄回充液箱 20，主液压缸上腔的压力也因此而缓慢地降低，实现卸压过程。当主液压缸上腔的压力降至低于卸荷阀 19 的开启压力时，卸荷阀 19 关闭。

在主液压缸上腔完成卸压之后，液压泵 5 输出的压力油首先打开充液阀 21 的主阀芯，打通主液压缸上腔到充液箱 20 的回路。此时液压泵 5 的油液经过液控单向阀 16 进入主液压缸的下腔，主液压缸上腔的油液经过充液泵 21 流回充液箱 20。主液压缸的下腔（有杆腔）进油，上腔（无杆腔）回油，主液压缸返回，由于主液压缸返回时仅需克服主缸运动组件的自重及其摩擦力，因此液压泵 5 的压力较低，流量大，返回速度提高。

在快速返回过程中，油液流动线路如下：

进油路：油箱 1→过滤器 2→液压泵 5→电液换向阀 15（右位）→液控单向阀 16→主液压缸 17 下腔。

回油路：主液压缸 17 上腔→充液阀 21→充液箱 20。

（5）原位停止。

当主液压缸活塞返回到预定高度时，上滑块上的挡块压下行程开关 1SQ，电磁铁 5YA 失电，电液换向阀 15 回中位，主液压缸活塞被锁紧而停止运动。此时，液压泵 5 通过电液换向阀 13 和 15 的中位卸荷机能实现卸荷。

2）顶出缸的运动

（1）顶出缸的顶出。

按下顶出缸启动按钮，电磁铁 1YA 得电，电液换向阀 13 左位接通。油液流动线路如下：

进油路：油箱 1→过滤器 2→液压泵 5→电液换向阀 15（中位）→电液换向阀 13（左位）→顶出液压缸 6 下腔。

回油路：顶出液压缸 6 上腔→电液换向阀 13（左位）→油箱 1。

（2）顶出缸退回。

电磁铁 2YA 得电、1YA 失电，电液换向阀 13 的右位接通，实现油路换向，顶出液压缸退回。油液流动线路如下：

进油路：油箱 1→过滤器 2→液压泵 5→电液换向阀 15（中位）→电液换向阀 13（右位）→顶出液压缸 6 上腔。

回油路：顶出液压缸 6 下腔→电液换向阀 13（右位）→油箱 1。

（3）原位停止。

在返回过程中，当到达预定位置时，电磁铁 2YA 失电，电液换向阀 13 回中位，顶出液压缸停止运动，液压泵 5 卸荷。

3）浮动压边

在进行薄板拉伸时，为了进行压边，首先电磁铁 1YA 得电，使顶出液压缸上升到顶住被拉伸的工件，然后电磁铁 1YA 失电，电液换向阀 13 回中位，在主液压缸下压作用力的作用下，顶出液压缸下腔的压力升高，当升高到一定值时，打开背压阀 8，油液经节流阀 11 和背压阀 8 回油箱，上腔经过电液换向阀 13 的中位进行补油。当主液压缸下压时，顶出液压缸活塞被迫下行，实现浮动压边动作。由于此处的背压阀 8 是采用溢流阀完成建立背压的功能，而溢流阀是锥阀，开度变化时，开口面积变化比较大，影响运动的平稳性，所以串联了节流阀 11。安全阀 7 一方面是为了限定顶出缸下腔的最高压力，另一方面是为了防止节流阀 11 的阻塞起安全保护作用。

二、YA32-200 型四柱万能液压机液压系统的特点

YA32-200 型四柱万能液压机液压系统具有以下特点：

（1）采用高压大流量的恒功率变量泵使液压系统的功率利用合理，节省能源。

（2）采用充液箱在主缸快速下行时进行充液，简化了系统结构。

（3）采用行程控制、压力控制和时间控制，保证了工作循环的自动完成。

（4）采用先导型溢流阀与远程调压阀，不仅保证了系统的安全，而且可以根据需要对系统压力进行调节。

（5）利用管道和油液的弹性变形以及液控单向阀和单向阀的密封性能进行保压，方法简单可靠。

（6）采用充液阀和卸荷阀能够使保压时存在于主缸上腔的高压能量缓慢释放，有利于防止液压冲击和噪声。

（7）系统中的控制油液由专门的低压泵提供，使控制油路与主油路相互独立，保证了换向操作的安全、可靠。

思 考 题

1. 分析 YT4543 型液压动力滑台的液压系统的工作过程。
2. YT4543 型液压动力滑台的液压系统有哪些特点？
3. Q2-8 型汽车起重机的液压系统由哪些基本支路组成？
4. 分析 Q2-8 型汽车起重机的液压系统的工作过程。
5. Q2-8 型汽车起重机的液压系统有哪些特点？
6. 分析 YA32-200 型液压机的液压系统的工作过程。
7. YA32-200 型液压机的液压系统有哪些特点？

技 能 训 练

1. YT4543 型动力滑台液压系统的装调与分析。
2. Q2-8 型汽车起重机液压系统的装调与分析。
3. YA32-200 型液压机液压系统的装调与分析。

项目十　液压控制系统的装调

（以湖南省高等职业院校相关专业技能抽查标准为例）

任务一　液压控制系统装调项目技能抽查要求

一、液压控制系统的装调项目描述

液压控制系统的装调项目要求学生能根据控制系统提供的原理图完成系统的分析，能完成液压元件的选择与布置安装，能根据相关标准完成液压控制系统的安装、运行调试和试运行。

其中，产品需要装配的元器件为 20 个以内（包括压力阀、方向阀、流量阀、辅助元件等），控制对象 2 个以内，需要调试的参数 3 个以内。

二、测试要求

1. 技能要求

以 GB/T 3766—2001 标准为参考，能根据系统提供的原理图完成系统的分析，能识读各种基本液压回路的原理简图；能辨识各种基本液压回路的组成元件；能根据液压回路原理简图选择液压元件；能搭建方向控制、压力控制、速度控制等常见液压回路；能对液压基本回路控制进行调试；会分析液压基本回路常见问题产生的原因及解决措施；会分析液压系统的工作特点、动作循环和性能要求，并进行故障排除。

2. 素养要求

操作时必须穿戴劳动防护用品。工具仪表摆放规范整齐，仪表完好无损。符合企业基本的 6S（整理、整顿、清扫、清洁、素养、安全）管理要求，及时清扫杂物，保持工作台面清洁。操作须符合机电设备现场调试规范，如用于液压缸及其附件的安装紧固件的设计和安装应能承受所有可预见的力，紧固件宜尽量避免承受剪切力；元件应牢固地安装；与电源的电气连接应符合适当的标准例如 GB/T 5226.1；避免在元件工作期间软管急剧地折曲和拉紧等。

符合企业基本的质量常识和管理要求。能进行工具器件的选择和有效性确认，器件工具搬运、摆放等符合产品防护要求。

符合企业对维修钳工的基本素养要求，体现良好的工作习惯。如：安装油路必须注意不能启动油泵、试运行必须注意油压、注意安全等。

3. 测试时间

150 分钟。

三、项目测试评价标准

抽查项目的评价均包括职业素养、操作规范、作品三个部分，每一部分的分值均为 100 分。项目总分为 100 分，其中职业素养占该项目总分的 10%，操作规范占该项目总分的 30%，作品占该项目总分的 60%。

项目总分＝职业素养得分×10%＋操作规范得分×30%＋作品得分×60%

60 分及以上被评定为"合格"。职业素养、操作规范、作品和总分均需合格，本抽查项目评定方为合格。各项目评价标准如表 10－1 所示。

表 10－1　液压控制系统装调项目评价标准

评价内容		配分	评价标准		备注
			考核点	评分细则	
职业素养 100 分	纪律	25	服从安排，操作过程态度认真	如有违反扣 5～25 分	严重违反考场纪律，造成恶劣影响的，本大项记 0 分
	安全意识	25	安全着装，按安全规程操作	如有违反扣 2～25 分	
	职业行为习惯	20	工量摆放整齐，清理杂物	如有违反一次扣 10 分	
	仪器、工具保养与维护	30	对仪器、工具进行清洁、保养与维护	如不规范扣 10～25 分	
	人伤械损事故		出现人伤械损事故	整个测评成绩记 0 分	
操作规范 100 分	操作前准备	8	按规程清点工具及元件	未按规程等扣 8 分	出现明显失误造成工具、量具、设备损坏等安全事故，本大项记 0 分
	调试前准备	20	检查油压输出并调整压力，检查电源输出以及电路连线	1. 未检查油压输出并调整，扣 5～10 分 2. 未检查电源输出以及电路连线，扣 5～10 分	
	工具选用	2	正确选择工具及使用	工具选择及使用不当，扣 2 分	
	液压元件选择	20	正确选择液压、电气元件	1. 液压元件选择不正确，每个扣 2 分 2. 电气元件选择不正确，每个扣 2 分	
	运用实训台	20	正确按图示的要求熟练地安装液压、电气元件；元件安装要准确、紧固	1. 元件安装不牢固，每个扣 2 分 2. 元件位置不合理，每个扣 2 分	出现明显失误造成工具、量具、设备损坏等安全事故，本大项记 0 分
	操作过程	30	操作步骤正确	操作步骤不正确每处扣 2 分	

续表

评价内容		配分	评价标准		备注
			考核点	评分细则	
作品 100分	油压调整	10	主油路压力表	油压选择错误扣10分	
	液压阀调整	5	调整系统压力	1. 无调整扣5分 2. 调整过快扣2分	
	控制元件的整定	10	实验台	1. 压力继电器调整压力高扣2分 2. 行程开关调整不到位，每处扣3分	
	电气线路连接	10	电气控制面板	1. 连接凌乱扣2分 2. 连接不规范每处扣2分 3. 连接错误每处扣4分	
	功能完成	15	液压缸	1. 液压缸未动作扣15分 2. 只完成一个方向运动扣12分 3. 只完成一个往复运动扣10分	
	电磁动作表	10	动作顺序表填写	1. 每少填一项扣2分 2. 每填错一项扣2分	
	主回路和控制回路描述	20	分析油路过程	1. 主油路每少写一项扣2分 2. 主油路每写错一项扣2分 3. 控制油路每少写一项扣2分 4. 控制油路每写错一项扣2分	
	油路的安装描述	10	油路安装步骤	1. 安装步骤每少写一项扣2分 2. 安装步骤每写错一项扣2分	
	系统调试描述	10	调试步骤	1. 调试步骤每少写一项扣2分 2. 调试步骤每写错一项扣2分	

四、项目实施条件

液压控制系统的装调项目需具备的实施条件如表 10-2 所示。

表 10-2　液压控制系统装调项目实施条件

项目	基本实施条件	备注
场地	10个液压系统装调工位，且采光、照明良好	必备
设备	THPYC-1A 型液压系统装调设备 10 套	必备
工具	万用表10只，十字起10把，一字起10把	根据需求选备
测评专家	每 10 名考生配备一名监考员。监考员要求具备至少一年以上液压设备装调工作经验或三年以上液压系统装调实训指导经历	必备

任务二　实训装置

　　"THPYC-1A 型液压传动与 PLC 实训装置"是根据《中华人民共和国教育行业标准——电工电子类实训基地仪器设备配备标准》、教育部"面向 21 世纪职业教育课程改革和教材建设规划"要求，按照职业教育的教学和实训要求研发的产品。液压传动技术已广泛应用于机械、冶金、农业、建筑、汽车、国防等领域。各工科院校、高职、中专、技校及培训机构均开设有"液压传动"、"液压传动与控制"、"液压技术"等课程。本实训装置根据相关课程的教学大纲开发设计而成，集真实的液压元件、各执行模块、继电器控制单元、PLC 编程及 MCGS 组态监控技术于一体，学生可自行组合液压回路及控制系统。本装置具有很强的实际操作功能，适用于不同层次的各类学校相关专业的实训。

一、实训装置特点

　　实训装置具有以下特点：

　　(1) 各个液压元件成独立模块，均装有带弹性插脚的底板，实训时可在通用铝型材板上组装各种液压系统回路，布局灵活，回路清晰、明了。

　　(2) 为了克服液压传动机构噪声大、振动大的缺点，本装置将电机和泵轴承式连接(一体化)，再和油箱固定在一起，在振源处加防振圈，油箱和控制屏单独放置，使振源和其他机构不形成共振，大大降低了装置的噪声和振动。

　　(3) 液压回路可采用独立的继电器控制单元进行电气控制，也可采用 PLC 控制，通过比较，突出 PLC 控制的优越性，加深对 PLC 的了解及掌握。

　　(4) 液压回路采用快速接头，电控回路采用带防护功能的专用实训连接导线，搭建回路时由学生根据指导书或自行设计手动搭建系统回路。配套液压元件齐全，可自行设计较为复杂的应用系统。能锻炼学生理论结合实际的动手能力及思考能力，具有很强的实训性。

　　(5) 带有电流型漏电保护，对地漏电电流超过 30 mA 即切断电源；电气控制采用直流 24 V 电源，并带有过流保护，防止误操作损坏设备；具有三相电源断相、相序保护，当断相或相序改变后，切断回路电源，以防止电机反转而损坏油泵；系统额定压力为 6.3 MPa，当超越此值时，自动卸荷。

　　(6) 该装置集各种真实的气动元件、继电器控制单元、PLC、计算机组态技术于一体，是典型的机、电、气一体化的综合实训设备，功能强大、适用范围广。

二、实训装置技术参数

　　实训装置的技术参数如下：

　　输入电源：三相四线 ~380 V±10%，50 Hz。

　　装置容量：<2 kV。

　　变量叶片泵：压力 7 MPa，额定流量 8 L/min。

　　电机：额定电压 380 V，额定功率 1.5 kW，转速 1420 r/min，绝缘。

三、实训装置的基本组件

实训装置的基本组件如表 10－3 所示。

表 10－3　实训装置的基本组件

序号	名　称	型号及规格	数量	备注
1	实训台		1台	
2	实训桌		1张	
3	PLC 主机模块	CPU224(14DI/10DO)	1块	西门子
4	直流继电器模块	4组直流继电器接口	1块	
5	电源模块		1块	
6	控制按钮模块	12组带灯控制按钮接口	1块	
7	时间继电器模块	2组直流时间继电器接口	1块	
8	双作用液压缸		2个	
9	变量叶片泵及电机	VP－08	1台	一体式
10	耐震不锈钢压力表		1只	
11	二通流量阀（调速阀）		2只	北京华德
12	二位三通电磁换向阀		2只	北京华德
13	二位四通电磁换向阀		1只	北京华德
14	二位四通手控换向阀		1只	北京华德
15	三位四通电磁换向阀（O 型）		1只	北京华德
16	三位四通电磁换向阀（Y 型）		1只	北京华德
17	单向节流阀		1只	北京华德
18	单向阀		1只	北京华德
19	先导型溢流阀		1只	北京华德
20	直动型溢流阀		1只	北京华德
21	直动型顺序阀		1只	北京华德
22	直动型减压阀		1只	北京华德
23	液控单向阀	SV10PA2	2只	北京华德
24	压力继电器	HED4OP	2只	北京华德
25	阀板（45♯钢，表面镀铬）		1套	
26	快速接头（母插座）	Q/ZB275－77 06SM 镀铬	1套	

序号	名称	型号及规格	数量	备注
27	快速接头(公插头)	Q/ZB275-77 06PM 镀铬	1套	
28	吸油过滤器	WU-40×100J	1只	
29	油温液面计	YWZ-100T	1只	
30	清洁盖	FCL-04	1只	
31	空气滤清器	QUQ2	1只	
32	铝型材	8020	1套	
33	行程开关	ME8108	2只	
34	高压胶管	通径6	20根	
35	油箱	最大容积90 L，2 mm钢板	1只	
36	漏油盘		1个	
37	液压油	L-HL32♯	75升	
38	内六角扳手		1套	
39	活动扳手		2把	
40	长柄螺丝刀		1把	
41	PLC通讯下载线(适配器)	PC/PPI	1根	
42	PLC编程软件		1套	光盘内
43	光盘(含软件及资料)		1张	

控制屏为铁质双层亚光密纹喷塑结构，铝质面板，为实训提供交流电源、直流电源等。控制屏装有铝型材，可以任意更换模块化元件，灵活方便。实训桌为铁质双层亚光密纹喷塑结构，桌面为防火、防水、耐磨高密度板。实训桌下方设有元器件储存柜，并装有铝型材，用于存放元器件。

任务三　液压控制系统的装调(题一)

姓名：_____　　准号证号：_____　　学校：_____

注意事项

(1)本试卷依据2010年颁布的《湖南省高等职业院校机电一体化技术专业技能抽查标准》命制。

(2)考核时间为60分钟。请首先按要求在试卷的标封处填写您的姓名、准考证号和所在学校的名称。

（3）进入考场前，请向考评员提交身份和学籍证明。

（4）考生在指定的考核场地内进行独立工作，不得以任何方式与他人交流。

（5）考核结束时，经考评员同意后，拆卸液压回路及连接电路。

（6）考核满分为 100 分，其中职业素养与操作规范部分 50 分，作品部分 50 分。这两个部分都及格，本项目的考核成绩方为合格，否则成绩为不合格。

一、工作任务

在液压实训系统中搭建节流阀的进油路节流调速回路，液压回路如图 10 - 1 所示，电气控制线路如图 10 - 2 所示。

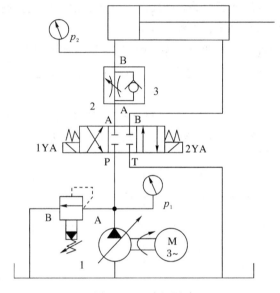

图 10 - 1　液压回路

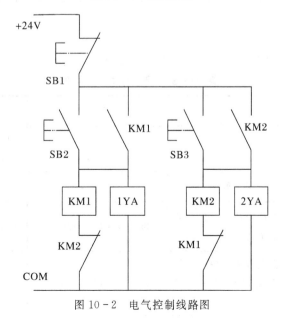

图 10 - 2　电气控制线路图

二、考核内容

（1）元件的安装。包括元件选择、元件安装。

（2）系统连接。包括液压回路连接、电路连接。

（3）调试。

（4）功能实现。

（5）安全生产。

三、考核要求

（1）搭建图 10-1 所示的液压回路，连接图 10-2 所示的电气控制线路。

（2）能实现油泵的启动与停止、加载、卸荷等功能。

（3）能实现节流阀的进油节流调速动作：调阀 1，使 $p_1=5$ MPa，节流阀 3 全开，2YA 得电，活塞杆右行，速度不变化。1YA 得电，油缸退回。关小节流阀 3，2YA 得电，活塞杆右行，速度变慢。

电磁铁动作及节流阀状况见表 10-4。项目装调所需工具、材料如表 10-2 所示。

表 10-4　电磁铁动作及节流阀状况表

元件 动作状况	1YA	2YA	节流阀
快进	−	+	全开
慢进	−	+	关小
快退	+	−	/
原位停止	−	−	/

四、评分表

评分表（监考员填写）如表 10-5、表 10-6、表 10-7 所示。

表 10-5　职业素养评分表

学校名称				姓名		
项目名称				项目编号		
序号	评价内容	考核要求	评分细则	配分	扣分	得分
1	纪律	服从安排，操作过程态度认真严谨	如有违反扣 5~25 分	25		
2	安全意识	安全着装，按电气设备安装规程操作液压设备	如有违反扣 2~25 分	25		

续表

序号	评价内容	考核要求	评分细则	配分	扣分	得分
3	职业行为习惯	按"6S"管理：整理、整顿、清扫、清洁、素养、安全	1. 没有穿戴防护用品，扣5分 2. 乱摆放工具，乱丢杂物，扣5分 3. 完成任务后不清理工位，扣5分 4. 出现严重违规操作或作弊，取消考生成绩	20		
4	仪器、工具保养与维护	对仪器、工具进行清洁、保养与维护	装调前未检查电源、仪表，未清点工具、备用元件扣10分	30		
5	人伤械损事故	出现人伤械损事故	整个测评成绩记0分			
合计				100		
监考员签字			时间			

表 10－6 操作规范评分表

学校名称				姓名	
项目名称				项目编号	

序号	评价内容	考核要求	评分细则	配分	扣分	得分
1	操作前准备	按规程清点工具及元件	未按规程等扣8分	8		
2	调试前准备	检查油压输出并调整压力，检查电源输出以及电路连线	1. 未检查油压输出并调整，扣5～10分 2. 未检查电源输出以及电路连线，扣5～10分	20		
3	工具选用	正确选择工具及使用	工具选择及使用不当，扣2分	2		
4	液压元件选择	正确选择液压、电气元件	1. 液压元件选择不正确，每个扣2分 2. 电气元件选择不正确，每个扣2分	20		

序号	评价内容	考核要求	评分细则	配分	扣分	得分
5	运用实训台	正确按图示的要求熟练地安装液压、电气元件；元件安装要准确、紧固	1. 元件安装不牢固，每个扣2分 2. 元件位置不合理，每个扣2分	20		
6	操作过程	操作步骤正确	操作步骤不正确每处扣2分	30		
合计				100		
监考员签字			时间			

表 10 - 7　作品评分表

学校名称				姓名		
项目名称				项目编号		
序号	评价内容	考核要求	评分细则	配分	扣分	得分
1	压力调整	系统压力调整	1. 无调整，扣10分 2. 系统压力调整错误扣10分 3. 调整过快，扣3分	10		
2	控制元件的调整	压力继电器、行程开关的调整	1. 压力继电器调整不正确，扣5分 2. 行程开关调整不到位，每处扣5分	15		
3	液压油路布置及连接	液压油路布置及连接可靠	1. 元件布置不整齐、不合理，每处扣2分 2. 连接不牢固，每处扣2分 3. 管线不整齐，弯曲半径过小，每处扣2分 4. 连接不正确，每处扣2分	15		
4	电气线路连接	电气控制面板	1. 连接凌乱扣2分 2. 连接不规范每处扣2分 3. 连接错误每处扣4分	15		

续表

序号	评价内容	考核要求	评分细则	配分	扣分	得分
5	动作顺序表	动作顺序表填写	1. 每少填一项扣3分 2. 每填错一项扣3分	15		
6	主回路和控制回路描述	分析油路过程	1. 主油路每少写一项扣2分 2. 主油路每写错一项扣2分 3. 控制油路每少写一项扣2分 4. 控制油路每写错一项扣2分	15		
7	功能演示	系统启动,能正确工作,且各项功能完好	1. 一次试车不成功扣5分 2. 二次试车不成功扣10分 3. 三次试车不成功,计0分	15		
8	设备损坏事故	出现明显失误,出现设备仪器损坏	整个测评成绩记0分			
合计				100		
监考员签字			时间			

五、学生填写内容

(1) 根据要求填写电磁铁动作顺序及节流阀状况表,如表10-8所示。

表10-8 电磁铁动作顺序及节流阀状况表

元件 动作状况	1YA	2YA	节流阀
液压缸快进			
动作状况	1YA	2YA	节流阀
液压缸慢进			
液压缸快退			
原位停止			

（2）根据液压缸工作循环动作，写出液压系统的进、回油路路线。

（3）系统调试情况。

① 记录液压系统压力调整值。

② 记录节流阀开口调整值，观察其是否起作用。

③ 记录通电启动后液压缸动作顺序。

任务四　液压控制系统的装调(题二)

姓名：_____　准号证号：_____　学校：_____

注意事项

（1）本试卷依据 2010 年颁布的《湖南省高等职业院校机电一体化技术专业技能抽查标准》命制。

（2）考核时间为 60 分钟。请首先按要求在试卷的标封处填写您的姓名、准考证号和所在学校的名称。

（3）进入考场前，请向考评员提交身份和学籍证明。

（4）考生在指定的考核场地内进行独立工作，不得以任何方式与他人交流。

（5）考核结束时，经考评员同意后，拆卸液压回路及连接电路。

（6）考核满分为 100 分，其中职业素养与操作规范部分 50 分，作品部分 50 分。这两个部分都及格，本项目的考核成绩方为合格，否则成绩为不合格。

一、工作任务

有一机械设备，要求采用压力继电器及行程开关控制，双缸动作顺序为：左缸前进→右缸前进→两液压缸同时退回(因负载不同，允许退回时有差异)→停液压回路。液压回路如图 10-3 所示。

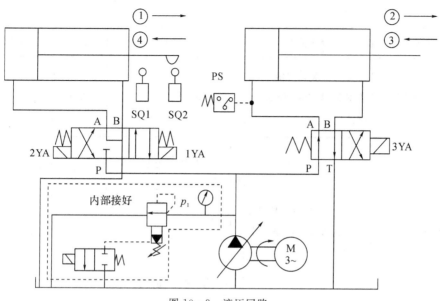

图 10-3　液压回路

二、考核内容

（1）元件的安装。包括元件选择、元件安装。

（2）系统连接。包括液压回路连接、电路连接。

（3）调试。

（4）功能实现。

（5）安全生产。

三、考核要求

（1）搭建图 10-3 所示液压回路及相关的电气控制线路。

（2）能实现油泵的启动、前进、后退、停止等功能。

（3）液压系统压力调整为 1 MPa；调整压力继电器（调整动作压力为 0.5～0.8 MPa），实现双缸顺序动作。

四、评分表

评分表（监考员填写）如表 10-9、表 10-10、表 10-11 所示。

表 10-9　职业素养评分表

学校名称				姓名	
项目名称				项目编号	
序号	评价内容	考核要求	评分细则	配分	扣分	得分
1	纪律	服从安排，操作过程态度认真严谨	如有违反扣 5～25 分	25		

序号	评价内容	考核要求	评分细则	配分	扣分	得分
2	安全意识	安全着装，按电气设备安装规程操作液压设备	如有违反扣2～25分	25		
3	职业行为习惯	按"6S"管理：整理、整顿、清扫、清洁、素养、安全	1. 没有穿戴防护用品，扣5分 2. 乱摆放工具，乱丢杂物，扣5分 3. 完成任务后不清理工位，扣5分 4. 出现严重违规操作或作弊，取消考生成绩	20		
4	仪器、工具保养与维护	对仪器、工具进行清洁、保养与维护	装调前未检查电源、仪表，未清点工具、备用元件，扣10分	30		
5	人伤械损事故	出现人伤械损事故	整个测评成绩记0分			
合计				100		
监考员签字			时间			

表 10-10　操作规范评分表

学校名称				姓名		
项目名称				项目编号		
序号	评价内容	考核要求	评分细则	配分	扣分	得分
1	操作前准备	按规程清点工具及元件	未按规程等扣8分	8		
2	调试前准备	检查油压输出并调整压力，检查电源输出以及电路连线	1. 未检查油压输出并调整，扣5～10分 2. 未检查电源输出以及电路连线，扣5～10分	20		

续表

序号	评价内容	考核要求	评分细则	配分	扣分	得分
3	工具选用	正确选择工具及使用	工具选择及使用不当扣2分	2		
4	液压元件选择	正确选择液压、电气元件	1. 液压元件选择不正确，每个扣2分 2. 电气元件选择不正确，每个扣2分	20		
5	运用实训台	正确按图示的要求熟练地安装液压、电气元件；元件安装要准确、紧固	1. 元件安装不牢固，每个扣2分 2. 元件位置不合理，每个扣2分	20		
6	操作过程	操作步骤正确	操作步骤不正确每处扣2分	30		
合计				100		
监考员签字			时间			

表 10-11 作品评分表

学校名称				姓名	
项目名称				项目编号	
序号	评价内容	考核要求	评分细则	配分	扣分	得分
1	压力调整	系统压力调整	1. 无调整，扣10分 2. 系统压力调整错误扣10分 3. 调整过快，扣3分	10		
2	控制元件的调整	压力继电器、行程开关的调整	1. 压力继电器调整不正确，扣5分 2. 行程开关调整不到位，每处扣5分	15		

序号	评价内容	考核要求	评分细则	配分	扣分	得分
3	液压油路布置及连接	液压油路布置及连接可靠	1. 元件布置不整齐、不合理，每处扣2分 2. 连接不牢固，每处扣2分 3. 管线不整齐，弯曲半径过小，每处扣2分 4. 连接不正确，每处扣2分	15		
4	电气线路连接	电气控制面板	1. 连接凌乱扣2分 2. 连接不规范每处扣2分 3. 连接错误每处扣4分	15		
5	动作顺序表	动作顺序表填写	1. 每少填一项扣3分 2. 每填错一项扣3分	15		
6	主回路和控制回路描述	分析油路过程	1. 主油路每少写一项扣2分 2. 主油路每写错一项扣2分 3. 控制油路每少写一项扣2分 4. 控制油路每写错一项扣2分	15		
7	功能演示	系统启动，能正确工作，且各项功能完好	1. 一次试车不成功扣5分 2. 二次试车不成功扣10分 3. 三次试车不成功，计0分	15		
8	设备损坏事故	出现明显失误，出现设备仪器损坏	整个测评成绩记0分			
合计				100		
监考员签字		时间				

五、学生填写内容

（1）根据要求填写电磁铁动作顺序表，如表 10 - 12 所示。

表 10 - 12 电磁铁动作顺序表

元件 动作状况	SQ1	SQ2	PS	1YA	2YA	3YA
左缸快进						
右缸慢进						
左缸后退						
右缸后退						
原位停止						

（2）根据液压缸工作循环动作，写出液压系统的进、回油路路线。

（3）系统调试情况。

① 记录液压系统压力调整值。

② 记录压力继电器压力调定值，观察其是否起作用。

③ 记录行程开关调整位置，检查其动作性。

④ 记录通电启动后液压缸动作顺序。

附录　常用液压元件图形符号

（摘自 GB/T 786.1—2009）

表 A-1　符号要素、管路和连接

名　称	图形符号	名　称	图形符号
液压源		组合元件线	
气压源		连接管路	
工作管路		交叉管路	
可调性		柔性管路	
控制管路		电气	

表 A-2　控制方法

名　称	图形符号	名　称	图形符号
加压或卸压控制		滚轮式机械控制	
外部压力控制		单作用电磁控制	
内部压力控制		双作用电磁控制	

名 称	图形符号	名 称	图形符号
按钮式人力控制		外部电反馈控制	
手柄式人力控制		液压先导加压控制	
踏板式人力控制		气压先导加压控制	
单向滚轮式机械控制		液压先导卸压控制	
顶杆式机械控制		电-液先导加压控制	
弹簧式机械控制		电-气先导加压控制	

表 A-3 液压(气)泵

名 称	图形符号	名 称	图形符号
液压泵(一般符号)		双向定量液压泵	
空气压缩机		单向变量液压泵	
单向定量液压泵		双向变量液压泵	

表 A-4　液压(气)马达

名　称	图形符号	名　称	图形符号
气马达(一般符号)	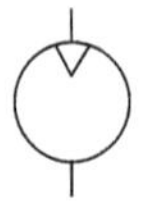	单向变量马达	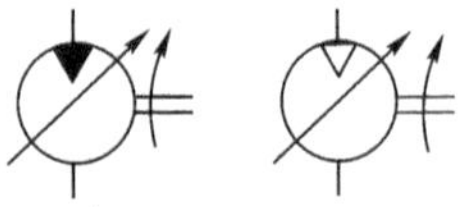
单向定量马达	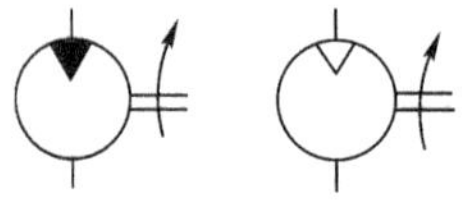	双向变量马达	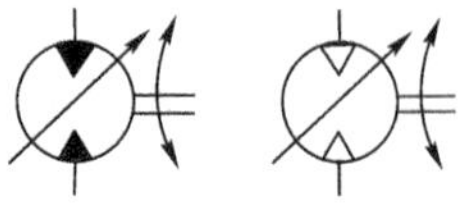
双向定量马达	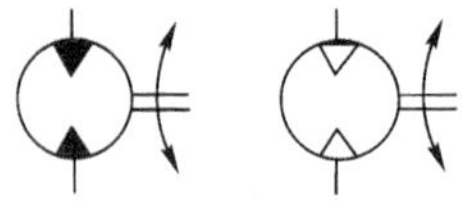	摆动马达	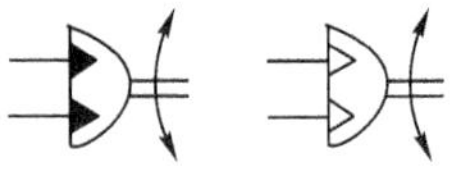

表 A-5　液压(气)缸

名　称	图形符号	名　称	图形符号
单作用伸缩缸	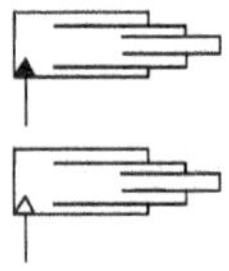	单向缓冲液压(气)缸	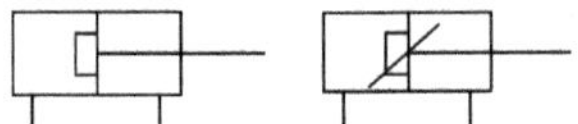 (不可调)　　　(可调)
双作用伸缩缸	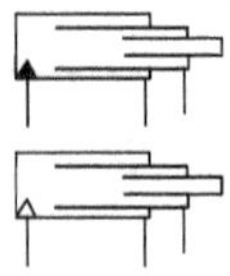	双向缓冲液压(气)缸	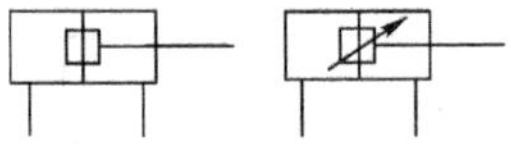 (不可调)　　　(可调)
单作用弹簧复位缸	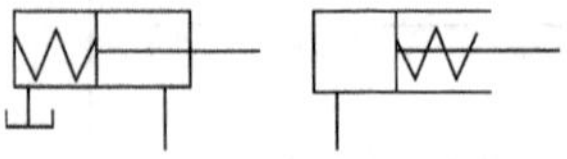	单作用单活塞杆液压(气)缸	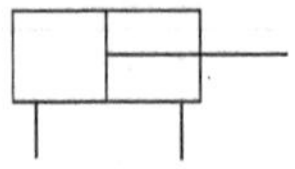
增压缸(器)	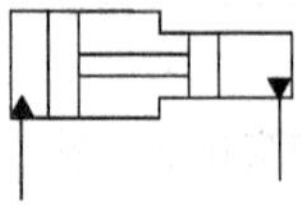	双作用单活塞杆液压(气)缸	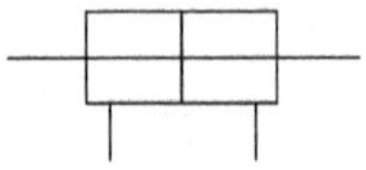

表 A - 6　压力控制阀

名　称	图 形 符 号	名　称	图 形 符 号
直动型溢流阀		直动型减压阀	
先导型溢流阀		先导型减压阀	
先导型比例 电磁溢流阀		定比减压阀 （减压比 1/3）	
卸荷溢流阀		定差减压阀	
直动型顺序阀		溢流减压阀	
先导型顺序阀		直动型卸荷阀	
单向顺序阀 （平衡阀）		制动阀	

表 A - 7　流量控制阀

名　称	图 形 符 号	名　称	图 形 符 号
不可调节流阀		旁通型调速阀	
可调节流阀		单向调速阀	

续表

名　　称	图 形 符 号	名　　称	图 形 符 号
可调单向节流阀	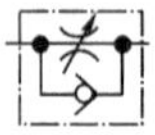	分流阀	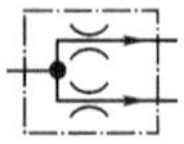
带消声器的节流阀	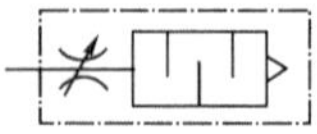	集流阀	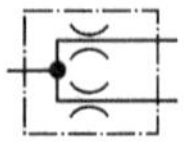
调速阀	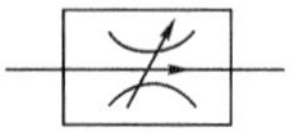	分流集流阀	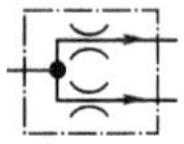
温度补偿型调速阀	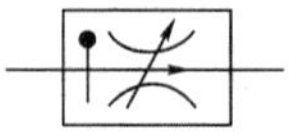	减速阀	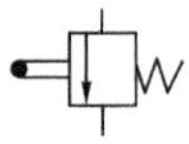

表 A - 8　　方向控制阀

名　　称	图 形 符 号	名　　称	图 形 符 号
单向阀		手动二位二通换向阀	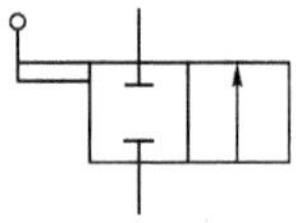
液控单向阀		电动二位三通换向阀	
截止阀		液动二位五通换向阀	
或门型梭阀	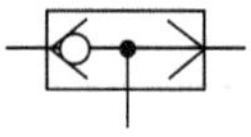	三位四通换向阀	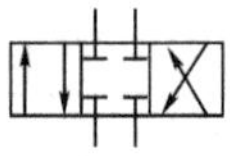
与门型梭阀	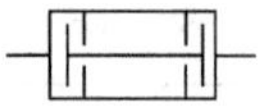	四通电液伺服阀	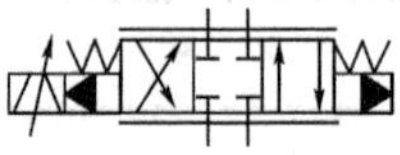
快速排气阀	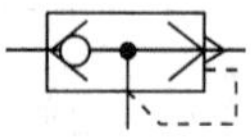	双向液压锁	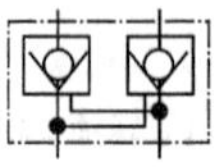

表 A - 9　辅助元件

名　称	图形符号	名　称	图形符号
空气过滤器	(人工排出)(自动排出)	分水排水器	(人工排出)(自动排出)
过滤器		通大气式油箱	
带磁性滤芯过滤器		空气干燥器	
带污染指示过滤器		油雾器	
冷却器		气源调节装置	
加热器		消声器	
压力继电器		压力表	
液位计		流量计	
气罐		蓄能器	
电动机	M	原动机(电动机除外)	M

参 考 文 献

[1]　宋金虎. 液压与气动技术[M]. 北京：北京理工大学出版社，2016.

[2]　肖珑. 液压与气动传动技术[M]. 西安：西安电子科技大学出版社，2007.

[3]　刘合群，王兰芳，王志满. 液压与气动传动[M]. 武汉：华中科技大学出版社，2013.

[4]　刘军营. 液压与气压传动[M]. 西安：西安电子科技大学出版社，2014.

[5]　王同建. 液压传动与控制[M]. 北京：机械工业出版社，2014.

[6]　张伟，王绍军，叶振东. 液压技术原理与基本结构[M]. 成都：西南交通大学出版社，2014.

[7]　符林芳，高利平. 液压与气压传动技术[M]. 北京：北京理工大学出版社，2016.

[8]　符林芳，李稳贤. 液压技术基础[M]. 北京：机械工业出版社，2013.

[9]　蒋光玉，冯新伟，刘顺心. 液压与气动传动项目教程[M]. 武汉：湖北科学技术出版社，2016.

[10]　蒋新平. 液压与气压传动应用[M]. 重庆：重庆大学出版社，2012.

[11]　吴晓明，高殿荣. 液压变量泵（马达）变量调节原理与应用[M]. 北京：机械工业出版社，2012.

[12]　左健民. 液压与气压传动[M]. 4版. 北京：机械工业出版社，2007.

[13]　张世亮. 液压与气压传动[M]. 北京：机械工业出版社，2006.

[14]　陆全龙. 刘明皓. 液压与气动[M]. 北京：科学出版社，2005.

[15]　张群牛. 液压与气压传动[M]. 北京：机械工业出版社，2005.